现代蔬菜病虫害防治丛书

葱姜蒜薯芋类蔬菜病虫害诊治原色图鉴

高振江　吕佩珂　姚慧静　主编

化学工业出版社
·北京·

内容简介

本书紧密围绕无公害蔬菜生产需要，针对蔬菜生产上可能遇到的大多数病虫害，包括不断出现的新病虫害，不仅提供了可靠的传统防治方法，也挖掘了不少新的、现代的防治方法。本书图文并茂，介绍了 8 类葱蒜韭类蔬菜 113 种病虫害和 10 类薯芋姜类蔬菜 126 种病虫害，图文结合，不仅有宏观的症状特写照片、病原生物各期照片，还有病原菌显微照片、图片等，便于准确识别病虫害，做到有效防治。本书在文字上既描述了传染病害，也描述了生理病害的症状、病因或传播途径及害虫识别、生活习性，给出了行之有效的生物、物理、化学防治方法，科学、实用、通俗，可作为各地家庭农场、蔬菜基地、农家书屋、农业技术服务部门必备参考书，指导现代蔬菜生产。

图书在版编目（CIP）数据

葱姜蒜薯芋类蔬菜病虫害诊治原色图鉴 / 高振江，吕佩珂，姚慧静主编. —3版. —北京：化学工业出版社，2024.6
（现代蔬菜病虫害防治丛书）
ISBN 978-7-122-45199-6

Ⅰ.①葱… Ⅱ.①高…②吕…③姚… Ⅲ.①蔬菜-病虫害防治-图谱 Ⅳ.①S436.3-64

中国国家版本馆CIP数据核字（2024）第049626号

责任编辑：李　丽　　文字编辑：李娇娇
责任校对：田睿涵　　装帧设计：关　飞

出版发行：化学工业出版社
（北京市东城区青年湖南街13号　邮政编码100011）
印　　装：天津市银博印刷集团有限公司
850mm×1168mm　1/32　印张6¾　字数231千字
2024年5月北京第3版第1次印刷

购书咨询：010-64518888　　售后服务：010-64518899
网　　址：http://www.cip.com.cn
凡购买本书，如有缺损质量问题，本社销售中心负责调换。

定　　价：39.80元

编写人员名单

主　　编　高振江　吕佩珂　姚慧静

副主编　苏慧兰　高　娃　王亮明

参编人　王亮明　潘子旺　张冬梅　高　翔

前言

近年来，随着全国经济转型发展，我国蔬菜产业发展迅速，蔬菜种植规模不断扩大，对加快全国现代农业和社会主义新农村建设具有重要意义。据中华人民共和国农业农村部统计，2018 年，我国蔬菜种植面积达 $2.04\times10^7hm^2$，总产量 7.03×10^8t，同比增长 1.7%，我国蔬菜产量随着播种面积的扩张，产量保持平稳的增长趋势，2016 ~ 2021 年全国蔬菜产量复合增长率 2.18%，蔬菜产量和增长率均居世界第一位。目前，全国蔬菜播种面积约占农作物总播种面积的 1/10，产值占种植业总产值的 1/3，蔬菜生产成为了农民收入的主要来源。

2015 年，中华人民共和国农业部启动农药使用量零增长行动，同年 10 月 1 日，被称为“史上最严食品安全法”的《中华人民共和国食品安全法》正式实施；2017 年国务院修订《农药管理条例》并开始实施，一系列法规的出台，敲响了合理使用农药的警钟。

编者于 2017 年出版了“现代蔬菜病虫害防治丛书”（第二版），距今已有七年之久。与现如今的蔬菜病虫害种类和其防治技术相比较，内容不够全、不够新！为适应中国现代蔬菜生产对防治病虫害的新需要，编者对“现代蔬菜病虫害防治丛书”进行了全面修订。修订版保持原丛书的框架，增补了病例和病虫害。

本书结合中国现代蔬菜生产特点，重点介绍两方面新的关键技术：

一是强调科学用药。全书采用一大批确有实效的新杀虫杀菌剂、植物生长剂、复配剂，指导性强，效果好。推荐使用的农药种类均通过“中国农药信息网”核对，给出农药使用种类和剂型。针对部分蔬菜病虫害没有登记用药的情况，推荐使用其他方法进行防治。切实体现了“预防为主，综合防治”的绿色植保方针。

二是采用最新的现代技术防治蔬菜病虫害，包括商品化的抗病品种的推广，生物菌剂（如枯草芽孢杆菌）、生防菌的应用等，提倡生物农药结合化学农药共同防治病虫害，降低抗药性产生的同时，还可以降低农药残留，提高防治效果。

编者

2024 年 2 月

第一版前言

我国是世界最大的蔬菜（含瓜类）生产国和消费国。据 FAO 统计，2008 年中国蔬菜（含瓜类）收获面积 2408 万公顷 ($1hm^2=10^4m^2$)，总产量 4.577 亿吨，分占世界总量的 44.5% 和 50%。据我国农业部统计，2008 年全国蔬菜和瓜类人均占有量 503.9kg，对提高人民生活水平做出了贡献。该项产业产值达到 10730 多亿元，占种植业总产值的 38.1%；净产值 8529.83 多亿元，对全国农民人均纯收入的贡献额为 1182.48 元，占 24.84%，促进了农村经济发展与农民增收。

蔬菜病虫害是蔬菜生产中的主要生物灾害，无论是传染性病害或生理病害或害虫的为害，均直接影响蔬菜产品的产量和质量。据估算，如果没有植物保护系统的支撑，我国常年因病虫害造成的蔬菜损失率在 30% 以上，高于其他作物。此外，在防治病虫过程中不合理使用化学农药等，已成为污染生态环境、影响国民食用安全、制约我国蔬菜产业发展和出口创汇的重要问题。

本套丛书在四年前出版的《中国现代蔬菜病虫原色图鉴》的基础上，保持原图鉴的框架，增补病理和生理病害百余种，结合中国现代蔬菜生产的新特点，从五个方面加强和创新。一是育苗的革命。淘汰了几百年一直沿用的传统育苗法，采用了工厂化穴盘育苗，定植时进行药剂蘸根，不仅可防治苗期立枯病、猝倒病，还可有效地防治枯萎病、根腐病、黄萎病、根结线虫病等多种土传病害和地下害虫。二是蔬菜作为人们天天需要的副食品，集安全性、优质、营养于一体的无公害蔬菜受到每一个人的重视。随着人们对绿色食品需求不断增加，生物农药前景十分看好，在丛书中重点介绍了用我国“十一五”期间“863 计划”中大项目筛选的枯草芽胞杆菌 BAB-1 菌株防治灰霉病、叶霉病、白粉病。现在以农用抗生素为代表的中生菌素、春雷霉素、申嗪霉素、乙蒜素、井冈霉素、高效链霉素（桂林产）、新植霉素、阿维菌素等一大批生物农药应用成效显著。三是当前蔬菜生产上还离不开使用无公害的化学农药！如何做到科学合理使用农药至关重要！丛书采用了近年对我国山东、河北等蔬菜主产区的瓜类、茄果类蔬菜主要气传病害抗药性监测结果，提出了相应的防控对策，指导生产上科学用药。本书中停用了已经产生抗性的杀虫杀菌剂，全书启用了一大批确有实效的低毒的新杀虫杀菌剂及一大批成功的复配剂，指导性强，效果相当好。为我国当前生产无公害蔬菜防病灭虫所急需。四是科学性强，靠得住。我们找到一个病害时必须查出病原，经过鉴定才写在书上。五是蔬菜区域化布局进一步优化，随种植结构变化，变换防治方法。如采用轮作防治枯黄萎病，采用物理机械防治法防治一些病虫。如把黄色黏胶板放在棚室中，可诱杀有翅蚜虫、斑潜蝇、白粉虱等成虫。用蓝板可诱杀蓟马等。

本丛书始终把生产无公害蔬菜（绿色蔬菜）作为产业开发的突破口，有利于全国蔬菜质量水平不断提高。近年气候异常等温室效应不断给全国蔬菜生产带来复杂多变的新问题。本丛书针对制约我国蔬菜产业升级、农民关心的蔬菜病虫害无害化防控、国家主管部门关切和市场需求的蔬菜质量安全等问题，进一步挖掘新技术，注重解决生产中存在的实际问题。本丛书内容从五个方面加强和创新，涵盖了蔬菜生产上所能遇到的大多数病虫害，包括不断出现的新病虫害。本丛书 9 册介绍了 176 种现代蔬菜病虫害千余种，彩图 2800 幅和 400 多幅病原图，文字 200 万，形式上图文并茂，科学性、实用性、通俗性强，既有传统的防治法，也挖掘了许多现代的防治技术和方法，是一套紧贴全国蔬菜生产，体现现代蔬菜生产技术的重要参考书。可作为中国进入 21 世纪诊断、防治病虫害指南，可供全国新建立的家庭农场、蔬菜专业合作社、全国各地农家书屋、广大菜家、农口各有关单位参考。

本丛书出版之际，邀请了中国农业科学院植物保护研究所赵廷昌研究员对全书细菌病害拉丁文学名进行了订正。对蔬菜新病害引用了李宝聚博士、李林、李惠明、石宝才等同行的研究成果和《北方蔬菜报》介绍的经验。对蔬菜叶斑病的命名采用了李宝聚建议，以利全国尽快统一，在此一并致谢。

由于防治病虫害涉及面广，技术性强，限于笔者水平，不妥之处在所难免，敬望专家、广大菜农批评指正。

编者
2013 年 6 月

第二版前言

四年前出版的“现代蔬菜病虫害防治丛书”深受读者喜爱，于短期内售罄。应读者要求，现对第一版图书进行修订再版。第二版与第一版相比，主要在以下几方面做了修改、调整。

1. 根据读者的主要需求和病虫害为害情况，将原来9个分册中的5个进行了修订，分别是《茄果类蔬菜病虫害诊治原色图鉴》《绿叶类蔬菜病虫害诊治原色图鉴》《葱姜蒜薯芋类蔬菜病虫害诊治原色图鉴》《瓜类蔬菜病虫害诊治原色图鉴》《西瓜甜瓜病虫害诊治原色图鉴》。

2. 每个分册均围绕安全、绿色防控的原则，针对近年来新发多发的病虫害，增补了相关内容。首先在防治方法方面，重点增补了近年来我国经过筛选的、推广应用的生物农药及新技术、新方法，主要介绍无公害化学农药、生物防控、物理防控等；其次在病虫害方面，增加了一些新近影响较大的病虫害及生理性病害。

3. 对第一版内容的修改完善。对于第一版内容中表述欠妥的地方及需要改进的地方做了修改。比如一些病原菌物的归属问题根据最新的分类方法做了更正；一些图片替换成了清晰度更高、更能说明问题的电镜及症状图片；还有对读者和笔者在反复阅读第一版过程中发现的个别错误一并进行了修改。

希望新版图书的出版可以更好地解决农民朋友的实际问题，使本套丛书成为广大蔬菜种植人员的好帮手。

编者

2017年1月

一、葱蒜韭类蔬菜病虫害

1. 韭菜病害 /1

2. 大葱、洋葱病害 /17

3. 细香葱、分葱病害 /40

4. 韭葱病害 /45

5. 大蒜、薤白病害 /49

6. 葱蒜类蔬菜害虫 /80

二、薯芋姜类蔬菜病虫害

1. 马铃薯病害 /93

2. 甘薯病害 /130

3. 山药病害 /141

4. 姜病害 /153

5. 魔芋病害 /167

6. 芋病害 /172

7. 葛（粉葛）病害 /179

8. 豆薯（沙葛）病害 /182

9. 菊芋病害 /185

10. 薯芋类蔬菜害虫 /189

一、葱蒜韭类蔬菜病虫害

1. 韭菜病害

韭菜 学名*Allium tuberosum* Rottl. ex Spr.，称叶韭；*A.hookeri* Thwaites，称根韭；此外还有花韭、叶花兼用韭等，学名同叶韭。别名草钟乳、起阳草、懒人菜等。是百合科葱属中以嫩叶和柔嫩花茎为主要产品的多年生宿根草本植物。

韭菜茎枯病

症状 又称叶斑病。主要为害花茎，有时也为害叶片。茎部染病，初现褪绿长椭圆形病斑，大小（18～30）mm×（2.5～4.5）mm，后全部变为灰白色，上密生小黑点，即病原菌的分生孢子器。叶片染病，叶两面病斑梭形或长椭圆形，边缘不清，后也现小黑点，严重的叶片枯死，花茎折倒。

病原 *Septoria allii* Moesz，称葱壳针孢，属真菌界子囊菌门壳针孢属。分生孢子器叶面生，球形至卵圆形，直径65～140μm，高60～110μm；器壁褐色膜质，壁厚7～10μm，形成梨形产孢细胞，上生分生孢子圆筒形，顶端略尖，具1～4个隔，多为3个隔膜，大小（20～45）μm×（1.5～2.5）μm。

韭菜茎枯病病茎

传播途径和发病条件 病菌以菌丝体或分生孢子器在病残体上越冬。翌年条件适宜时，分生孢子器吸水后，逸出分生孢子，借风雨传播蔓延，进行初侵染，经几天潜育显症后，又产生新的分生孢子进行再侵染。高温、高湿条件下易发病。肥料不足、管理粗放、杂草丛生、植株长势弱，发病重。

防治方法 ①种植早发1号、优丰1号、豫韭菜1号等优良品种。加强韭菜园田间管理，及时拔除杂草，必要时使用除草剂灭草。②发病初期喷洒40%双胍三辛烷基苯磺酸盐可湿性粉剂800倍液或45%噻菌灵悬浮剂1000倍液、500g/L氟啶胺悬浮剂1500～2000倍液。

韭菜灰霉病

症状 主要为害叶片。分为白点型、干尖型和湿腐型。白点型和干尖型初在叶片正面或背面生白色或浅灰褐色小斑点，由叶尖向下扩展。病斑梭形或椭圆形，常互相融合成斑块，致半叶或全叶枯焦。湿腐型发生在湿度大时，枯叶表面密生灰至绿色茸毛状霉，伴有霉味。湿腐型叶上不产生白点。干尖型由割茬刀口处向下腐烂，初呈水浸状，后变淡绿色，有褐色轮纹，病斑扩散后多呈半圆形或"V"字形，并可向下延伸2～3cm，呈黄褐色，表面生灰褐或灰绿色茸毛状霉。大流行时或韭菜的储运中，病叶出现湿腐型症状，完全湿软腐烂，其表面产生灰霉。

病原 *Botrytis squamosa* Walker，称葱鳞葡萄孢，属真菌界子囊菌门无性型，葡萄孢属。菌落棉絮状。菌丝无色，侧向分枝，气生菌丝常联合成索状。低温时易产生分生孢子梗，2/3高度处开始分枝，分枝缢缩明显；产孢细胞圆球形；分生孢子稀疏，卵圆形至长卵形，无色；菌核初为白色菌丝团，后渐宽成黑色，直径1～2mm，在寄主叶鞘或鳞茎上形成的菌核更小，薄形紧密附于寄主组织上。菌丝生长最低、最适和最高温度分别为0℃、14～16℃、22℃。为害葱、韭菜、百合、大蒜等。此外有文献记载，*Botrytis byssoidea* Walker（葱细丝葡萄孢）、*B. cinerea* Pers.（灰葡萄孢）也可以为害韭菜。

韭菜灰霉病

韭菜灰霉病湿度大时叶片上长出灰霉

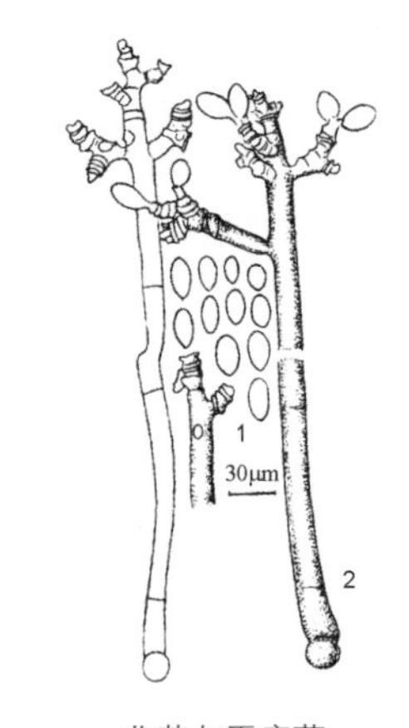

韭菜灰霉病菌

1—分生孢子；2—分生孢子梗

传播途径和发病条件 主要靠病原菌的无性繁殖体，即病叶上的灰霉传播蔓延。每次收韭菜都会把病菌散落于土表，通过灌溉水等农事操作传播到新叶上，致新生叶染病。该菌侵染与韭菜刀次、伤口关系密切，头刀发病轻，二、三刀发病重，一般在棚膜滴水处常形成发病中心，向周围扩展。该菌生长温限 15 ～ 30℃；适合菌丝生长温度 15 ～ 21℃。温度升高产生菌核，27℃产生最多，并以此菌核越夏。秋末冬初韭菜扣棚后始见发病。由于韭菜棚生态条件适合发病，只要有菌源，病情不断加重。品种间对此病抗性差异明显，“黄苗”较抗病，“汉中韭”则感病。

防治方法 ①选用抗病耐低温品种，如平丰 8 号、平韭 4 号、多抗富韭 6 号等。②与非韭菜、葱蒜类蔬菜轮作。韭菜定植后收获年限不要超过 3 年，否则易出现长势不强，抗病力下降。③合理密植。每 667m^2 以 40 万～ 60 万株为宜，种植过密易发病。及时采薹，7 ～ 8 月花薹长出应及时采收，防止生殖生长影响营养生长，以保持抗病力。及时拔除田间杂草，病叶应及时清除烧毁，扣棚前平茬，清除老叶残叶，减少初侵染源。适时扣棚，扣棚时间应据当地气候品种特性灵活掌握，地上部耐寒力弱，休眠期长的品种，扣棚时间应在地上部干枯根系充分休眠后进行，一般在 12 月中下旬方可扣棚（河南平顶山一带）；地上部耐寒力强、休眠期短的品种对扣棚时间要求不严格，可早可晚。棚膜要选用新型多功能膜。④加强温湿度管理。以增温、防寒、排湿，促进韭菜生长，缩短每茬韭菜生长期为中心。据天气情况灵活揭盖草苫，白天温度控制在 18 ～ 24℃，夜间 8 ～ 15℃为宜，昼夜温差过大叶面易结露，易发病，要把相对湿度控制在 80% 以下，湿度过大时中午要放风排湿。⑤灵活收割上市，当韭菜株高 25cm 左右时，市场销售看好，可把有轻微病症的及早收割上市，可大大减少为害。⑥秋季扣膜后浇水前每 667m^2 用 65% 甲硫・霉威可湿性粉剂 3kg，拌细土 30 ～ 50kg，均匀撒施，预防灰霉病发生。进入花果期时是重点防治时期。化学防治应抓住侵染适期，重点保护春季韭菜第二茬的二、三刀，割后 6 ～ 8 天发病初期喷撒 6.5% 甲硫・霉威或 5% 腐霉利粉尘剂、5% 异菌脲粉尘剂，每 667m^2 每次 1kg，或用 15% 腐霉利烟剂，每 667m^2 用 200g，熏 1 夜。此外，也可喷洒 65% 甲硫・霉威可湿性粉剂 1000 倍液、25% 咪鲜胺乳油 1000 倍液、40% 嘧霉胺悬浮剂 1000 倍液、50% 啶酰菌胺水分散粒剂 1100 倍液、16% 腐霉・己唑醇悬浮剂 900 倍液、50% 嘧菌环胺水分散粒剂 800 倍液，隔 10 天左右 1 次，防治 2 ～ 3 次。⑦韭菜提倡用辣根素进行棚室表面处理。在灰霉病发生之前用 20% 辣根素水乳剂 1 ～ 2L/667m^2 进行喷施熏蘸，防治韭菜灰霉病。借助自控常温烟雾施药机或背负式远程超低量喷雾机喷施熏蘸，无公害，效果好。

韭菜疫病

韭菜疫病从苗期到移栽大田生长期均可发生。防治不当常造成大面积死亡，生产上单靠化学防治效果不佳，应采用综合防治，效果较好。

症状 根、茎、叶、花薹等部位均可被害，尤以假茎和鳞茎受害重。叶片及花薹染病，多始于中下部，初呈暗绿色水浸状，长 5 ～ 50mm，有时扩展到叶片或花薹的一半，病部失水后明显缢缩，引起叶、薹下垂腐烂，湿度大时，病部产生稀疏白霉。假茎受害，呈水浸状浅褐色软腐，叶鞘易脱落，湿度大时，其上也长出白色稀疏霉层，即病原菌的孢子囊梗和孢子囊。鳞茎被害，根盘部呈水浸状，浅褐至暗褐色腐烂，纵切鳞茎内部组织呈浅褐色，影响植株的养分储存，生长受抑，新生叶片纤弱。根部染病，变褐腐烂，根毛明显减少，影响水分吸收，致根寿命大为缩短。

韭菜疫病湿度大时叶上长出白色菌丝、孢囊梗和孢子囊

韭菜疫病辣椒疫霉孢子囊

病原 *Phytophthora nicotianae* van Breda de Haan，称烟草疫霉；*P. capsici* Leonian，称辣椒疫霉，均属假菌界卵菌门疫霉属。

传播途径和发病条件 以卵孢子在土壤中病残体上越冬。翌年条件适宜时，产生孢子囊和游动孢子，侵染寄主后发病。湿度大时，又由病部长出孢子囊，借风雨传播蔓延，进行重复侵染，引起发病。病菌发育温限为 12 ～ 36℃，25 ～ 32℃最适。一般雨季或大雨后天气突然转晴，气温急剧上升，该病易流行成灾。土壤湿度 95% 以上，持续 4 ～ 6h，病菌即完成再侵染，2 ～ 3 天就可发生 1 代，因此成为发病周期短、流行速度迅猛异常的毁灭性病害。易积水的韭菜地、定植过密、通风透光不良发病重。北京郊区苗期发病多在 6 月。本病见于 7 月，8 月上旬达高峰后多延续到 10 月下旬。

防治方法 ①选用抗病品种。提倡因地制宜选用早发韭 1 号、优丰 1 号韭菜、北京大白根、北京大青苗、汉中冬韭、多抗富韭 6 号、寿光独根红、山东 9-1、山东 9-2、嘉兴白根、平顶山 791 等优良品种，减少发病。②加强田间管理。选好种植韭菜的田块，仔细平整好苗床或养茬地，雨季到来前，修整好田间排涝系统。③进行轮作换茬，避免连年种植。④加强肥水管理。韭菜是多年生蔬菜，须增施有机肥、合理灌水。进入高温雨季，气温高于 32℃，特别要注意大暴雨后，马上排除田间积水，降低湿度。生产上雨季控制浇水，防止田间湿度过高。棚室保护地要注意及时放风，严防湿度过高。⑤药剂防治。夏季高温多雨季节发现韭菜疫病中心病区时，马上喷洒 75% 丙森锌·霜脲氰水分散粒剂 700 倍液或 40% 嘧霉·百菌清悬浮剂 300 ～ 500 倍液或 560g/L 嘧菌·百菌清悬浮剂 700 倍液、44% 精甲·百菌清悬浮剂 800 倍液、60% 唑醚·代森联水分散粒剂 1500 倍液、18.7% 烯酰·吡唑酯水分散粒剂 700 倍液喷雾，隔 10 天左右 1 次，连续防治 2 ～ 3 次。也可用以上药液蘸韭菜根进行倒栽，防效明显。

韭菜绵疫病

近年来，由于南方各地栽培韭菜面积的扩大，韭菜绵疫病日渐严重。

症状 染病植株叶片上初现水渍状暗绿色病变，当病斑扩展至半张叶片大小时，叶片变黄下垂软腐。湿度大时病部长出白色棉絮状物；假茎受害后呈浅褐色软腐，叶鞘易脱落，潮湿时病部长出白色稀疏霉层；鳞茎染病时，根盘呈水浸状，后变褐腐烂；根部染病，呈暗褐色，根毛减少，难发新根。

韭菜绵疫病转晴后田间受害状

病原 *Phytophthora cinnamomi* Rands，称樟疫霉，属假菌界卵菌门疫霉属。生长温度最低 6℃，最适 24 ～ 28℃，最高 36.5℃。

传播途径和发病条件 病菌以卵孢子和厚垣孢子在土壤中或在病株上越冬。通过灌溉水或雨水传播到韭菜上，长出芽管、产生附着器和侵入丝穿透韭菜表皮进入体内，遇有高温高湿条件，病部产生大量孢子囊，借风雨或灌溉水传播蔓延，进行多次重复侵染。菌丝在叶片细胞间或细胞内扩散，也有的从气孔伸出菌丝，在叶面上扩散，经几天潜育在病部表面长出棉絮状菌丝，致韭菜瘫作一团，造成极大损失。生产上进入雨季开始发病，该病发生轻重与当年雨季到来迟早、雨量大小、持续时间长短、气温高低直接相关，发病早、气温高的年份受害重，遇有持续时间长的大暴雨易出现大流行。该病已成为南方韭菜生产上的严重问题。

防治方法 ①南方韭菜绵疫病发生区严格挑选育苗地和栽植地，要求土层深厚肥沃、排灌方便、3年内未种过葱属植物的高燥地块，苗床应冬耕施肥、休闲，栽植地要求深耕，施用腐熟有机肥，南方要求做高畦，畦四周有水沟以利雨后及时排水。②播前施足腐熟有机肥4000～5000kg，幼苗期轻浇、勤浇水，做到先促后控保持地面湿润，苗高12～15cm后应控水蹲苗，防止幼苗徒长和倒伏。夏季雨水多时须控制浇水，定植第2年以后可多次收割，3年以上的韭株要及时剔根培土，防其徒长或倒伏。③千方百计降低田间湿度，露地韭菜要避免大水漫灌，雨后及时排水，防止湿气滞留，发病田要控制或停止浇水。密度大或田间郁闭的还可采用“束叶”法，即进入雨季前，先摘除下层黄叶，把绿叶向上拢起再松松地捆扎，防止叶片与土面接触，起到通风散湿、减少发病的作用。棚室栽培的韭菜更要严加管理，除适时适量通风换气外，还要注意降低棚内温度和湿度，减少高温、高湿持续时间，可减少发病。④药剂防治。参见韭菜疫病。

韭菜菌核病

症状 主要为害叶片、叶鞘或茎部。被害的叶片、叶鞘或茎基部初变褐色或灰褐色，后腐烂干枯，田间可见成片枯死株。病部可见棉絮状菌丝缠绕及由菌丛纠结成的黄白色至黄褐色或茶褐色菜籽状小菌核。

韭菜菌核病及病茎上的褐色小菌核

病原 *Sclerotinia allii* Saw.，称大蒜核盘菌，属真菌界子囊菌门核盘菌属。菌核薄片状、椭圆形或不规则形，大小不等，黑褐色，萌发产生子囊盘。子囊盘上形成子囊层。子囊筒状，大小（184～212）μm×（2～18）μm，含子囊孢子8个。子囊孢子长椭圆形，单胞，无色，大小（17～21）μm×（7～11）μm。无性阶段产生的小菌核粒状似油菜籽，幼嫩时黄白色至淡褐色，老熟时褐色至茶褐色，致密坚实。

传播途径和发病条件 在寒冷地区，主要以菌丝体和菌核随病残体遗落土中越冬。翌年条件适宜时，菌核萌发产生子囊盘。子囊放射出子囊孢子进行初侵染，借气流传播蔓延，或病部菌丝与健株接触后侵染发病。在南方温暖地区，病菌有性阶段不产生，主要以菌丝体和小菌核越冬。翌年小菌核萌发伸出菌丝或患部菌丝通过接触侵染扩展。通常雨水频繁的年份或季节易发病，如植地低洼积水或大雨后受涝，或偏施氮肥及过分密植发病重。

防治方法 ①提倡施用生物有机复合肥；整修排灌系统，防止植地积水或受涝。②合理密植，采用配方追肥技术避免偏施、过施氮肥。定期喷施喷施宝或增产菌使植株早生快发，可缩短割韭周期，改善株间通透性，减轻受害。③及时喷药预防。每次割韭后至新株抽生期喷淋50%异菌脲可湿性粉剂1000倍液或50%乙烯菌核利水分散粒剂600倍液或50%嘧菌环胺水分散粒剂800倍液或40%菌核净水乳剂500倍液或40%嘧霉胺悬浮剂900倍液，隔7～10天1次，连续防治3～4次。棚室韭菜染病，可采用烟雾法或粉尘法，具体方法见后文“大蒜灰霉病”。

韭菜锈病

症状 主要侵染叶片和花梗。初在表皮上产出纺锤形或椭圆形隆起的橙黄色小疱斑，即夏孢子堆。病斑周围具黄色晕环，后扩展为较大疱斑。其表皮破裂后，散出橙黄色夏孢子。叶两面均可染病，后期叶及花茎上出现黑色小疱斑，为病菌冬孢子堆。病情严重时，病斑布满整个叶片，整畦韭菜叶片变成黄色，并散出很多锈粉，失去食用价值。福建诏安一带，每年春秋季节流行成灾，俗称韭菜“黄菇”。

病原 *Puccinia allii*（de Candolle）Rudolphi，称葱柄锈菌，属真菌界担子菌门柄锈菌属。夏孢子堆生于叶两面或茎上，散生或聚生，有时排列成行，裸露，黄色，粉状；夏孢子近球形，大小（23～33）μm×（20～25）μm，淡黄色，有细刺。冬孢子堆生在叶两面或茎上，生在茎上的大多融合，长期埋在寄主表皮下，黑褐色；冬孢子形状不规则，多呈棍棒形至矩圆形，大小（30～75）μm×（17～25）μm。为害大葱、洋葱、蒜、韭菜等。

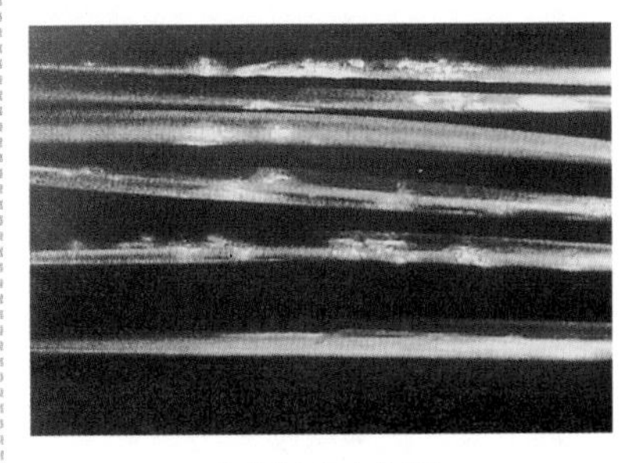

韭菜锈病病花梗

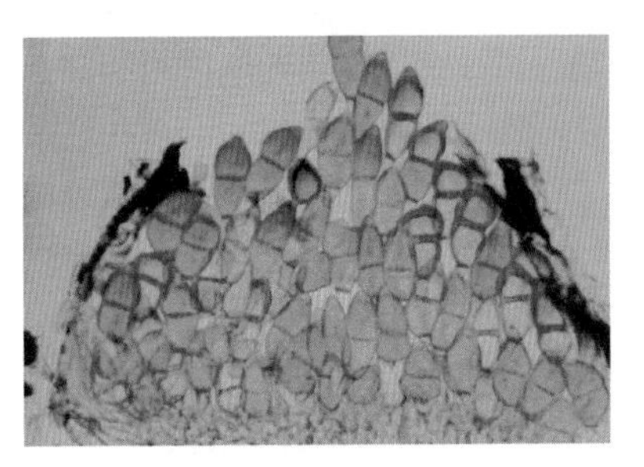

韭菜锈病病菌的冬孢子堆和冬孢子

传播途径和发病条件 南方以菌丝体或夏孢子在寄主上越冬或越夏。夏孢子借气流传播蔓延，遇有适宜条件，重复侵染不断进行。一般春、秋两季发病重。冬季温暖利于夏孢子越冬，夏季低温多雨利其越夏。夏孢子是主要侵染源。天气温暖、湿度高、露多、雾大，或种植过密、氮肥过多、钾肥不足发病重。

防治方法 ①选用适应不同时期的优良品种，如北京大白根、北京大青苗、汉中冬韭、寿光独根红、山东 9-1、山东 9-2、嘉兴白根、平顶山 791 等，可减少发病。轮作，减少菌源累积；合理密植，做到通风透光良好；雨后及时排水，防止田间湿度过高；采用配方施肥技术，多施磷钾肥，提高抗病力。②收获时，尽可能低割，注意清洁畦面，喷洒 45% 微粒硫黄胶悬剂 400 倍液。③发病初期及时喷洒 25% 丙环唑乳油 2200 倍液或 12.5% 烯唑醇可湿性粉剂 2000 倍液、30% 苯醚甲环唑·丙环唑乳油 2000 倍液、30% 戊唑·多菌灵悬浮剂 800 倍液，隔 10 天左右 1 次，防治 1 次或 2 次。④发病重的田块，药剂防不住的，最好从地面根茎部割齐，然后在留下来的根茎部喷 1 次上述杀菌剂保护，并加强管理，增施肥料，加快韭菜生长，使韭菜重新长起来。

韭菜白绢病

症状 韭菜须根、根状茎及假茎均可受害。根部及根状茎受害后软腐，失去吸收功能，导致地上部萎蔫变黄，逐渐枯死。假茎受害后亦软腐，外叶先枯黄或从病部脱落，重者整个茎秆软腐倒伏死亡。所有患病部位均产生白色绢丝状菌丝，中后期菌丝集结成白色小菌核。在高温潮湿条件下，病株及其周围地表都可见到白色菌丝及菌核。

盆栽韭菜上的白绢病（王家国原图）

病原 *Sclerotium rolfsii* Sacc.，称齐整小核菌，属真菌界子囊菌门无性型小核菌属。有性态为 *Athelia rolfsii*（Curzi）Tu.& Kimbrough，称罗耳阿太菌，属真菌界担子菌门阿泰菌属。

传播途径和发病条件 韭菜白绢病病菌以菌核或菌丝遗留在土壤中或病残体上越冬。翌年 6 月上旬随着地温升高至 30℃，在适宜的湿度条件下菌核萌发产生的菌丝从地下须根、鳞茎侵入植株，形成发病中心，再向四周扩展，田间主要通过雨水、灌溉水或施肥等途径传播，韭菜在 7 ～ 8 月高温多雨条件下发病最重。

防治方法 ①施用腐熟有机肥，避免粪肥带菌。②播种前将种子过筛，尽量除去小菌核；田间部分植株开始发病时，要连根拔除病株销毁，甚至可将病株穴内的土壤取出韭菜地外，并在病株穴内及其附近浇泼药液或施用石灰杀菌。③重病区提倡间套作，降低田间湿度。韭菜植株矮小，如净作，往往通风不良，株间湿度较大，有利于发病。可采用宽窄行栽培，在宽行中种植茄果类、豆类等蔬菜，实行高矮搭配种植，不仅可降低田间湿度，还可充分利用土地，提高经济效益。④加强管理。天旱时注意灌水，防止植株衰弱，提高抗病能力；久雨不晴应注意排水，降低田间湿度，创造不利于发病的条件。⑤发病初期喷洒每克含 1.5 亿活孢子的木霉菌可湿性粉剂，每 $667m^2$ 用制剂 200 ～ 300g 对水喷雾，或 10% 己唑醇乳油 700 倍液或 20% 甲基立枯磷乳油 1200 倍液、25% 丙环唑乳油 2000 倍液、430g/L 戊唑醇乳油 3500 倍液。

韭菜黄叶病

症状 病斑从叶尖、叶缘产生向叶中脉扩展的纵向半个叶片变黄或整叶变黄，发病初期淡黄褐色，后期变成深黄色水渍状坏死，造成整叶枯死。主要为害韭菜的外叶，心叶很少出现感染。广西 4 月中旬开始发病，重病田病株率高达 57%，死亡率高，危害大。

病原 *Erwinia herbicola* var. *ananas*，称草生欧文氏菌菠萝变种，属细菌界薄壁菌门。菌体短杆状，两端圆，运动，大小（1.6 ～ 2.2）μm×（0.5 ～ 0.6）μm，周生鞭毛，革兰氏阴性，厌气条件下能生长，36℃也能生长。在 NA 培养基上，25℃培养 24h 出现单菌落，直径 2mm 左右，圆形，黄色。

韭菜黄叶病病株上的黄叶

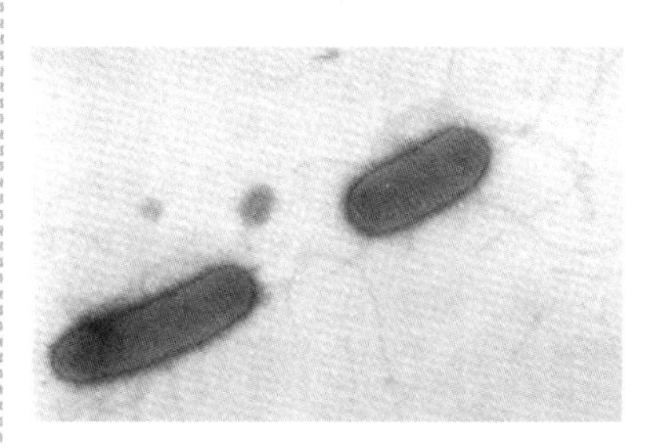

韭菜黄叶病病原菌形态（丁彩平摄）

传播途径和发病条件 病菌随病残体在土壤中越冬，成为翌年初侵染源。在韭菜田通过灌溉水或雨水飞溅传播，病原细菌主要从伤口侵入，田间低洼易涝、雨日多、湿度大易流行。

防治方法 ①培养壮苗，适时定植，合理密植，浇水不要过量，雨后及时排水，严防湿气滞留。②加强肥水管理。定植时用生根剂蘸一下根，定植深度 5 ～ 6cm，促幼苗健壮生长，韭菜定植后连浇 2 ～ 3 次水，以后每周浇 1 次水，缓苗后及时划锄促发新根。缓苗后适量追复合肥，每

667m^2 随水冲施 30 ～ 40kg，当韭菜长到 25cm 时，注意防止倒伏，促假茎迅速膨大。③药剂防治。发病初期喷洒 72% 农用高效链霉素水剂 2000 倍液或 3% 中生菌素水剂 800 倍液。

韭菜细菌芽腐病

症状 主要为害叶片。保护地栽培发生在 1 ～ 3 月、露地韭菜发生在 3 ～ 4 月，北方稍晚些。发病初期外侧茎叶生长不良，逐渐萎蔫，向内侧卷曲腐烂，腐烂叶片易折断，影响新叶展开，生长也受阻。严重的叶片和鳞茎全部腐烂。

韭菜细菌芽腐病（萌芽期茎叶生长不良）

病原 *Pseudomonas cepacia* (ex Burkholder) Palleroni et Holmes，称洋葱假单胞菌，属细菌界薄壁菌门。革兰氏阴性杆菌，具有多根极生鞭毛，在 NA 培养基上产生淡黄、淡绿非荧光色素。该菌除为害韭菜外，还为害洋葱和大葱，引起洋葱球茎腐烂病，主要是球茎外层鳞片受侵染。

传播途径和发病条件 初侵染源尚未明确，由收割时的刀具等传播可能性大。当韭菜田出现一病株，下次割韭菜时，常见该病整畦发生。

防治方法 ①加强管理，收割时先割健株，后割病株，防其蔓延。②培土要小心，防止损伤植株。培土不宜过多。③必要时喷洒 72% 农用高效链霉素可溶粉剂 2000 倍液或 47% 春雷•王铜可湿性粉剂 700 倍液、20% 叶枯唑可湿性粉剂 600 倍液。

韭菜软腐病

症状 为害叶片及茎部。叶片、叶鞘初生灰白色半透明病斑，扩大后病部及茎基部软化腐烂，并渗出黏液，散发恶臭。严重时成片倒伏死亡，病田相当触目。

病原 *Erwinia carotovora* subsp. *carotovora* (Jones) Bergey et al.，异名 *Erwinia aroideae* (Towns.) Holland，称胡萝卜果胶杆菌胡萝卜致病变种，属细菌界薄壁菌门果胶杆菌属。

韭菜软腐病病叶

传播途径和发病条件 病原细菌主要随病残物遗落土中或未腐熟堆

肥中越冬。南方菜区，寄主作物到处可见，田间周年都有种植，侵染源多，病菌可辗转传播为害，无明显越冬期。在田间借雨水、灌溉水溅射及小昆虫活动传播蔓延，从伤口或自然孔口侵入。温暖多湿、降雨频繁的季节易发病，植地连作或低洼积水或土质黏重的田块发病重。

防治方法 ①种植细叶韭菜、大叶韭菜、阔叶韭菜、天津卷毛、马蔺韭、791 韭菜等耐热、耐风雨的品种。②提倡使用 10% 宝力丰韭菜烂根灵 300 ～ 600 倍液灌根。其他方法参见韭菜细菌芽腐病。

韭菜萎蔫病毒病

症状 主要为害叶片，叶尖端外翻，叶片略呈花叶状，褪色部位呈黄色斑驳状，有的出现坏死斑。病叶狭窄，生长不良或卷叶。病情严重的花叶明显，叶片生长很差，叶尖枯萎。

根用韭菜萎蔫病毒病

病原 *Chinese chive yellow dwarf virus*（CCYDV），称韭菜病毒，属病毒。病毒粒体丝状。除侵染韭菜、番杏、千日红外，还侵染大葱、洋葱等。

传播途径和发病条件 病毒主要靠桃蚜传毒，也可通过汁液传毒。生产上一茬韭菜常栽培 2 ～ 3 年，桃蚜和汁液传毒常使韭菜病毒病逐年加重，尤其是秋季带毒的病株越冬后蚜虫发生期又引起该病扩展。

防治方法 ①韭菜苗床要远离韭菜、大葱田，防止蚜虫飞来传毒。育苗时苗床上要覆盖防虫网或塑料纱。②发现病株要及时挖除，防其向健株上传播。③发病重的地区，提倡使用防虫网栽植韭菜可减少传毒。④蚜虫发生期及时喷洒 99.1% 矿物油乳油 300 倍液或 0.3% 印楝乳油 1000 倍液、0.5% 藜芦碱醇溶液 800 倍液，消灭传毒蚜虫。

韭菜病毒病

症状 韭菜病毒病属系统侵染病害。染病后生长缓慢，植株叶片变窄或披散，叶色褪绿，沿中脉形成变色黄带呈条状，是本病重要特征。后叶尖黄枯，发病重的植株矮小或萎缩，最后枯死。

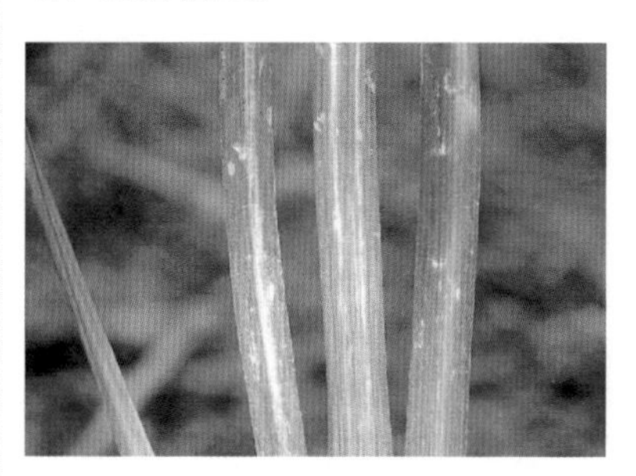

韭菜病毒病

病原 *Chinese chive dwarf virus*（CCDV），称韭菜萎缩病毒，属病毒。病毒粒体线状，长650nm。寄主仅限于韭菜、葱、洋葱等。

传播途径和发病条件 韭菜萎缩病毒主要在韭菜根部越冬。翌春韭菜发芽或生长时，病毒扩展到地面的叶片中，开始显症。该病毒可在割韭菜时通过割刀进行汁液接触传播蔓延，致该病迅速扩展，此外病毒还可通过葱蚜、桃蚜等传播媒介进行远距离传播。一般葱蚜、桃蚜吸食带毒的寄主5～20min就能获毒进行有效传播，传毒是非持久性的，种子不带毒、土壤也不传毒。韭菜生长季节遇有高温干旱易发病。蚜虫量大发病重。

防治方法 ①种植早发1号、优丰1号、豫韭菜1号等优良品种。发现病毒株后，要及时把整墩发病韭菜挖出，集中深埋或烧毁，防止毒源扩大。②收割韭菜时，先割健株，后割病株，防止割刀接触病株扩大传染。割刀接触病株后，应把割刀浸入10%磷酸三钠溶液中进行消毒，也可同时用四五把刀，每割数墩后，集中浸入上述溶液中消毒。③加强韭菜田肥水管理，及时拔除韭菜田杂草。④发现葱蚜或桃蚜为害韭菜，要及时喷洒10%烯啶虫胺可溶粉剂2500倍液，消灭传毒蚜虫。⑤发病初期及时喷洒5%菌毒清水剂200倍液或1%香菇多糖水剂500倍液、20%吗胍·乙酸铜水溶性粉剂500倍液，隔7～10天1次，连续防治2～3次。

韭菜生理黄叶和干尖

症状 棚室或露地栽培的韭菜经常发生黄叶或干尖。心叶或外叶褪绿后叶尖开始变成茶褐色，后渐枯死，致叶片变白或叶尖枯黄变褐。

韭菜生理黄叶和干尖

病因 生理性病害。病因较复杂，涉及的问题比较多：①长期大量施用粪肥和硫酸铵、过磷酸钙等肥料，易导致土壤酸化，造成酸性为害，致韭菜叶片生长缓慢、纤细或外叶枯黄。②扣塑料棚前施用了大量碳酸氢铵或在偏碱性土壤中使用硫酸铵，扣棚后地表撒施尿素后，棚内易形成氨气积累，造成氨害发生，叶尖变褐、枯萎。③土壤已经酸化，亚硝酸积累过多，发生亚硝酸气体为害，致叶尖变白枯死。④韭菜生长适温为5～35℃，当棚温高于35℃，持续时间长，导致叶尖或整叶变白、变黄。⑤棚室栽培韭菜遇有低温冷害或冻害，造成韭菜白尖或烂叶，有时天气连阴骤晴或高温后冷空气突然侵入，叶尖枯黄。⑥微量元素过剩或缺乏。硼素过剩，叶尖干枯；锰素过多，中心叶轻度黄化，外叶严重黄化后枯死；缺镁时外叶变黄；缺锌、缺钙则中心叶黄化。

防治方法 ①选用早发1号、优丰1号、791韭菜、豫韭菜1号、85-2等优良品种和细叶韭菜、大叶韭菜、阔叶韭菜、天津卷毛、马蔺韭等耐风雨品种。②施用酵素菌沤制的堆肥，采用配方施肥技术，科学施用，硫酸铵、尿素、碳酸氢铵不宜一次施用过量，防止撒在叶表，提倡喷洒0.01%芸苔素内酯乳油3000倍液或10%宝力丰韭菜烂根灵600倍液。③加强棚室温湿度管理，棚温不要高于35℃或低于5℃，生产上遇有高温要及时放风、浇水，否则容易发生叶烧病。

韭菜缺素症

症状 韭菜生产上，常出现缺铁、缺硼、缺铜、缺钙、缺锰、缺锌等缺素症，对产量、质量有一定影响。

缺铁症：缺铁症常发生在低温潮湿或盐碱含量较高的板结地块，发病时叶尖失绿，叶片呈鲜黄色或浅白色，其余正常。在低洼潮湿或盐碱地发病重，新老茬韭菜没有差异。

缺硼症：多发生在老茬韭菜田，茬口越多发病越重。发病初期整株失绿，严重时叶片上出现明显的黄白相间的长条斑，直到叶片扭曲，组织干死。

缺铜症：症状出现略晚，一般在出苗后20～25天开始显症，当韭菜长到最旺时，顶端叶片1cm以下部位产生2cm长的失绿片段，似韭菜干尖状。缺铜症多发生在老茬韭菜田。

缺钙症：心叶出现黄化，部分叶尖干枯而死，老茬韭菜田发生重。

缺镁症：韭菜缺镁时外叶开始黄化，后外叶逐渐枯死。

缺锌症：易出现中心叶黄化。

韭菜缺铁症

韭菜缺铜症（付乃旭）

韭菜缺钙症（付乃旭）

韭菜缺镁症（付乃旭）

韭菜缺硼症（付乃旭）

病因 多种因素综合作用的结果。

防治方法 ①选用排灌方便、土壤肥沃的地块种植韭菜。②施用优质农家肥5000kg，进行5年以上轮作。③对缺钙、缺镁的韭菜田提倡施钙镁磷肥100kg，应急时喷洒钙镁磷肥600倍液、叶面喷洒0.4%氯化钙溶液。④缺铁时可在有机肥中施入硫酸亚铁20kg或喷洒硫酸亚铁400倍液。⑤缺铜时叶面喷洒0.14%硫酸铜水溶液700倍液。⑥缺镁时，喷洒0.15%硫酸镁溶液。⑦缺硼时，可在基肥中每667m^{2}用硼砂1～1.5kg混匀后施入。也可叶面喷洒速乐硼1200倍液或0.5%硼砂溶液。⑧生产上如同时缺乏上述几种微量元素，可在出苗后10天喷洒0.2%硫酸亚铁和0.5%硼砂混合液，在出苗20天后喷洒0.5%硼砂和0.14%硫酸铜混合液。

韭菜死棵

症状 韭菜根部变褐，部分或成片出现根腐或死棵。

病因 一是在韭菜田里堆放畜禽粪或杂物，引发局部高温，使韭菜根际处于无氧环境，造成窒息性死根。二是浇冻水时间过迟或浇水过多，出现田间积水结冻，拉断韭菜根系。三是堆放积雪融化或低温条件下泡水时间过长，引起根腐，产生死棵。四是浇了含有污染物或含碱、盐过高的河水或污水，使韭菜中毒引发根部腐烂。五是使用杀虫剂、除草剂过量造成药害。六是病虫为害。

韭菜死棵

防治方法 ①在韭菜田不要堆放粪肥或杂物。②科学灌溉，适时适量，尤其浇冻水时间特别重要。③提倡使用井水或干净的河水浇田。④科学防治韭田病虫害。⑤根据韭菜田杂草种类适时选用除草剂科学浇灌，不可大水浸浇。发现死棵及时挖除。

韭菜倒伏

症状 韭菜生产上遇有生长过旺时假茎变细，叶片肥大，出现头重脚轻，叶片多成披发状或倒伏状，严重时叶片不规则地瘫倒在地面上，数日后叶片变黄腐烂，失去经济价值。

病因 生产上种植过密，肥水充足，或夏季气温偏高，雨水多造成旺长，很易出现倒伏。生产上直播韭菜或移栽养根韭菜都易出现倒伏，尤其养根韭菜在初期很易倒伏。

韭菜倒伏

防治方法 ①播种量要适当，每 667m^2 直播韭菜应为 3 ～ 6kg，按 30 ～ 40cm 行距开沟，沟深 10cm，宽 15cm，踩实沟帮，顺沟把水浇透，水渗下后把干种子撒在垄沟内覆土，出苗期保持土壤潮湿，可用薄膜或地膜覆盖，当长出 4 ～ 5 片叶后，要注意控水，且每次浇水或下雨后，要适时进行锄地培土。进入雨季之前要注意行间开沟，及时排水。②采用育苗移栽的，应在播后 76 ～ 91 天苗高 18 ～ 30cm、有 5 ～ 8 片叶时进行定植。平畦行距 15 ～ 25cm，穴距 10 ～ 15cm，每穴留苗 10 ～ 20 株成圆撮状。生产上露地栽培分株性十分强，可略稀些，保护地栽培分株性较弱，可稍密些。③适量施入优质基肥和追肥，雨季控制浇水，雨后及时排水，不宜追肥。雨天多的地区采用高畦或高培垄进行栽培。④春季发现倒伏，可把上部叶片割去 1/3 至 1/2，可减少上部重量，利于韭菜立着生长。秋季发生倒伏的，可从韭菜垄两侧从下向上用手捋掉部分老叶叶鞘，也可把倒伏的韭菜用木棒或竹竿挑拨到一边，晾晒垄沟和根部。

韭菜植株跳根

症状 种植的韭菜生根的位置和根系每年都上移 1.5 ～ 3cm，生产上叫作韭菜跳根。韭菜跳根造成根系的形成和吸收营养能力下降，且使韭菜的盘状茎向外露出或造成散撮或倒伏。

韭菜植株跳根

病原 其实生产上韭菜跳根是其特性，是一种正常生理习性，韭菜根系着生在盘状茎的四周，每年茎盘上长出新的分蘖，上层的新分蘖基部又长出新根，造成新生根的位置和根系不断向上移动，随着收割次数或分蘖次数逐年升高，跳根的高度过大影响韭菜生产质量和品质。

防治方法 ①生产上当年大棚等保护地种植的韭菜，扣棚收获后造成毁根，不会产生跳根。②连续种植韭菜的，早春土壤升温后，新芽萌发前，可在晴天中午向韭菜地里均匀撒施培土 3cm。培土应在年前准备好，土质要肥沃，过筛堆放在向阳处晒暖。如当地是黏土，可选砂性土，撒后及时锄地，使原土与培土混合，若是沙土地则应选用略黏的土，以利改良土壤，抑制韭菜跳根现象，提高生产质量。

2. 大葱、洋葱病害

大葱 学名 *Allium fistulosum* L. var. *giganteum* Makino，是百合科葱属中以叶鞘组成肥大假茎和嫩叶为产品的二、三年生草本植物。现在大葱经过施用一种特别研制的含硒营养液后，含硒量高，安全又营养，成为富硒蔬菜，具有抗癌保健功能，很受欢迎。

洋葱 学名 *Allium cepa* L.，别名葱头、圆葱，是百合科葱属中以肉质鳞片和鳞芽构成鳞茎的二年生草本植物。

大葱、洋葱苗期立枯病

症状 多发生在发芽之后半个月之内。1～2叶期幼苗近地面的部位软化、凹陷缢缩，白色至浅黄色，病株枯死。严重的幼苗成片倒伏而死亡。湿度大时，病部及附近地面长出稀疏的蛛丝状褐色菌丝，即病原菌菌丝体。

大葱立枯病病苗

病原 *Rhizoctonia solani* Kühn，称立枯丝核菌，属真菌界担子菌门无性型丝核菌属。

传播途径和发病条件 主要靠病株及病残体上的菌核在土壤中越冬。春季气温升高，菌核萌发产生菌丝侵染幼苗，借雨水或浇水传播。土壤温度大易发病。

防治方法 ①加强管理。秋葱在芒种定植最好，葱苗130天苗龄才行。每667m^{2}施用优质肥5000kg、过磷酸钙50kg、复合肥30～40kg，施入沟内深翻20～30cm。定植深度7～10cm。每667m^{2}栽1.3万～1.6万株，行距65～80cm，株距5～8cm。②种子消毒。用0.2%高锰酸钾溶液浸种25min后用清水冲净。③苗床每100m^{2}用77%硫酸铜钙可湿性粉剂（多宁）200g均匀拌土撒施防止苗床带菌，出苗后发病初期喷洒72.2%霜霉威水剂600倍液或70%噁霉灵可湿性粉剂或1%申嗪霉素水剂800倍液喷淋根部，隔7天1次，连喷2次。

大葱、洋葱霜霉病

症状 大葱霜霉病主要为害叶及花梗。花梗上初生黄白色或乳黄色较大侵染斑，纺锤形或椭圆形，其上产生白霉，后期变为淡黄色或暗紫色。中下部叶片染病，病部以上渐干枯下垂。假茎染病，多破裂，弯曲。鳞茎染病，可引致系统性侵染，这类病株矮缩，叶片畸形或扭曲，湿度大时，表面长出大量白霉。

大葱霜霉病典型症状

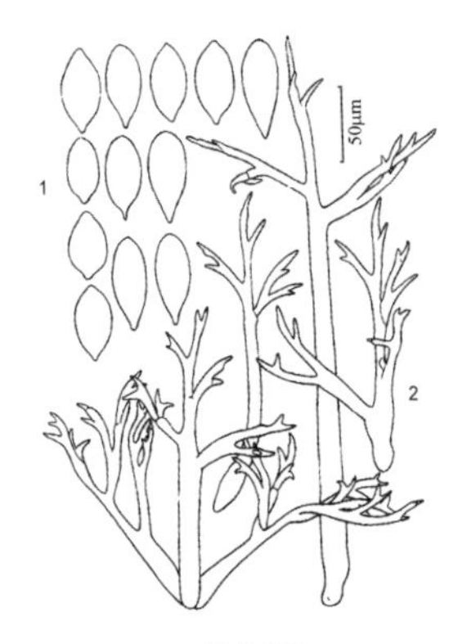

葱霜霉

1—孢子囊；2—孢囊梗

洋葱霜霉病主要为害叶片。发病轻的病斑呈苍白绿色，长椭圆形，严重时波及上半叶，植株发黄或枯死，病叶呈倒“V”字形。花梗染病，同叶部症状，易由病部折断枯死。湿度大时，病部长出白色至紫灰色霉层，即病菌的孢囊梗及孢子囊。鳞茎染病后变软，外部的鳞片表面粗糙或皱缩，植株矮化，叶片扭曲畸形。

病原 *Peronospora destructor*（Berk.）Casp. ex Berkeley，称葱霜霉，属假菌界卵菌门霜霉属。为害大葱、洋葱、冬葱、韭菜及薤头等。孢子囊形成温度13～18℃，15℃最适，10℃以下、20℃以上则显著减少；孢子囊萌发适温11℃，3℃以下、27℃以上不萌发。

传播途径和发病条件 北方大葱霜霉病以卵孢子在寄主或种子上或土壤中越冬。翌年春天萌发，从植株的气孔侵入。湿度大时，病斑上产生孢子囊，借风、雨、昆虫等传播，进行再侵染。一般地势低洼、排水不良、重茬地发病重，阴凉多雨或常有大雾的天气易流行。在河北、山东以南洋葱种植区，如山东菏泽洋葱多在9月下旬播种育苗，苗期60～70天，11月底～12月上旬定植，翌年5月中旬收获，近年洋葱霜霉病日趋严重。育苗期洋葱霜霉病发生不重，但发病株是第2年的初侵染源。翌年春季2月底到3月上旬始见发病，进入3月中旬系统侵染病株，产生大量孢子囊，通过气流进行再侵染，产生2个明显发病盛期，即一是系统侵染发病盛期，多在3月上中旬，二是进行再侵染植株发病盛期，多在3月下～4月中旬，从底部叶片向上部叶片扩展。减产30%以上。

防治方法 ①选择地势高、易排水的地块种植，并与葱类以外的作物实行2～3年轮作。②选用抗病品种。红皮、黄皮品种较抗病，如掖辐1号、紫皮洋葱、港葱3号、牧童、黄皮02、富农等。③洋葱霜霉病防治上除定期剔除病苗外，栽培上应采取做畦栽培，畦面宽160cm，高10～15cm，种植洋葱7行，株距18～20cm，两畦间沟宽25～30cm，畦面和沟中均覆地膜，干旱时膜下小水沟灌，涝时及时通过畦间沟排水，有效降低地表湿度。在洋葱霜霉病发生始期，即2月底～3月上旬拔除系统病株。④大葱、洋葱发病初期喷洒500g/L氟啶胺悬浮剂1500～2000倍液或60%唑醚·代森联水分散粒剂1500倍液或25%吡唑醚菌酯乳油1000倍液、40%精甲·百菌清悬浮剂800倍液、32.5%嘧菌酯·苯醚甲环唑悬浮剂1500倍液、70%丙森锌可湿性粉剂600倍液、60%锰锌·氟吗啉可湿性粉剂700倍液，或50%烯酰吗啉可湿性粉剂600倍液+4000倍液的硕丰481，隔7～10天1次，连续防治2～3次。

大葱、洋葱锈病

症状 主要为害叶、花梗及绿色茎部。发病初期表皮上产生椭圆形稍隆起的橙黄色疱斑，后表皮破裂向外翻，散出橙黄色粉末，即病菌夏孢子堆及夏孢子。秋后疱斑变为黑褐色，破裂时散出暗褐色粉末，即冬孢子堆和冬孢子。

病原 *Puccinia allii*（DC.）Rudolphi，称葱柄锈菌，异名*P. porri*（Sow.）Winter，称香葱柄锈菌，均属真菌界担子菌门。形态特征同韭菜锈病病菌柄锈菌属。

大葱锈病夏孢子堆红褐色疱状

传播途径和发病条件 北方以冬孢子在病残体上越冬；南方则以夏孢子在葱、蒜、韭菜等寄主上辗转为害，或在活体上越冬。翌年夏孢子随气流传播进行初侵染和再侵染。夏孢子萌发后从寄主表皮或气孔侵入，萌发适温9～18℃，高于24℃萌发率明显下降，潜育期10天左右。气温低的年份、肥料不足发病重。

防治方法 ①施足有机肥，增施磷钾肥提高寄主抗病力。②发病初期喷洒30%苯醚甲环唑·丙环唑乳油2000倍液或12.5%烯唑醇可湿性粉剂2000倍液、30%戊唑·多菌灵悬浮剂800倍液、5%己环唑乳油2000倍液，隔10天1次，连续防治2～3次。

大葱、洋葱匍柄霉紫斑病

症状 主要为害叶片。叶上病斑近圆形、椭圆形至长椭圆形，初为红褐色，后变成褐色至暗褐色，上生明显轮纹。

洋葱匍柄霉紫斑病病叶

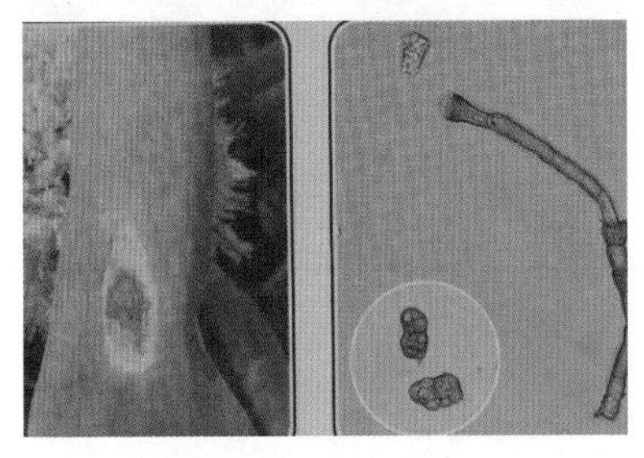

大葱匍柄霉紫斑病病菌匍柄霉分生孢子梗和分生孢子（李宝聚摄）

病原 *Stemphylium botryosum* Wallroth，称匍柄霉，属真菌界子囊菌门无性型匍柄霉属。分生孢子梗直立，单生，偶有1个分枝，直或弯曲，顶端产孢细胞囊状膨大，浅褐色至青褐色，产孢孔颜色最深，具1～4个隔膜，大小（80～100）μm×（4.5～5.5）μm。分生孢子阔卵圆形至近筒形，青褐色，有1～4个横隔膜，0～4个纵斜隔膜，中横隔膜处明显缢缩，表面具微疣或小刺，大小（22.5～35）μm×（20.5～26）μm。有性态为 *Pleospora herbarum*，称枯叶格孢腔菌，属子囊菌门。子囊座内生，单个或多个子囊腔，又称假囊壳。子座后期突破基物，黑色。子囊棍棒状，拟侧丝明显。子囊孢子圆形或长圆形，砖格状，无色或黄褐色。生长期为害葱等叶片的主要是分生孢子阶段，只有在枯死的组织上才能找到它们的有性阶段。

传播途径和发病条件 在寒冷地区，病菌以子囊座随病残体在土中越冬。以子囊孢子进行初侵染，靠分生孢子进行再侵染，借气流传播蔓延。在温暖地区，病菌有性阶段不常见，靠分生孢子辗转为害。该菌是弱寄生菌，长势弱的植株及冻害或管理不善易发病。

防治方法 发病初期喷洒50%异菌脲可湿性粉剂1000倍液或41.5%咪鲜胺乳油1500倍液、20%松脂酸铜•咪鲜胺乳油750～1000倍液。

大葱、洋葱链格孢叶斑病

症状 叶上病斑长椭圆形，褐色至暗褐色，有时与匍柄霉（*Stemphylium botryosum* Wallr.）混生，病斑表面生暗褐色霉层。

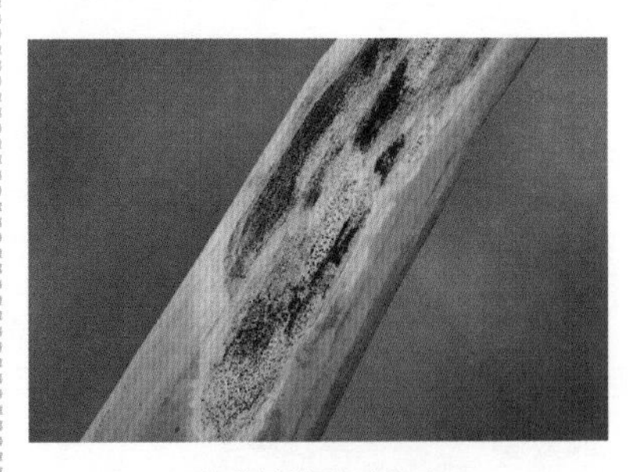

洋葱链格孢叶斑病

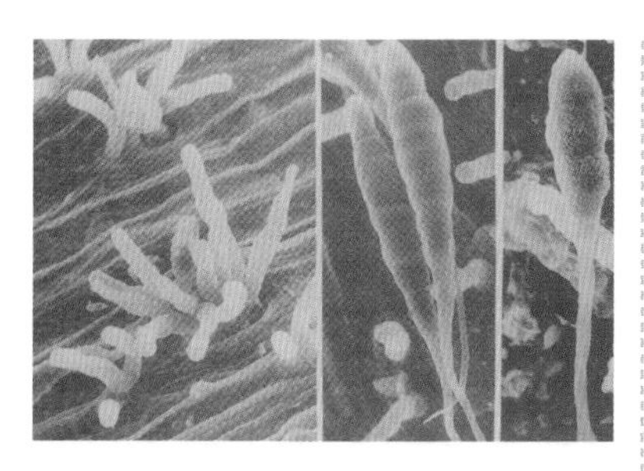

葱叶上的葱链格孢分生孢子梗和分生孢子

病原 *Alternaria porri*（Ellis）Ciferri，称葱链格孢，属真菌界子囊菌门无性型链格孢属。为害大葱、洋葱、大蒜、韭菜等。

传播途径和发病条件 温暖地区靠分生孢子辗转传播进行为害；北方则以菌丝体在葱上或病残体上或土壤里越冬。翌春产生分生孢子，借气流传播进行初侵染和多次再侵染。

防治方法 ①选用抗病品种。②种子用50%异菌脲1000倍液浸种6h，带药液直播。③发病初期喷洒50%异菌脲可湿性粉剂1000倍液、75%百菌清可湿性粉剂700倍液、50%葱姜蒜三元杀菌王可湿性粉剂2000倍液，隔10天1次，防治2～3次。

大葱、洋葱灰霉病

症状 初在叶上生白色斑点，椭圆或近圆形，直径1～3mm，多由叶尖向下扩展，逐渐连成片，使葱叶卷曲枯死。湿度大时，在枯叶上生出大量灰霉。

病原 *Botrytis squamosa* Walker，称葱鳞葡萄孢；*Botrytis porri* Buchw.，称大蒜盲种葡萄孢，均属真菌界子囊菌门无性型葡萄孢属。后者是国内新记录种。葱鳞葡萄孢形态特征参见韭菜灰霉病。大蒜盲种葡萄孢在马铃薯葡萄糖琼脂培养基（PDA）上菌落灰色，气生菌丝不发达，分生孢子梗较多，分生孢子椭圆形至倒卵形，群体亮灰色，单个，浅褐色，大小（7.5～11.5）μm×（5.8～8.5）μm，其特征是在PDA或其他培养基上形成大型不规则菌核，直径20～30mm。此外，在大葱上发生的灰霉病病原还有灰葡萄孢（*B. cinerea* Pers.）和*B.byssoidea* Walker等。

大葱灰霉病

洋葱灰霉病

传播途径和发病条件 病原菌随发病大葱、洋葱越冬或越夏，也可以菌丝体或菌核在田间病残体上或土壤中越冬或越夏，成为侵染下一季寄主的主要菌源。冷凉、高湿有利于灰霉病的发生。气温 15 ～ 21℃、相对湿度高于 80% 很易流行成灾。菌核和病株带菌残屑多混杂在种子里，随种子调运传播，生长季节病株产生的分生孢子借气流、雨水、灌溉水及农事操作传播，进行多次再侵染。大葱秋苗期即可被侵染，冬季病情发展很慢，春季温湿度适宜时再度扩展或达高峰。河南 4 ～ 5 月雨天多少、持续时间长短是决定能否大流行的关键所在。

防治方法 ①清洁田园，轮作、及时清除病残体。②选用抗病品种。如掖辅 1 号、新葱 2 号、铁杆巨葱、日本元藏、元宝等抗灰霉病品种。③合理施肥，控制浇水。④合理密植，行株距 50cm×3cm。⑤发病初期喷洒 50% 啶酰菌胺水分散粒剂 1500 倍液或 50% 乙烯菌核利水分散粒剂 600 倍液、50% 嘧菌环胺水分散粒剂 800 倍液。

大葱、洋葱疫病

症状 叶片、花梗染病，初现青白色不明显斑点，扩大后成灰白色斑，致叶片枯萎。阴雨连绵或湿度大，病部长出白色棉毛状霉；天气干燥时，白霉消失，撕开表皮可见棉毛状白色菌丝体。

洋葱白色疫病

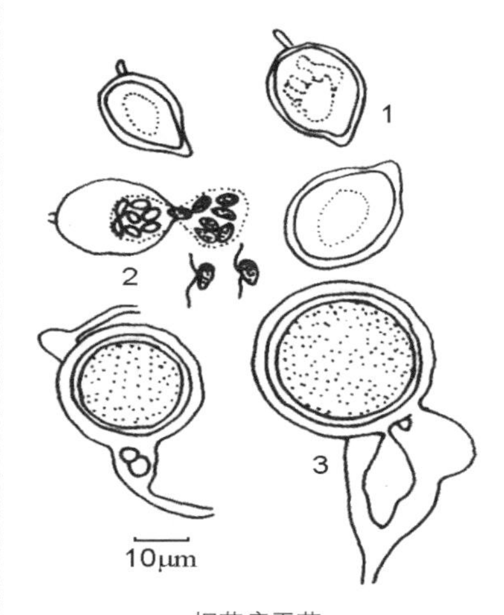

烟草疫霉菌

1—孢子囊；2—游动孢子；3—藏卵器

病原 *Phytophthora nicotianae* van Breda de Hann，称烟草疫霉；*Phytophthora porri* Foister，称葱疫霉，均属假菌界卵菌门疫霉属。烟草疫霉孢囊梗由气孔伸出，梗长多为 100μm。梗上孢子囊单生，长椭圆形，顶端乳头状突起明显，大小（28.8 ～ 67.5）μm×（12.5 ～ 30）μm。卵孢子淡黄色，球形，直径 20 ～ 22.5μm。厚垣孢子微黄色，圆球形，直径 20 ～ 40μm。发育温限 12 ～ 36 ℃，25 ～ 32 ℃

最适，菌丝 50℃经 5min 死亡。除侵染葱外，还可侵染韭菜、洋葱等。葱疫霉形态特征参见后文大蒜疫病。

传播途径和发病条件 以卵孢子、厚垣孢子或菌丝体在病残体内越冬。翌春产生孢子囊及游动孢子，借风雨传播。孢子萌发后产出芽管，穿透寄主表皮直接侵入，后病部又产出孢子囊进行再侵染，扩大为害。阴雨连绵的雨季易发病。种植密度大、地势低洼、田间积水、植株徒长的田块发病重。

防治方法 ①彻底清除病残体，减少田间菌源；与非葱、蒜类蔬菜实行 2 年以上轮作。②选择排水良好的地块栽植。南方采用高厢深沟，北方采用高畦或垄作。雨后及时排水，做到合理密植，通风良好。采用配方施肥，增强寄主抗病力。③发病初期喷洒 75% 丙森锌·霜脲氰水分散粒剂 700 倍液或 500g/L 氟啶胺悬浮剂 1500 倍液或 52.5% 噁酮·霜脲氰水分散粒剂 1500 倍液、687.5g/L 氟菌·霜霉威悬浮剂 600 ～ 800 倍液、60% 锰锌·氟吗啉可湿性粉剂 700 倍液、66.8% 丙森·缬霉威可湿性粉剂 700 倍液，隔 7 ～ 10 天 1 次，连续防治 2 ～ 3 次。

大葱、洋葱白腐病

症状 又称大葱、洋葱、大蒜黑腐小核菌病。初发病时叶片从顶尖开始向下变黄后枯死，幼株发病通常枯萎，成熟的植株数周后衰弱、枯萎。湿度大时，葱头和不定根上长出许多茸毛状白色菌丝体，后菌丝减退而露出黑色球形菌核。根或鳞茎在田间即腐烂，呈水浸状。储藏期鳞茎可继续腐烂。

病原 *Sclerotium cepivorum* Berk.，称白腐小核菌，属真菌界子囊菌门小核菌属。其生活史中以菌核和菌丝为主。菌核球形或扁球形，外表黑色，由 1 ～ 2 层厚壁暗色细胞组成，内部为紧密的浅红色长形细胞，大小（0.3 ～ 1.0）μm×（0.3 ～ 1.4）μm。菌核萌发时表面凸起，外皮破裂后细密的菌丝自由融合后伸出，在其上生小瓶梗，瓶梗上链生小型分生孢子。孢子透明，球形，直径 1.6 ～ 2.0μm。

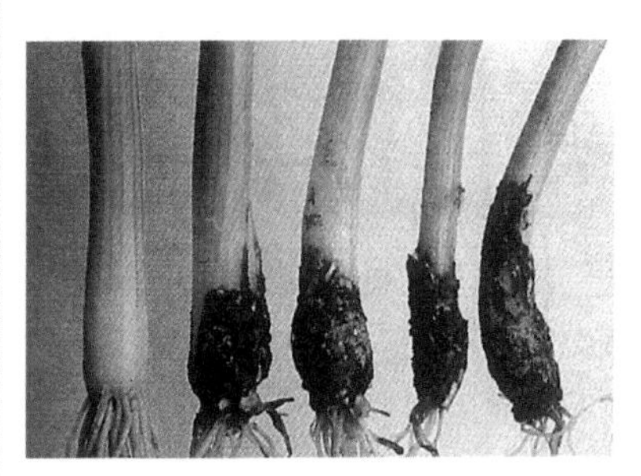

大葱白腐病病株典型症状

传播途径和发病条件 病菌以菌核在土壤中或病残体上存活越冬。遇根分泌物刺激萌发，长出菌丝侵染植株的根或茎。其营养菌丝在无寄主的土中不能存活，在株间辗转传播。侵染和扩展的最适温度为 15 ～ 20℃，在 5 ～ 10℃或高于 25℃

病害扩展减缓。此外，土壤含水量对菌核的萌发有较大影响。一般在春末夏初多雨季节病势扩展快，夏季高温不利该病扩展。长期连作，排水不良，土壤肥力不足发病重。

防治方法 ①提倡施用腐熟有机肥或生物有机复合肥；实行3～4年轮作，发病田避免连作。②加强田间检查，发现病株及时挖除深埋。③播前用种子重量0.3%的50%异菌脲可湿性粉剂拌种。④病田在播种后约5周用50%多菌灵可湿性粉剂500倍液或50%啶酰菌胺水分散粒剂1800倍液、50%异菌脲可湿性粉剂1000倍液灌淋根茎。储藏期可用上述杀菌剂喷洒，其中50%异菌脲可湿性粉剂效果好。此外，也可喷淋20%甲基立枯磷乳油1000倍液或40%双胍三辛烷基苯磺酸盐可湿性粉剂1000倍液，隔10天左右1次，防治1次或2次。

大葱、洋葱小粒菌核病

症状 主要为害叶片和花梗。初时仅叶或花梗先端变色，逐渐向下扩展，致葱株局部或全部枯死，仅残留新叶。剥开病叶，里面产生白色棉絮状气生菌丝，病部表皮下散生黄褐色或黑色小菌核，直径0.5～7mm。

病原 *Ciborinia allii* (Sawada) L.M.Kohn，称葱叶杯菌，异名*Sclerotinia allii* Sawada，称大蒜核盘菌，均属真菌界子囊菌门核盘菌属。菌核形成于寄主表皮下，片状至不规则形或近椭圆形，萌发时产生4～5个子囊盘。子囊筒状，大小(184～212)μm×(12～18)μm，内含8个子囊孢子。子囊孢子长椭圆形，单胞，无色，大小(17～21)μm×(7～11)μm。病菌发育适温25℃。

洋葱小粒菌核病病茎上的小菌核

传播途径和发病条件 以菌核随病残体在土壤中越冬。春、秋两季形成子囊盘，产生子囊孢子。子囊孢子借气流弹射传播或直接产生菌丝进行传播蔓延。气温14℃、高湿或雨季易发病。

防治方法 ①收获后及时清除病残体，集中深埋或烧毁。②与非葱类作物实行2～3年轮作。③雨后及时排水、降低湿度。④发病初期喷洒450g/L咪鲜胺乳油3000倍液或40%嘧霉胺悬浮剂1000倍液、50%异菌脲可湿性粉剂1000倍液、5%井冈霉素水剂500～1000倍液，隔7～10天1次，连续防治2～3次。

大葱、洋葱枯萎病

症状 苗期至定植后15～60天易发病。苗期染病，呈立枯状。稍后发病时，茎盘侧根变褐向一侧弯曲。定植后 2 ～ 4 周发病时，病株地上部的下位叶弯曲、黄化、萎蔫，地下叶鞘侧部腐烂。纵向剖开，可见茎盘已变褐。茎盘外侧有 1 ～ 2 片鳞片褐变，上现白色霉层，白色霉层从根盘向四周扩展，病株易拔出。储藏期架藏的洋葱也发病，根盘变成灰褐色，鳞片基部呈灰褐色至浅黄色水渍状或干腐状腐烂，最后病鳞茎只剩下 2 ～ 3 片外皮也腐烂。

大葱枯萎病下位叶呈条状黄变

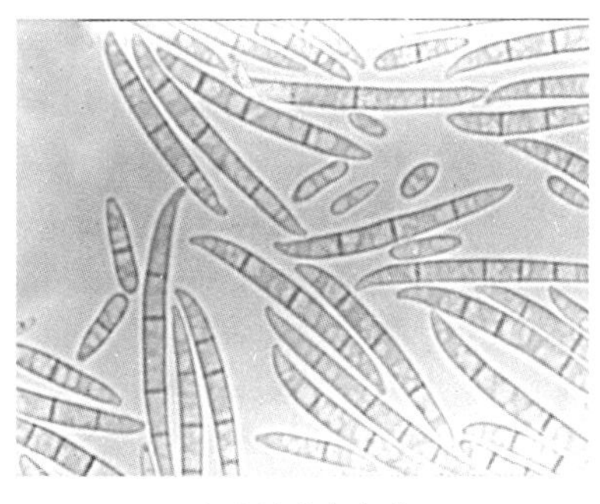

大葱枯萎病病菌

大型分生孢子和小型分生孢子

病原 *Fusarium oxysporum* Schlecht f. sp. *cepae*（Hanz.）Snyd. et Hans.，称尖镰孢菌洋葱专化型，属真菌界子囊菌门镰刀菌属。

传播途径和发病条件 病菌以厚垣孢子残存在土壤中。土壤菌量高，种子也可带菌。病菌在葱茎盘附近死组织及枯死根中繁殖，后经鳞茎伤口侵入葱株体内，引起发病。气温 23 ～ 28 ℃、土壤 pH 值小的沙质土易发病。品种间抗病性有差异。

防治方法 ①实行轮作。测定土壤 pH 值，如土壤偏酸时，可通过施入适量生石灰，把土壤 pH 值调到 6.5 ～ 7。②选用对枯萎病抗性强的品种。③育苗及栽植后要加强管理，避免过度干燥及高湿。④发病重的地区喷淋 70% 噁霉灵可湿性粉剂 1500 倍液或 50% 氯溴异氰尿酸可溶粉剂 1000 倍液。

大葱、洋葱枝孢叶枯病

症状 又称褐斑病。主要为害叶片。发生在洋葱生长中后期，初在叶片上生苍白色小点，后扩展成近椭圆形至梭状斑，中间枯黄色，边缘红褐色，外围具黄白色晕，向上下扩展，向上扩展很快，造成叶尖扭曲干枯。湿度大时病斑中央生深榄褐色茸毛状霉层，即病原菌的分生孢子梗和分生孢子。气候干燥时霉点不明显。大流行时或雨后霉丛密密麻麻分布在枯黄的葱叶上，病斑融合时致叶片迅速干枯，别于链格孢叶斑病稀疏的黑霉。

大葱枝孢叶枯病

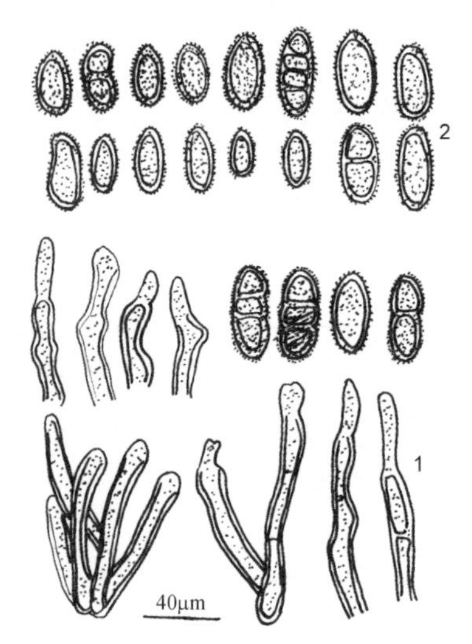

葱枝孢菌

1—分生孢子梗；2—分生孢子

病原 *Cladosporium allii*（Ell. &Martin）P.M. Kirk. et J. G.Crompton，称葱枝孢，属真菌界子囊菌门枝孢属。分生孢子梗单生或2～7根簇生，屈膝状、不分枝，平滑，有隔膜，顶部褐色，有孢痕，0～4个隔，大小（54～135）μm×（4.7～7.6）μm或（30～102）μm×（5～10.2）μm。分生孢子单生或偶有2～3个链生，圆柱形，暗褐色，有刺细疣，0～3个隔膜，孢脐明显，大小（18.9～48.6）μm×（10.8～17.6）μm。除为害大葱、洋葱外，还为害大蒜等。

传播途径和发病条件 病菌以病残体上的休眠菌丝和分生孢子在干燥的地方越冬或越夏，播种时随肥料进入田间成为初侵染源。也可在高海拔地区生长着的大蒜、大葱、洋葱植株上越夏，随风传播，从气孔侵入，在维管束四周扩展，发病后又产生分生孢子进行再侵染。该菌生长和孢子萌发温限0～30℃，10～20℃最快，孢子萌发对湿度要求高于90%，相对湿度达100%或有水滴萌发最好。洋葱生长不良、雨日多持续时间长或时晴时雨易发病。

防治方法 ①收获后特别注意剔除病落叶，直到全部烧毁。施用的有机肥或堆肥要求充分腐熟，最好选用氮、磷、钾全效性有机肥或有机活性肥，适时追肥，提高洋葱抗病力。②选用抗病良种，合理密植，雨后及时排水，防止湿气过大，浇水安排在上午，防止叶上结露，及时锄草。③发病初期喷洒60%多菌灵盐酸盐可湿性粉剂600倍液或25%戊唑醇水乳剂3000倍液、40%氟硅唑乳油5000倍液、10%苯醚甲环唑微乳剂1500倍液、77%氢氧化铜可湿性粉剂700倍液，隔10天左右1次，防治1～3次。

洋葱颈腐病

症状 为害洋葱的鳞茎和叶片。通常在鳞茎的颈部首先发病，产生圆形大斑，黑褐色，湿度大或冬储时产生白色絮状菌丝，称为菌丝型颈腐。后期在外层鳞茎内产生肾形菌核。

病原 *Botrytis byssoidea* Walker，称葱细丝葡萄孢或絮丝葡萄孢；*Botrytis allii* Munn，称葱腐葡萄孢，均属真菌界子囊菌门葡萄孢属。侵染葱、洋葱、蒜、韭菜等。

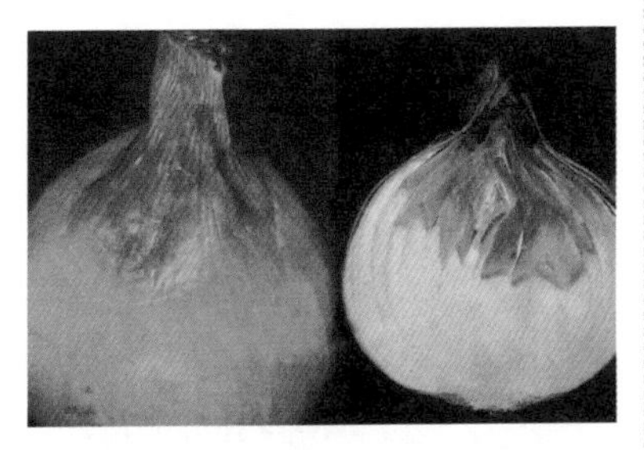

洋葱颈腐病

洋葱颈腐病

传播途径和发病条件 该菌多以菌丝体或菌核潜伏在鳞茎或病残体上越冬。由菌丝或菌核上产生分生孢子，随气流传播。病菌从叶片的伤口或枯死部位侵入、扩展，引起鳞茎或颈部发病。生长后期遇连阴雨或储藏时湿度大发病重。

防治方法 ①选用黄皮或红皮较抗病品种。②实行与非葱类2年以上轮作。③采用垄作或高畦栽培，避免积水，雨后及时排水，严禁大水漫灌。④采用配方施肥技术，切忌氮肥过多，以免贪青徒长而染病。⑤适时采收，及时晾晒。⑥科学储藏。储藏温度0℃，相对湿度65%为适。⑦药剂防治。参见大葱、洋葱灰霉病。

大葱、洋葱黑粉病

症状 洋葱黑粉病主要发生在2～3叶期的小苗上。染病葱苗长到17cm高时，叶初微黄，1～2叶萎缩扭曲，叶和鳞茎上产生稍隆起的银灰色条斑，严重的条斑变为疱状、肿瘤状，表皮开裂后散出黑褐色粉末，即病原菌的孢子团。病株生长缓慢，发病早的多全部枯死。

大葱黑粉病

洋葱条黑粉菌冬孢子球

病原 *Urocystis cepulae* Frost，称洋葱条黑粉菌，属真菌界担子菌门条黑粉菌属。寄生在葱叶、叶鞘、茎等各部位的冬孢子堆，深褐色至黑色粉状孢子团，由1至数个孢子紧密结合形成。孢子团球形或近球形，暗红褐色，直径16～27μm，内含厚垣孢子1个，也有2个的，厚垣孢子球形，红褐色，直径11～16μm，周围具一层浅黄色或黄褐色、球形至扁球形的无性细胞（不孕细胞），直径4～8μm，寄生于洋葱和葱上。

传播途径和发病条件 病菌以附着在病残体上或散落在土壤中的厚垣孢子越冬，成为该病的初侵染源。种子发芽后20天内，病菌从子叶基部等处的幼嫩组织侵入，经一段时间潜育即显症，以后病部产生的厚垣孢子借风雨或灌溉水传播蔓延。播种后气温10～25℃可发病，最适发病温度18～20℃，高于29℃则不发病。播种过深、发芽出土迟、与病菌接触时间长或土壤湿度大发病重。由于该病是系统侵染，田间健株仍保持无病，当叶长到10～20cm后，一般不再发病。

防治方法 ①选择没有栽植过葱类的地块育苗，以防葱苗带菌。②葱苗长到15cm，病菌停止侵染，选无病苗栽植。③施用酵素菌沤制的堆肥。④重病区或重病地应与非葱类作物进行2～3年轮作。⑤对带菌种子可用种子重量0.2%的50%福美双或40%拌种双粉剂拌种。⑥发现病株及时拔除，集中烧毁，并注意把手洗净，工具应消毒，以防人为传播，病穴撒1∶2石灰硫黄混合粉消毒，每667m^{2}用量10kg，也可把50%福美双1kg对细干土80～100kg，充分拌匀后撒施消毒。

洋葱、大葱干腐病

我国洋葱、大葱、细香葱、韭葱等葱属植物整个生育期及储藏期常年发病，田间损失3%～35%，21世纪甘肃酒泉呈上升态势，2008年发病率2%～5%，重病地高达30%～50%，失去了生产价值，对产量影响很大，储藏期损失更大。

症状 地上部出现症状时，往往地下部已染病而腐烂。洋葱、大葱各生育期植株各个部位，根、茎、叶、鳞茎基盘均可受害，地上部首先出现叶片褪绿黄化致植株萎蔫，叶尖坏死，后向下扩展造成根部产生黄褐色至粉红色腐烂。典型症状是根、茎交界处鳞茎基盘的组织腐烂，根部、鳞茎分离，有时产生白色至粉红色霉层。储藏期染病也会产生干腐。

病原 主要为 *Fusarium oxysporum* Schltdl. ex Snyder et Hansen f. sp. *cepae*（H. N. Hans.）W. C. Snyder & H. N. Hans.，称尖镰孢洋葱专化型；其次是 *F. proliferatum*（Matsush.）Nirenberg，称层出镰孢，*F.culmorum*（W. G. Smith）Sacc，称黄色镰孢，均属子囊菌门无性型镰刀菌属。

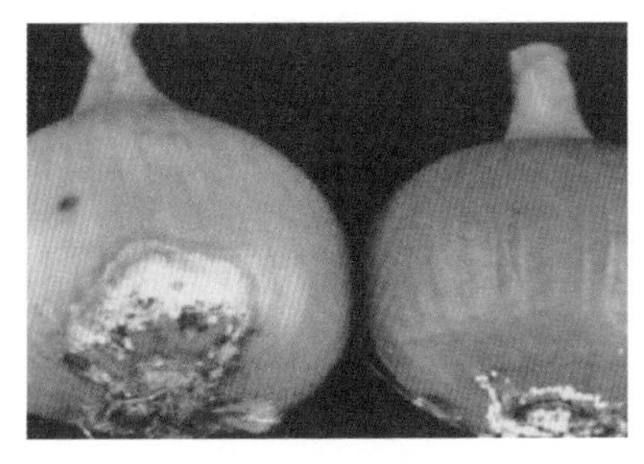

洋葱干腐病症状

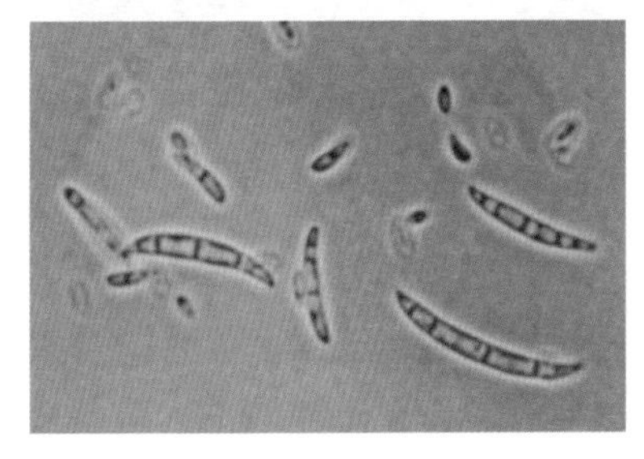

尖镰孢洋葱专化型大分生孢子（于金风）

传播途径和发病条件 尖镰孢菌洋葱专化型是土壤习居菌，厚垣孢子可在土中存活 5 ～ 6 年或越冬，是传播菌原，也可以菌丝体、分生孢子在病残体上及土壤中越冬。带菌种苗也是初侵染来源之一，是远距离传播主要途径，也有可能是种子带菌传播。在田间，葱蝇、灰地种蝇为害造成的伤口有利于病菌入侵，葱粉红根腐病也会使干腐病从根部侵入。

防治方法 ①葱、蒜类蔬菜可与茄科蔬菜进行 4 年以上轮作。②选用抗病品种。③及时清洁田园。前茬收获后及时清除病残体，集中烧毁或深埋，也可用威百亩对土壤进行消毒。④加强管理。深翻土壤，科学施肥，雨后及时排水，杜绝大水漫灌，注意适时防治地蛆。⑤储运时控制温度在 0 ～ 4℃，相对湿度 65% 左右，注意剔除有病的葱头，减少干腐病发生。⑥种子处理。用 40% 福美双可湿性粉剂拌种，用药量为种子重量的 0.2% ～ 0.4%，也可用 50% 多菌灵可湿性粉剂 500 倍液浸种 2h。⑦菌床及田间土壤处理。种植前用 50% 多菌灵可湿性粉剂 500 倍液浇施土壤进行消毒，以 5 ～ 10cm 表土浇湿，然后再种植，以后每月 1 次效果好。生长期发现病株及时喷洒 50% 甲基硫菌灵可湿性粉剂 800 倍液或 50% 灭蝇胺可湿性粉剂 1500 倍液灭虫均有良效。⑧提倡喷施已商品化的哈茨木霉生防菌，每千克种子用生防菌 8g，包被种子表面，不但降低发病率，而且促进洋葱、大葱等增产。

洋葱黑曲霉病

症状 洋葱收获后至储藏期，在球茎表面生褐色至黑色斑，病菌在球茎表面扩展，有的侵入 1 ～ 2 个鳞片，初呈褐色水渍状，后干燥，长出黑霉，即病原菌子实体。影响食用和商品价值。

病原 *Aspergillus niger* van Tiegh.，称黑曲霉，属真菌界子囊菌门曲霉属。黑曲霉分生孢子穗灰黑色至黑色，圆形，放射状，直径 0.3 ～ 1mm；分生孢子梗大小（200 ～ 400）μm×（7 ～ 10）μm；顶囊球形至近球形，表生两层小梗；分生孢子球形，初光滑，后变粗糙或生细刺，有色物质沉积成环状或瘤状，直径 2.5 ~ 4μm，有时产生菌核。寄生于多汁的果实、鳞茎等植物器官上，引起腐烂。

洋葱黑曲霉病（松尾绫男原图）

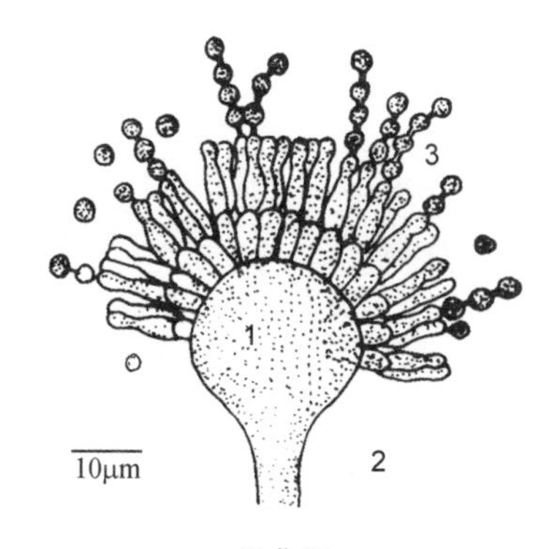

黑曲霉

1—孢囊，在它上面产生梗茎；
2—孢囊，在它上面有瓶梗和梗茎；
3—分生孢子

传播途径和发病条件 病菌以菌丝体在土壤中的病残体上存活越冬。翌春产生分生孢子借气流传播，从伤口或穿透表皮直接侵入。高温、高湿条件或土温变化激烈时易发病。

防治方法 发病期喷洒 20% 辣根素水剂 $5L/667m^2$。

洋葱核盘菌菌核病

症状 病株的叶和花梗先端变黄，逐渐向下扩展，后枯死下垂，后期病部变为灰白色，管状叶和根部长出白色至黑色不规则形菌核，有时数个菌核黏合成一片。

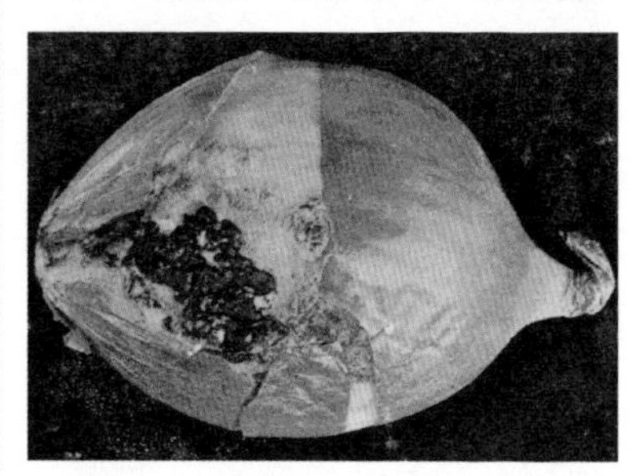

洋葱核盘菌菌核病

病原 *Sclerotinia sclerotiorum*（Libert）de Bary，称核盘菌，属真菌界子囊菌门核盘菌属。

传播途径和发病条件、防治方法参见大葱、洋葱小粒菌核病。

菟丝子为害大葱

症状 菟丝子缠绕大葱茎及地上部，其吸器伸入寄主茎叶组织，吸收水分和养分，致洋葱叶变黄或凋萎。

病原 *Cuscuta chinensis* Lamb.，称中国菟丝子。茎细弱，黄化，无叶绿素，茎与寄主的茎接触后产生吸器，附着在寄主表面吸收营养，花白色，花柱 2 条，头状，萼片具脊，脊纵行，萼片现棱角，萼片背面具纵脊，雄蕊与花冠裂开互生，蒴果成熟后被花冠全部包住，破裂时呈周裂。

菟丝子为害大葱

传播途径和发病条件 菟丝子种子可混杂在寄主种子内及随有机肥在土壤中越冬。其种子外壳坚硬，经1～3年才发芽，在田间可沿畦埂地边蔓延，遇合适寄主即缠茎寄生为害。

防治方法 ①精选种子，防止菟丝子种子混入。②深翻土地21cm，以抑制菟丝子种子萌发。③摘除菟丝子藤蔓，带出田外烧毁或深埋。④锄地，掌握在菟丝子幼苗未长出缠绕茎之前锄灭。⑤厩肥应经高温发酵处理，使菟丝子种子失去发芽力或被沤烂。⑥生物防治。喷洒鲁保1号生物制剂，使用浓度要求每毫升水中含活孢子数不少于3000万个，每667m^2用2～2.5L，于雨后或傍晚及阴天喷洒，隔7天1次，连续防治2～3次。

大葱、洋葱炭疽病

症状 主要为害叶、花茎和鳞茎。叶初生近纺锤形，不规则淡灰褐色至褐色病斑，上生许多小黑点，严重的上部叶片枯死。鳞茎染病，外层鳞片生出圆形暗绿色或黑色斑纹，扩大后连片，病斑上散生黑色小粒点，即病菌分生孢子盘。

大葱炭疽病

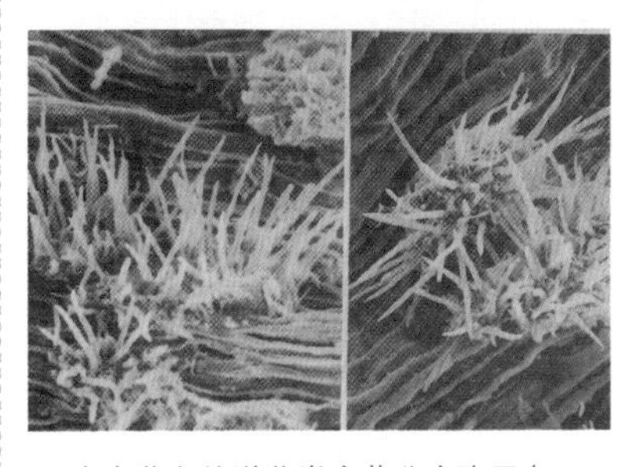

生在葱上的洋葱炭疽菌分生孢子盘、刚毛和分生孢子

病原 *Colletotrichum circinans* (Berk.) Vogl.，称洋葱炭疽菌，属真菌界子囊菌门无性型炭疽菌属。病原菌形态特征参见后文细香葱、分葱炭疽病。

传播途径和发病条件 以子座或分生孢子盘或菌丝随病残体在土壤中染病的鳞茎上越冬。翌年分生孢子盘产生分生孢子，靠雨水飞溅传播蔓延。10～32℃均可发病，26℃最适。该菌产出分生孢子要求高湿条件。因此，多雨年份，尤其是鳞茎生长期遇阴雨连绵或排水不良、低洼地发病重。

防治方法 ①收获后及时清洁田园；提倡施用有机活性肥或生物有机复合肥。②与非葱类作物实行2年以上轮作。③种植抗病品种。④发病初期喷洒32.5%苯甲·嘧菌酯悬浮剂1500倍液或250g/L嘧菌酯悬浮剂1000倍液或450g/L咪鲜胺乳油2000倍液、70%丙森锌水分散粒剂550倍液，隔10天1次，防治1～2次。

大葱、洋葱软腐病

症状 田间鳞茎膨大期，在1～2片外叶的下部产生半透明灰白色斑，叶鞘基部软化腐败，致外叶倒折，病斑向下扩展。鳞茎部染病，初呈水浸状，后内部开始腐烂，散发出恶臭。

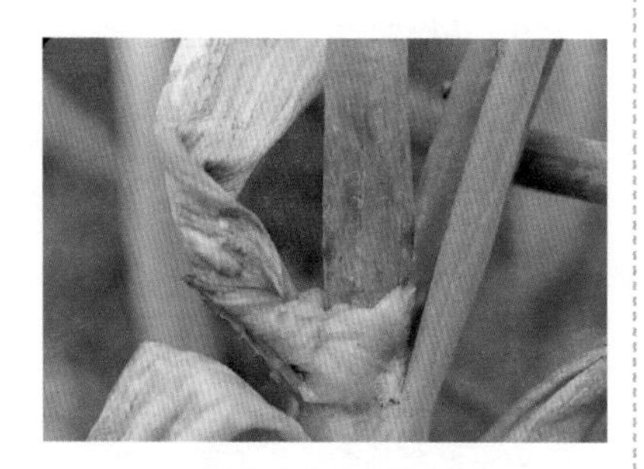

洋葱叶上发生软腐

病原 *Pectobacterium carotovora* subsp. *carotovora*（Jones）Berg.et al.，称胡萝卜果胶杆菌胡萝卜致病型，属细菌界薄壁菌门果胶杆菌属。

传播途径和发病条件 病菌在鳞茎中越冬，也可在土壤中腐生。通过肥料、雨水或灌溉水传播蔓延。经伤口侵入，蓟马、种蝇也可传病。低洼连作地或植株徒长易发病。

防治方法 ①选择中性土壤育苗，培育壮苗。适期早栽，勤中耕，浅浇水，防止氮肥过多。②及时防治葱蓟马、葱蛾或地蛆等。③发病初期喷洒27%碱式硫酸铜悬浮剂500倍液或20%噻菌铜悬浮剂500倍液、3%中生菌素可湿性粉剂500倍液、72%硫酸链霉素可溶粉剂2000倍液、20%噻森铜悬浮剂400倍液，视病情隔7～10天1次，防治1次或2次。

洋葱球茎软腐病

症状 洋葱球茎软腐病主要为害球茎和叶片。球茎染病，球茎内部鳞片腐烂，从外部不容易发现，发病后期整个球茎变软，且有大量细菌。叶片染病，多在叶部产生坏死斑。

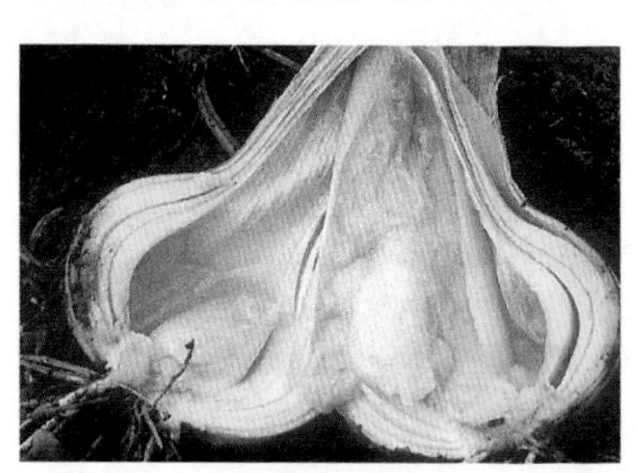

洋葱球茎软腐病

病原 *Pseudomonas gladioli* pv. *alliicola*（Burkholder）Young et al.，称唐菖蒲假单胞菌洋葱致病变种（洋葱球茎软腐病假单胞菌），属细菌界薄壁菌门。

传播途径和发病条件 病原细菌在病组织中越冬。翌春经风雨、昆虫或流水传播，从伤口或气孔、皮孔侵入，病菌深入内部组织引起发病。高温多雨季节、地势低洼、土壤板结易发病。伤口多、偏施氮肥发病重。

防治方法 ①提倡施用酵素菌沤制的堆肥，多施河泥等腐熟有机活性肥。②加强田间管理，地势低洼多湿的葱田，雨后及时排水。③及时防止葱田害虫，减少虫伤，田间操作要小心，避免造成人为伤口，可降低发病株率。④发病初期喷洒20%叶枯唑可湿性粉剂800倍液或20%噻菌铜悬浮剂600倍液、77%氢氧化铜可湿性粉剂500倍液。

大葱、洋葱黄矮病

症状 大葱染病，叶生长受抑制，叶片扭曲变细，致叶面凹凸不平，叶尖逐渐黄化，有时产出长短不一的黄绿色斑驳或黄色长条斑。葱管扭曲，生长停滞，蜡质减少，叶下垂变黄。严重的全株矮化或萎缩。

洋葱黄矮病多始于育苗期。病株生长速度变缓或停止生长，明显矮缩。叶片波状或扁平，叶上出现黄绿色花斑或黄色长条斑。

大葱黄矮病病株

洋葱黄矮病病株

病原 *Onion yellow dwarf virus*（OYDV），称洋葱黄矮病毒，属马铃薯Y病毒科马铃薯Y病毒属。

传播途径和发病条件 病毒在田间主要靠韭菜蚜虫［*Neotoxoptera formosana*（Takahashi）］等多种蚜虫以非持久性方式或汁液摩擦接种传毒。高温干旱、管理条件差、蚜量大、与葱属植物邻作的发病重。

防治方法 ①选用辽葱1号等抗病毒病品种。及时防除传毒蚜虫。②精选葱秧，剔除病株，不要在葱类采种田或栽植地附近育苗及邻作。春季育苗应适当提早。育苗如与蚜虫迁飞期吻合，应在苗床上覆盖银灰色防虫网或尼龙纱。③增施有机活性肥，适时追肥，喷施植物生长调节剂，增强抗病力。④管理过程中尽量避免接触病株，防止人为传播。⑤发病初期喷洒1%香菇多糖水剂500倍液或20%吗胍·乙酸铜可湿性粉剂500倍液、40%吗啉胍·羟烯腺·烯腺可湿性粉剂1000倍液，隔10天左右1次，防治1次或2次。

大葱倒伏

症状 大葱生长过旺，叶片向外倒卧，严重的叶片杂乱无章覆满地面，人无法下脚，倒伏持续时间长的，下面叶片变黄或腐烂。严重减产。

大葱倒伏

病因 一是栽植过密。二是夏、秋两季雨天多或浇水过大，再加上基肥充足，叶片生长迅速而繁茂，造成叶片头重脚轻，致叶片向外倒伏。

防治方法 ①栽植大葱，密度不宜过大。②基肥要按配方施肥，不可偏施氮肥，追肥要适时适量，不可过多。③进入雨季，要尽量控制浇水，雨后及时排水，不追肥，高培垄。

洋葱球茎酸皮病

症状 主要侵染鳞球茎外部鳞片。染病的球茎不呈水渍状，而表现为变黏和发黄，上部易干缩，在球茎的外表面有坏死斑。叶片染病时在洋葱颈部形成湿腐，变为浅棕色。

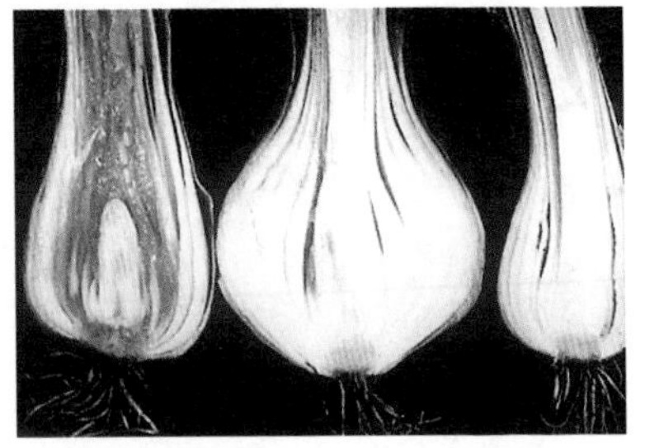

洋葱球茎酸皮病球茎纵切面症状

病原 *Burkholderia cepacia*（ex Burkholder）Yabuuchi et al， 异名 *Pseudomonas cepacia* Palleroni & Holmes，称洋葱伯克氏菌，属细菌界薄壁菌门洋葱伯克氏菌属。菌体杆状，极生1～3根鞭毛，无芽胞，单生或对生，大小（1～2.8）μm×0.9μm，革兰氏阴性。最高生长温度42℃，最适生长温度30℃，最低生长温度9℃。

传播途径和发病条件 靠带菌葱头的调运进行远距离传播。在田间采用喷水器灌溉的发病重于深沟灌溉的，洋葱球茎形成后进入感病阶段。

防治方法 ①严格检疫。②洋葱生产田采用常规或深沟灌溉法。③洋葱球茎形成时或发病初期喷洒20%叶枯唑可湿性粉剂800倍液或85%波尔·霜脲氰可湿性粉剂600倍液、10%苯醚甲环唑微乳剂1500倍液、40%波尔多液可湿性粉剂800倍液。

大葱、洋葱根结线虫病

症状 为害大葱、洋葱、大蒜、韭菜等根部。幼嫩的须根染病，造成根部及根尖膨胀肿大，现瘤状根结。根结初为白色，表面光滑，后变成褐色，粗糙。剖开根结可见洋梨状白色至乳白色雌线虫。受害植株生长缓慢，叶尖枯死。须根少，有扭曲。

洋葱根结线虫病

病原 *Meloidogyne* sp.，称一种根结线虫，属动物界线虫门。

传播途径和发病条件 葱类根结线虫以2龄幼虫和卵在病部或土壤中越冬，条件适宜时侵入根部，产生根结。

防治方法 ①培育无虫苗。②播种或定植时，每667m^{2}施入氰氨化钙100kg进行土壤消毒。③药剂处理土壤。播前半个月每667m^{2}用0.5%阿维菌素颗粒剂2kg，加细土40kg混匀后撒在地面，深翻25cm，防效好。应急时也可喷洒1.8%阿维菌素乳油1000倍液。

洋葱鳞球茎茎线虫病

症状 病株地上部瘦弱矮化，新生叶有淡黄色斑，鳞茎基部或顶部变软，逐渐变成苍白色，外部鳞片脱落，易并发真菌或细菌病害。

洋葱鳞球茎茎线虫病受害状

病原 *Ditylenchus dipsaci*（Kühn）Filipjev，称鳞球茎茎线虫，旧称起绒草茎线虫，属动物界线虫门。雌、雄虫体细长，尾端尖细，雄虫大小（0.9～1.6）mm×（0.03～0.04）mm，雌虫大小（0.9～1.86）mm×（0.04～0.06）mm，侧线4～6条。每头雌虫产卵200粒左右。4龄幼虫抗逆性强，在植物组织内或土壤内长期存活，内寄生。19～25天完成1代，在洋葱组织内常可见到各龄虫态。鳞球茎茎线虫除为害洋葱、大蒜外，还为害芹菜、马铃薯、胡萝卜、草莓、起绒草、菜豆、甜菜、玉米、郁金香、风信子等500多种植物。

传播途径和发病条件 由于鳞球茎茎线虫可以侵染寄主植物的不同部位，因此可随寄主植物的种子、鳞茎、块茎、根以及任何被侵染的植物材料及组织碎片传播，此外还可借流水、土壤及农具传播。

防治方法 ①严格检疫，防止该线虫疫区扩大。②实行水旱轮作，可减轻为害，注意选择肥沃的土壤，避免在沙性重的地块种植。③药剂防治法参见大葱、洋葱根结线虫病。

大葱干尖

大葱干尖是生产上的老大难问题，直接影响大葱的品质和产量下降。

症状 大葱干尖有两种，一是病理性干尖，二是生理性干尖。病理性干尖是由病原真菌引起的，生产上分为“青干”和“白干”两种。所称的“青干”是灰霉病引起的，该病遇夜温低、湿度大发病重。初发时叶上生白色斑近圆形至椭圆形，直径1～3mm，从叶尖向下扩展至连成片，造成葱叶卷曲枯死。至于“白干”是葱疫病引发的，高温高湿或阴雨天引发，病部初呈暗绿色，水渍状，扩展后形成灰白色斑，周缘不明显，造成叶片枯萎乃至田间一片枯白。至于生理性干尖是由土壤干旱缺水引起干尖或土壤酸化，当有机肥施用不足或大量施用硫酸铵、过磷酸钙等肥料时常引起土壤酸化，造成葱叶生长细弱缓慢，外叶干枯或缺少微量元素，大葱缺钙引发叶尖黄化，缺镁引发外叶尖黄化。或药害引起干尖等。

大葱病理性干尖

病因 病理性干尖由灰霉菌、疫病菌侵染引起。生理性干尖分别由土壤干旱缺水引起或土壤酸化或缺乏微量元素或施药造成药害引起。

防治方法 ①防治灰霉病可喷洒50%腐霉利或50%异菌脲或50%啶酰菌胺1000～1500倍液。防治疫病可选用72.2%霜霉威水剂600倍液，或68%精甲霜·锰锌水分散粒剂700倍液，或69%烯酰吗啉·代森锰锌700倍液，或75%丙森锌·霜脲氰水分散粒剂700倍液。由于葱叶表面有蜡质层，喷药时添加有机硅助剂可提高药剂黏着性，提高防效。②防治生理性干尖要对症防治。苗期不干不浇，15～20天浇1次小水，营养生长期结合追肥、培土要及时浇水，保证供水充足。收获前 10 ～ 15 天控水，田间持水量以 60% ～ 70% 为宜。防止土壤酸化，每 667m^2 葱田施足够有机肥 +150kg 氧化钙可缓解土壤酸化。防止缺镁、缺钙，可施 0.1% ～ 0.3% 的硝酸钙和 0.1% 的氯化镁进行根外追肥。

大葱不成株

症状 从定植至秋季收获，大葱生物量增长未达到原预期植株大小或小于 50g。

病因 ①种植时采用自然授粉的方式生产的种子；②是定植时没有采取分级栽植；③是定植幼苗时株距过小。

大葱不成株

防治方法 ①大葱制种时，在花球的遗传强势区域互相授粉，为防止串花，二代种子的隔离区距离应在 1000m 以上，原种以在 5000m 为宜。②播种前应风选或水选种子，汰除不饱满的种子。③起苗时保持适宜的土壤温度，起苗时防止伤根，根据幼苗大小分成三级后，只栽一级、二级葱苗。壮苗标准：章丘大葱单株重 40 ～ 60g，株高 50 ～ 60cm，葱白长 25 ～ 30cm，粗 1 ～ 1.5cm，有 5 ～ 6 片叶色深绿的管状叶。④每 667m^2 施腐熟有机肥 3000kg，混入复合肥 20kg 或尿素 15kg、过磷酸钙 20kg，开沟后撒施入沟，行距 80cm，沟深、沟宽 30 ～ 50cm。⑤株距 6 ～ 9cm，可采用干插，插完后浇水，深度以心叶处高出沟面 7 ～ 10cm 为宜。⑥大葱定植后注意中耕除草，保墒，雨季到来前把垄台锄平，日均温下降到 25℃以下或立秋后适时追尿素 10kg、硝酸钾或磷酸二氢钾 5kg，配施顺藤生根剂 5kg 或阿波罗 963 养根素 2kg，可促进生根，改善营养供应，促进茎叶迅速生长。处暑追尿素 15kg，硫酸钾 15 ～ 20kg 或草木灰 100kg。⑦加强培土促葱白生长。培土有利于软化叶鞘，防止徒长，培土越深葱白会越长。中耕培土必须在葱白形成期实施，立秋后每半月培土 1 次，共培土 3 ～ 4 次。培土应在下午叶片柔软时进行，培土高度以不埋住心叶为宜，最后 1 次培土应高出地面 15cm。⑧加强病虫草害防治。近年大葱褐斑病、软腐病发生较多，防治褐斑病时在发病初期喷洒 50% 腐霉利或异菌脲 1000 倍液。大葱软腐病高发，在发病初期喷洒 77% 氢氧化铜（可杀得）500 倍液，或 72% 链霉素可溶粉剂 2000 倍液，14% 络氨铜 250 倍液，隔 7 ～ 10 天 1 次，连防 2 ～ 3 次。害虫主要有斑潜蝇、蓟马等，防治斑潜蝇用 2% 阿维菌素1000倍液混加80%灭蝇胺水分散粒剂进行；防治蓟马可用2.5%多杀菌素悬浮剂1500倍液或200g/L溴氰虫酰胺悬浮剂0.06mg/L混加10%吡虫啉可湿性粉剂1000倍液或6%乙基多杀菌素（艾绿士）悬浮剂1500倍液。

防好病虫，养好葱白

症状及防治方法

（1）防好病虫　进入葱白生长盛期，病虫害也进入了高发期，如紫斑病、黑斑病、霜霉病、灰霉病，这些病害造成葱叶生长减慢，光合作用不能正常进行，影响葱白生长。紫斑病、黑斑病可用丙森锌600倍液加硝基腐植酸铜500倍液或戊唑醇4000倍液防治，每12～15天喷1次。霜霉病可用氟菌·霜霉威600倍液，灰霉病用异菌脲1000倍液防治；防治葱蓟马、斑潜蝇可喷洒5%丁烯氟虫腈乳油，每667m^{2}用25ml，或多杀菌素1000倍液。斑潜蝇为害严重时可用1.8%阿维菌素1000倍加7.5%氰戊·鱼藤酮乳油1200倍液或10%烟碱乳油800倍液。

（2）养好葱白　插秧时一定把葱秧子垂直插入栽植沟内。定植深度以不埋没葱心为宜，过浅影响葱白长度，定植工具为直径1.5cm的圆木棍，定植时先打浅洞把苗插入，后略微向上提起，使根须下展，保持垂直。定植后即进入高温季节，管理重心是促根，应控制浇水，雨后排水防涝，加强中耕，冲施顺藤生根剂促根生长。白露后大葱生长加快进入发叶盛期，根据葱生长情况酌情浇水、施肥，一般先轻浇，结合浇水追施攻叶肥，做到有机肥和氮磷钾肥配合使用，促叶快速发育。白露至秋分，大葱进入葱白形成时期，是大葱产量形成的关键时期，结合浇水追施“攻棵肥”，以速效氮肥为主配合适量钾肥，每667m^{2}可施尿素15kg、硫酸钾15kg。秋分后，葱叶中的养分逐渐向葱白转移，葱白不断增重充实，这时要勤浇水，可3～5天浇1水，保持地面湿润，以满足葱白的生长需要。此时，叶面喷施芸苔素内酯，5～7天喷1次，连续使用2次，可促进养分的转移，提高葱白的充实度。霜降后，葱叶生长趋于缓慢，大葱基本长成，应逐渐减少浇水次数，收获前7～10天停止浇水，提高大葱耐贮性。及时培土是增加葱白的关键技术，培土时要据苗龄大小逐渐加厚，立秋后每半月一次，共培3～4次。培土时配合追肥。第一次培土叫作小培，大葱长到30cm进行，不要培土过早，培土厚度5cm，同时撒施100kg豆粕有机肥和10kg复合肥，以满足后期对养分的需要；当大葱长到40cm时进行第二次培土，即进入大培期，培土厚度10cm，同时撒施100kg豆粕有机肥和40kg高氮复合肥促使大葱生长；收获前20天进行第三次培土，培土厚度10cm，同时撒施25kg硝酸钙，这次追肥不可施用尿素，否则葱白易变软，影响大葱品质。培土应在下午叶片柔软时进行，培土高度以不埋住心叶为宜，防止葱根和植株腐烂。培土时取土宽度不要过宽，也不宜过深，防止大葱根系受伤。每次培土都要注意保持葱的假茎挺直，不要让泥土盖住葱心，即只培叶鞘不埋叶片，防止葱白弯曲，培土后应把土拍实，防止雨水冲刷塌落。

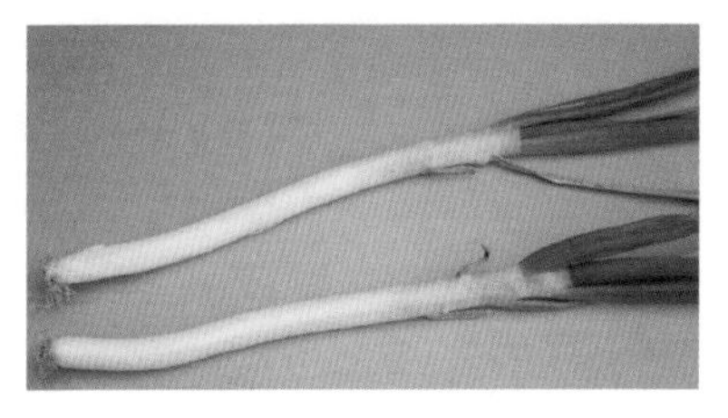

防好病虫，养好葱白

3. 细香葱、分葱病害

细香葱　学名 *Allium schoenoprasum* L.，别名四季葱、香葱，属百合科多年生草本植物，作二年生栽培。

分葱　学名 *Allium fistulosum* L. var. *caespitosum* Makino，又称四季葱、菜葱、冬葱、球葱、红葱头等，百合科葱属中葱的一个变种，多年生草本植物，我国南方普遍栽培。

细香葱、分葱霜霉病

症状　香葱霜霉病主要为害叶片。当葱苗长到5～6片叶，高达17cm左右进入旺长期时开始发病，多始于外叶的中部或叶尖，后向上下或心叶扩展。病部表面遍生灰白色至灰褐色霉层，即病原菌的孢囊梗和孢子囊，病健部交界不明显，后逐渐变成黄绿色，最后呈灰绿色干枯。细香葱叶片中部染病，病部以上逐渐干枯倒折，湿度大时病叶腐烂，遇雨后落在葱株根际土面上，干燥后皱缩扭曲。

病原　*Peronospora destructor*（Berk.）Casp.ex Berkeley，称葱霜霉菌，属假菌界卵菌门霜霉属。该菌生长发育适温10～15℃，10℃以下、20℃以上孢子囊形成数量明显减少，3℃以下、27℃以上孢子囊不萌发。

细香葱霜霉病

传播途径和发病条件　病菌以卵孢子随病残体在土壤中或种子上越冬。翌年春天萌发，从香葱叶片气孔侵入引起发病，也可以菌丝体潜伏在鳞茎种苗中，菌丝随叶片生长向上扩展引起发病。发病后病部产生大量孢子囊，借风雨传播，进行多次再侵染。生产上栽植过早、土壤黏重、地势低洼排水不良、偏施氮肥、连茬地发病重。香葱进入旺盛生长期遇有阴雨连绵或大暴雨、大雾或结露持续时间长常造成该病流行。

防治方法　①细香葱根系较弱，耐旱能力差，应注意选择地势高燥，土层深厚，土质疏松，排水性能好的沙壤土栽植，并注意与葱以外的作物进行2～3年轮作。②香葱多用鳞茎作种。应于早春在无病田块选留种苗，挖收后保持干燥。③适时播种，南方多在10月中旬以后定植，使香葱的旺长期避开中秋前的高温阴雨天气，防止葱苗过分旺长。④收获时注意清除病残体，生长期发现发病中心，要及时挖除，并带出田外销毁，以减少菌源。⑤定植前进行最后1次选种，晾晒后用72%霜脲·锰锌或69%烯酰·锰锌可湿性粉剂1000倍液浸泡鳞茎30～40min，晾干后带药定植。⑥加强管理。施足有机肥，增施钾肥，增强植株抗病性。雨后及时排水，防止湿气滞留，避免发病条件出现。⑦苗高15cm时或发现中心病株后马上喷洒75%丙森锌·霜脲氰水分散粒剂1700倍液或500g/L氟啶胺悬浮剂1500～2000倍液或40%嘧霉·百菌清悬浮剂400倍液、18.7%烯酰·吡唑酯水分散粒剂75～125g/667m^{2}对水喷雾，隔7～10天1次，连续防治2～3次。

细香葱、分葱炭疽病

症状 主要为害叶片和花梗。初发病时在叶片或花梗上产生近椭圆形或纺锤形褪绿病斑，后扩展成不规则形浅灰褐色至褐色病斑，病部产生一圈一圈的分布较均匀的同心轮纹，轮纹上排列小黑点，即病原菌的载孢体——分生孢子盘。发病重的叶片、花梗干枯而死。

病原 *Colletotrichum circinans*（Berk.）Vogl.，称洋葱炭疽菌，属真菌界子囊菌门炭疽菌属。菌落深褐色，边缘整齐或钝齿状，气生菌丝茂密，絮状，灰白色，淡黄色至黄褐色。培养时产生菌核。载孢体盘状，黑褐色，较小，直径100～200μm，顶端不规则形开裂。刚毛多，深褐色，有隔膜，80～315μm。分生孢子梗棒状，大小（13～25）μm×（2～3）μm。分生孢子镰刀形，单胞，无色，两端尖，大小（18～23）μm×3.5μm，内含颗粒状物。附着胞多，长椭圆形，常重复萌发而成复型，大小（10～14.5）μm×（6～6.5）μm。

细香葱炭疽病病叶上的典型病斑

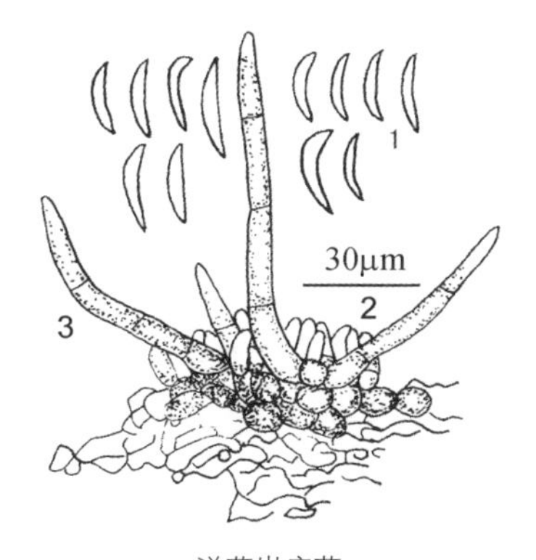

洋葱炭疽菌

1—分生孢子；2—分生孢子梗；3—刚毛

传播途径和发病条件 病菌以子座或分生孢子盘、菌丝随病残体在土壤中越冬。条件适宜时，产生分生孢子进行初侵染，发病后分生孢子又借雨水或灌溉水传播进行再侵染。病菌发育温限4～34℃，适温为26℃，葱生长期间雨天多或湿气滞留发病重。

防治方法 ①收葱后及时清除病残体，集中销毁，以减少菌源。②与非葱类进行2年以上轮作。③发病初期喷洒32.5%苯甲·嘧菌酯悬浮剂1500倍液或25%溴菌腈可湿性粉剂500倍液或25%咪鲜胺乳油1000倍液、50%醚菌酯水分散粒剂1000倍液、250g/L嘧菌酯悬浮剂1000倍液，隔10天左右1次，防治1～2次。

细香葱、分葱匍柄霉紫斑病

症状 叶和花梗染病，初生白色水渍状小点，后扩展成浅褐色近圆形或长椭圆形病斑，直径10～50mm或更大，病斑褐色至暗褐色，凹陷，四周常有黄色晕圈，湿度大时，病斑上长有暗褐色霉状物。

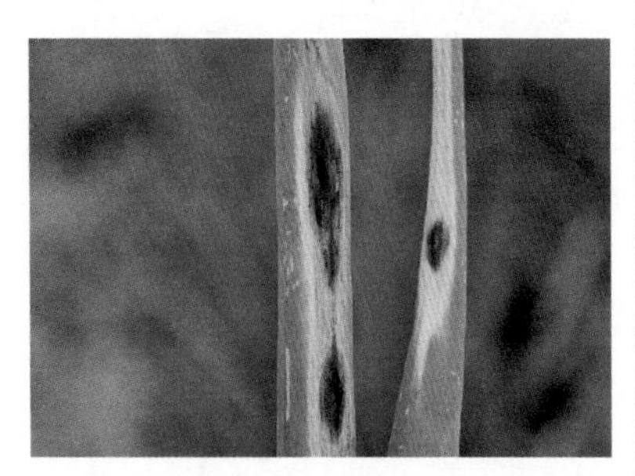

细香葱匍柄霉紫斑病

病原 *Stemphylium botryosum* Wallr.，称匍柄霉，属真菌界子囊菌门匍柄霉属。分生孢子梗单生或4～14根簇生，榄褐色，顶端稍宽或膨大成平截形，基部细胞稍大，多隔膜，大小（16～93）μm×（4～6）μm。分生孢子单生，近椭圆形或近矩圆形，榄褐色，表面具疣刺，两端钝圆，具纵、横隔膜，分隔处缢缩，中间隔膜缢缩较深，无喙，基部具明显加厚的脐点，大小（18～54）μm×（9～19）μm。

传播途径和发病条件 病菌以子囊座随病组织在土壤中越冬。条件适宜时，产生子囊孢子，借风雨传播，进行初侵染。发病后病部又产生大量分生孢子进行多次再侵染。温暖潮湿、长势弱易发病。雨天多、时晴时雨发病重。

防治方法 ①收获后彻底清除病残体，集中深埋或烧毁，以减少菌源。②加强管理，采用测土配方施肥技术，增强抗病力。③发病初期喷洒32.5%苯甲·嘧菌酯悬浮剂1500倍液或75%肟菌·戊唑醇水分散粒剂3000倍液、20%松脂酸铜·咪鲜胺乳油900倍液、70%丙森锌可湿性粉剂600倍液、40%氟硅唑乳油5000倍液，隔10天左右1次，防治1～2次。

细香葱、分葱锈病

症状 主要为害叶和花梗。发病初期产生稍隆起的橙黄色小疱斑，即夏孢子堆，表皮破裂后，散出橙黄色粉末，即夏孢子。发病后期或入冬后病部变成黑褐色稍隆起的疱斑，即冬孢子堆，破裂后散出紫褐色粉末，即冬孢子。

细香葱锈病病叶上的夏孢子堆

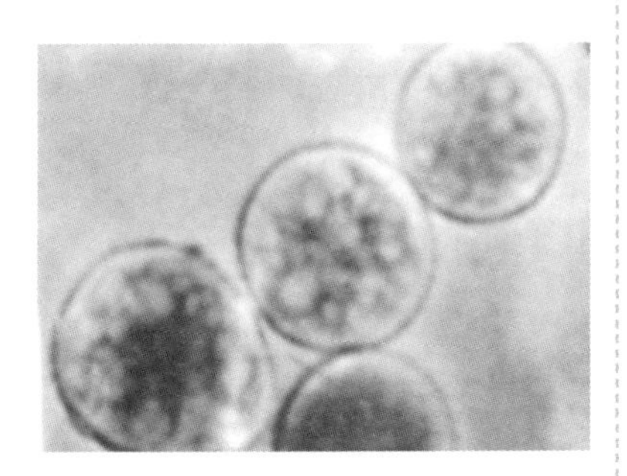

葱柄锈菌夏孢子

病原 *Puccinia allii*（DC.）Rud.，称葱柄锈菌，属真菌界担子菌门葱柄锈菌属。

传播途径和发病条件 南方以夏孢子在活体上越冬，北方以冬孢子在病残体上越冬。翌年初侵染和再侵染均由夏孢子随气流传播。发病适温9～18℃，一般春、秋两季多雨或空气湿度较大易发病。缺肥或长势弱的田块发病重。

防治方法 ①发病重的地区提倡与非葱类作物进行轮作。②施足有机肥，增施磷钾肥，提高寄主抗病力。③发病初期喷洒430g/L戊唑醇悬浮剂3000倍液或40%氟硅唑乳油5000倍液、30%戊唑·多菌灵悬浮剂800倍液、25%丙环唑乳油2000倍液，隔10天左右1次，防治1～2次。

细香葱、分葱灰霉病

症状 葱叶染病，初生黄白色小斑点，后扩展连片，致葱叶扭曲、干枯，湿度大时病部长出灰色霉状物，即病原菌分生孢子梗和分生孢子。

细香葱灰霉病

病原 *Botrytis squamosa* Walker，称葱鳞葡萄孢，属真菌界子囊菌门葡萄孢菌属。病菌形态特征参见韭菜灰霉病。

传播途径和发病条件 灰霉菌以菌丝体和菌核在病残体上或土壤中越冬或越夏，成为翌年主要菌源。温湿度适宜时，越季的菌丝体产出分生孢子，借风雨传播，落到细香葱、分葱等叶片上后，由伤口或穿透葱叶表皮侵入，菌核萌发产生菌丝体或产生分生孢子直接侵入。发病后病部产生的分生孢子借气流、灌溉水、农事操作等传播，引起多次再侵染。

灰霉病是低温高湿病害，气温18～23℃利于灰霉菌的生长和孢子形成、萌发及发病。在低温时，病菌仍很活跃，生产上田间湿度和降雨是该病流行的关键因素。土壤黏重、排水不良、栽植过密、偏施氮肥、植株衰弱都易发病。

防治方法 ①细香葱、分葱应与非葱属作物轮作；收获后彻底清除病残体以减少菌源。提倡采用垄作或高畦栽培以利通风透光。栽植密度适当，不可过密。雨后及时排水，严防湿气滞留。勤中耕、松土散湿。②发病初期喷洒50%异菌脲可湿性粉剂1000倍液、50%啶酰菌胺水分散粒剂1500倍液、50%嘧菌环胺水分散粒剂900倍液。③保护地栽培时，除放风散湿外还可选用5%福·异菌粉尘剂或6.5%多菌·霉威或甲硫·霉威粉尘剂、10%氟吗·锰锌粉尘剂，每$667m^2$用药1kg喷粉。也可选用15%克菌灵（有效成分为百菌清和腐霉利）烟剂或3%噻菌灵烟剂（每$667m^2$用350g）、10%腐霉利烟剂（每$667m^2$用药300～500g），熏1夜。

细香葱、分葱疫病

细香葱、分葱生产中，尤其是春季、秋季雨天多时常发生的病害，一旦发生会造成较大损失。

症状 主要危害叶片、花梗。叶片染病，多从叶尖或花梗上部产生青白色不大明显的斑点，扩展后现灰白色至白色不规则形病斑，病情发展很快，几天后致叶片干枯。雨天多或连续阴雨病部常现白霉，空气干燥时看不见霉层。

细香葱疫病

病原 *Phytophthora nicotianae* Van Breda de Hann，称烟草疫霉，属假菌界卵菌门疫霉属。孢囊梗乳突明显，孢子囊脱落具短梗，孢子囊多近球形，不对称孢子囊较常见。异宗配合，藏卵器较小，雄器围生，最高生长温度高于35℃。

传播途径和发病条件、防治方法参见大葱、洋葱疫病。

4. 韭葱病害

韭葱 学名 *Allium ampeloprasum* L.，异名 *A.porrum* L.，属百合科二年生草本。叶大扁平，淡绿被白粉，组织紧硬，不供食用，茎不分蘖，经培土软化为食用部位。花大紫白，种子黑而微小。生育期 130 天，土壤以排水良好、富含有机质且能适量含水为极重要。

韭葱尾孢叶斑病

症状 主要发生在叶片上。初生白色或淡黄色近梭形长条状小病斑，后扩展成灰白色至灰褐色坏死斑，病健部分界不明晰，湿度大时长出灰褐色霉状物，严重的多个病斑融合，叶片干枯而死。

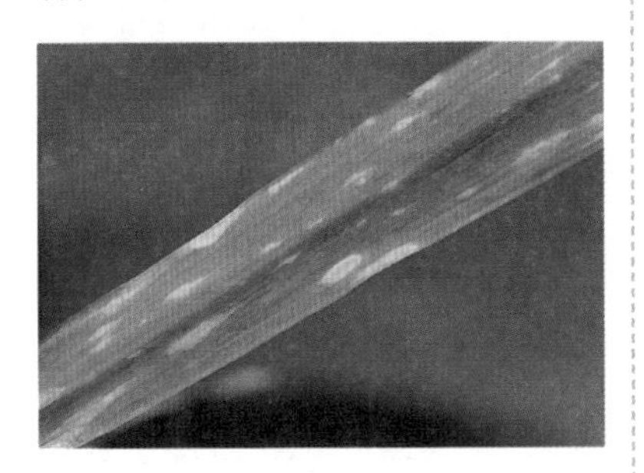

韭葱尾孢叶斑病

病原 *Cercospora duddiae* Welles，称蒜尾孢，属真菌界子囊菌门尾孢属。无子座，分生孢子梗单生或 3 ～ 12 根簇生，中度褐色，有分枝，0 ～ 2 个屈膝状折点，1 ～ 8 个隔膜，大小（12.5 ～ 475）μm×（3.8 ～ 6.3）μm。孢痕疤明显加厚，宽 3 ～ 5μm。分生孢子针形，无色，不明显的多个隔膜，大小（27.5 ～ 224）μm×（2.5 ～ 5）μm。

传播途径和发病条件 病原菌以子座和菌丝在病株或病残体上越冬。条件适宜时，产生分生孢子，借风雨传播，进行初侵染和多次再侵染。雨天多、湿度大、植株瘦弱易发病。

防治方法 ①及时通风散湿，防止发病条件出现。②发病初期喷洒 500g/L 氟啶胺悬浮剂 1500 倍液或 20% 过氧乙酸多抗霉素乳油 500 ～ 600 倍液。

韭葱锈病

症状 是偶发病害，有的年份局部地区发病。主要为害叶片。初在叶片上生褪绿的近椭圆形病斑，后从表皮下长出椭圆形略凸起的黄褐色夏孢子堆，成熟后散放出橙黄色夏孢子，夏孢子堆四周有黄晕，后期多个夏孢子堆融合，造成叶片干枯。有的年份在夏孢子堆上产生表皮破裂的冬孢子堆，冬孢子堆黑褐色。

病原 *Puccinia allii*（DC.）Rud.，称葱柄锈菌，属真菌界担子菌门柄锈菌属。

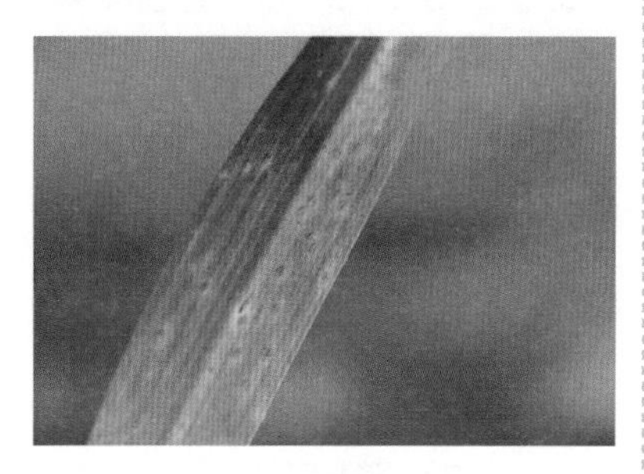

韭葱锈病

病害传播途径和发病条件、防治方法参见大葱、洋葱锈病。

韭葱叶枯病

症状 主要为害叶片、花梗。叶片受害，多始于叶尖，初生白色近椭圆形至梭形小斑，后扩展成长条形至不规则形灰白色大斑，上生灰黑色霉状物，即病菌的分生孢子和分生孢子梗，受害重的病叶枯死。花梗受害症状与叶片相似。

韭葱叶枯病

病原 *Stemphylium botryosum* Wallr.，称匍柄霉，属真菌界子囊菌门匍柄霉属。有性态为 *Pleospora herbarum* Pers.et Fr. Rab，称枯叶格孢腔菌，属真菌界子囊菌门无性型。分生孢子梗单生或4～14根簇生，榄褐色。分生孢子近椭圆形，榄褐色，具纵横隔膜，分隔处缢缩。基部具明显加厚的脐点，大小（18～54）μm×（9～19）μm。

传播途径和发病条件 病菌以菌丝体或子囊壳随病残体在土壤中越冬。条件适宜时，产生子囊孢子进行初侵染和多次再侵染。管理跟不上或葱地缺肥、生长瘦弱易发病。

防治方法 ①选用霸王蒜（韭葱、扁叶葱）抗叶枯病品种。收获后马上清除病残叶，集中深埋或烧毁。②采用韭葱测土配方施肥技术，加强葱田管理，雨后马上排水，减少发病条件，可减轻此病发生。③发病初期喷洒50%异菌脲可湿性粉剂1000倍液或50%乙烯菌核利水分散粒剂600倍液。

韭葱煤斑病

症状 主要为害叶片。初在叶片上产生梭形或长椭圆形灰白色至黄褐色小坏死斑，四周现浅黄色晕圈，湿度大时略呈水渍状，后扩展成长梭形黄褐色或红褐色坏死斑，四周色浅。严重时多个条斑融合成不规则大条斑，造成叶上病斑累累或枯死。湿度大时，病斑上产生榄褐色霉，即病原菌的分生孢子梗和分生孢子。

韭葱煤斑病病叶

病原 *Cladosporium allii*（J.B. Ellis & Martin）Kirk et Crompton，称葱枝孢，属真菌界子囊菌门枝孢属。

传播途径和发病条件 病菌以休眠菌丝及分生孢子随病残体在地上越夏或越冬。韭葱生长期间随带菌肥料进入田间进行初侵染，经几天潜育后，开始发病，病斑上产生的孢子借风雨传播，进行多次再侵染。菌丝生长温限0～25℃，10～20℃最适，高于30℃生长停止。分生孢子萌发温限0～30℃，最适为10～20℃，相对湿度饱和或有水滴存在利其萌发，相对湿度低于90%病菌不萌发。植株生长不良易发病。生长期间雨天多、湿度大发病重。

防治方法 ①越冬前及时清除病残体，以减少田间菌源。②施足腐熟有机肥，增施磷钾肥，增强抗病力。雨后及时排水防止湿气滞留。③发病初期喷洒50%福·异菌可湿性粉剂800倍液或80%多·福·福锌可湿性粉剂800倍液。

韭葱霉腐病

症状 韭葱霉腐病多发生在夏、秋露地。主要为害叶片、叶鞘。多始于叶片中部中脉处，产生暗绿色或灰绿色条形坏死凹陷斑，后变成梭形或长椭圆形，病斑黄褐色至红褐色，随病害扩展病斑上现白色茸毛状霉，即病原菌的分生孢子梗和分生孢子。严重的叶片腐烂。

韭葱霉腐病发病初期病斑

病原 *Spicaria* sp.，称一种穗霉，属真菌界子囊菌门穗霉孢属。分生孢子梗分枝多，顶部生轮辐状排列而松散的小梗，分生孢子串生，球形，长圆形至梭形，无色或稍微着色，大小（9.5～18）μm×（3.5～6）μm。

传播途径和发病条件 病菌随病残体在土壤中越冬。条件适宜时，产生分生孢子进行初侵染和多次再侵染。叶片上有伤口易发病。湿气滞留时间长发病重。

防治方法 ①收葱后及时清除病落叶，可减少菌源。②发现病叶及时剪除可减少传染。③发病初期喷洒50%福·异菌可湿性粉剂800倍液或50%腐霉利可湿性粉剂1000倍液。

韭葱疫病

症状、病原、传播途径和发病条件、防治方法参见大葱、洋葱疫病。

韭葱疫病

5. 大蒜、薤白病害

大蒜 学名 *Allium sativum* L.，别名蒜、胡蒜，古名葫，是百合科葱属中以鳞芽构成鳞茎的二年生草本栽培种。

薤白 学名 *Allium macrostemon* Bunge.，别名小蒜、子根蒜、小根蒜、团葱、山蒜、野白头，属百合科多年生草本。其地上全株和地下鳞茎均可食用，食用嫩株于春季割取未老化幼苗，洗净蘸酱生食，食用鳞茎于秋后挖取鳞茎腌制或酱渍。

大蒜链格孢叶斑病

症状 大田生长期为害叶和薹，储藏期为害鳞茎。南方苗高10～15cm开始发病，生育后期为害最甚；北方主要在生长后期发病。田间发病，多始于叶尖或花梗中部，几天后蔓延至下部，初呈稍凹陷白色小斑点，中央微紫色，扩大后呈黄褐色纺锤形或椭圆形病斑。湿度大时，病部产出黑色霉状物，即病菌分生孢子梗和分生孢子，病斑多具同心轮纹，易从病部折断。储藏期染病，鳞茎颈部变为深黄色或红褐色软腐状。

病原 *Alternaria porri*（Ellis）Ciferri，称葱链格孢，异名 *A. dauci*（Kühn.）Groves et Skolko f. sp. *porri*（Ell.）Neergard、*Macrosporium porri* Ellis、*A. allii* Nolla 等，均属真菌界子囊菌门（无性型）链格孢属。病菌形态特征参见大葱、洋葱链格孢叶斑病。该菌为害包括大蒜在内的葱属植物，但以大葱、洋葱受害更重。

大蒜链格孢叶斑病病茎上的紫斑

传播途径和发病条件 冬季温暖地区病菌在葱蒜作物上辗转传播为害。寒冷地区则以菌丝体附着在寄主或病残体上越冬。翌年产出分生孢子，借气流或雨水传播。病菌从气孔和伤口，或直接穿透表皮侵入，潜育期1～4天。分生孢子在高湿条件下形成。孢子萌发和侵入需具露珠或雨水。发病适温25～27℃，低于12℃不发病。一般温暖、多雨或多湿的夏季发病重。梅雨季节、台风到来时蔓延更快。阴湿多雨的地区或年份易引起该病流行。

防治方法 发病初期喷洒50%异菌脲可湿性粉剂或77%氢氧化铜

可湿性粉剂800～1000倍液或14%络氨铜水剂300～500倍液或10%苯醚甲环唑水分散粒剂1000倍液或50%咪鲜胺可湿性粉剂1000～1500倍液，5～7天1次，交替使用。

大蒜匍柄霉叶枯病尖枯型症状

大蒜匍柄霉叶枯病

大蒜匍柄霉叶枯病又称黑斑病，是我国大蒜生产上十分重要的病害。该病发生区域广，为害严重，常造成蒜株提早枯死、蒜薹霉烂。该病经常流行成灾，轻者减产5成，重则有的年份高达7～8成。

大蒜匍柄霉叶枯病条斑型发病初期症状

症状 主要危害叶片、叶鞘、蒜薹茎、薹苞等部位。生产上因发病时期和大蒜所处发育阶段不同，该病症状也较复杂，可分为5种类型。尖枯型，越冬期和早春明显，病株叶片尖端变成枯黄色或深褐色，坏死卷曲。坏死病部长出黑色霉层，少数叶片生有不大明显的紫褐色斑纹。坏死部常向叶片中部扩展，严重的全叶黄枯。鉴别时，注意不要与生理性干尖混淆。条斑型，中下部叶片上生有贯通全叶的褐色纵条斑，沿中脉或一侧扩展，宽度常占叶面宽的1/3～1/2，有时条斑上具伤痕明显。湿度大时条斑上现黑色霉层，主要发生在越冬期和早春。紫斑型，是该病最常见的类型，全生育期可见。染病叶片上产生椭圆形至梭形紫褐色病斑，两端略尖，中央色泽较深，呈紫褐色，边缘浅褐色，两端具明显的枯黄色坏死线，扩

大蒜匍柄霉叶枯病条斑型后期症状

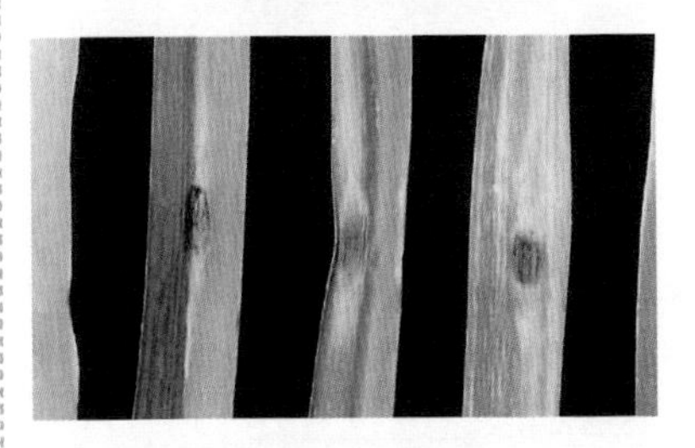
大蒜匍柄霉叶枯病紫斑型症状

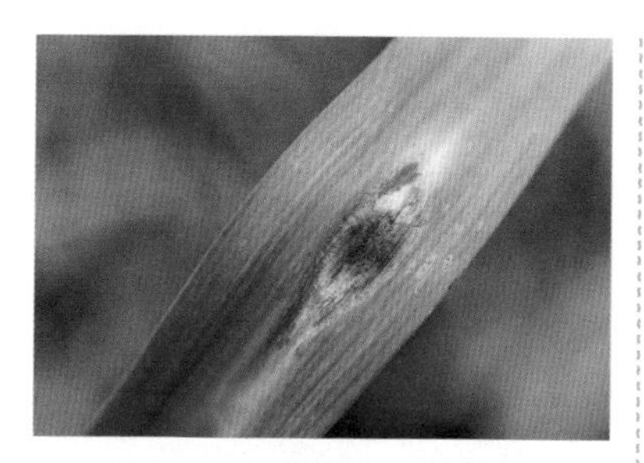
大蒜匍柄霉叶枯病紫斑型症状

大蒜匍柄霉叶枯病白斑型症状

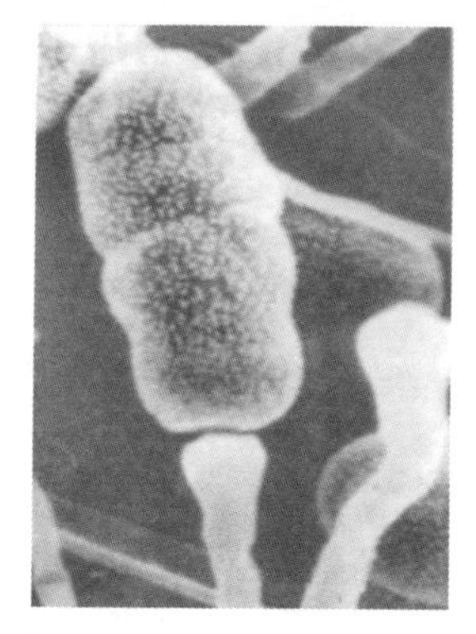
大蒜匍柄霉叶枯病病菌分生孢子和分生孢子梗

展后致叶片大部或全部枯黄。连阴雨后或蒜田湿度大，病斑上生出褐色或黑色霉菌，即病原菌分生孢子梗和分生孢子。白斑型，叶片上产生白色圆形至近圆形小斑点，孤立且分散，后期病斑稍扩大，呈浅褐色，常出现在抽薹期，上部叶片和蒜薹上易染病。混合型，1个叶片上产生两种或多种类型病斑，常见的有紫斑型、条斑型混发，有时尖枯型和条斑型混发。叶鞘染病，产生枯黄斑，严重的抽薹前大部分叶片枯死，田间一片枯焦。蒜薹染病，进入储藏期发生严重霉烂，损失惨重。

病原 *Stemphylium vesicarium*（Wallr.）Simmons，称膨胀匍柄霉，属真菌界子囊菌门匍柄霉属。分生孢子梗1至数根呈簇状由表皮伸出，短，两极膨大，褐色，顶部略浅，直径5.5～10μm，具隔膜1～3个；个别有1次分枝，大小（22.5～54.8）μm×（5～8）μm。分生孢子长矩形至长卵形，单生，浅黄褐色至深褐色，砖壁状，具3～5个横隔膜，3个主横隔膜占全孢量的53%～61%，主横隔膜缢缩明显，表生小疣，紫斑上孢子大小（25～47.6）μm×（15～25.5）μm。该菌除侵染大蒜外，还可侵染大葱、洋葱，引起紫斑病，侵染黄花菜引致叶枯病。有性态为 *Pleospora allii*，称韭葱格孢腔菌，属子囊菌门格孢腔菌属。此外还有 *S. botryosum*，称匍柄霉，也是该病病原，有性态为枯叶格孢腔菌，学名为 *P. herbarum*，但致病性较弱。

传播途径和发病条件 在春播大蒜区，病菌以分生孢子和菌丝体在病残体上越冬，成为翌年初侵染源。分生孢子萌发率为16.4%～41.3%。

无论有无伤口，病菌均可侵染大蒜。一般6月下旬始发，7月进入发病高峰期。影响病情的天气因素，主要是7月大蒜孕薹和抽薹期雨量和降雨次数。7月中旬至下旬有连续12mm以上的降雨3次以上，日均温24～28℃，该病大流行。流行年份经10～15天即可使全田蒜苗焦枯死亡。秋播大蒜区，散落田间的病残体和大蒜收获后临时堆放场所及加工场附近遗弃的病残体，成为大蒜叶枯病主要越夏菌源。秋播大蒜出苗后，从病残体上产生的分生孢子随气流和雨水溅射传播，落到蒜叶上引起初侵染。由秋季至翌年4月上旬，病株增长缓慢，多数病叶上只有少量病斑，呈尖枯型和条斑型症状。4月中旬至5月中旬进入发病盛期，病情指数迅速上升，叶片从底部向上扩展至全株枯死，这时以紫斑型最多。5月以后，蒜株顶部叶片出现再侵染引起的密集的白斑型病斑，致蒜株霉烂枯死一片焦枯。秋播大蒜区4月上旬至5月上旬的降雨量和雨天多少是影响该病的重要湿度条件。膨胀匍柄霉对温度适应性较强。此间温湿度高于平常年份，就有可能大流行。大蒜田连作或蒜、葱、韭菜混作易发病，偏施或过施氮肥、地势低洼、湿气滞留发病重。

防治方法 ①大蒜不与葱、洋葱等葱属作物连作，最好与小麦、玉米、豆类、瓜类蔬菜进行大面积轮作。②大蒜收获后及时清除田间和储放加工场所的病残体，集中烧毁。③选用抗病品种。播前进行整地，适时播种，合理密植。施足腐熟有机肥，苗期以控为主，适当蹲苗，培育壮苗。越冬期注意防止受冻，烂母后以促为主。抽薹分瓣后加强肥水管理，可冲施芳润、乐多收水溶肥，配合甲壳素、海藻酸等增强抗病力，雨后注意排水，避免大水漫灌，严防湿气滞留，千方百计降低蒜田湿度可减轻发病。④秋播大蒜苗期早防，春季重治，中后期巧治。当秋苗病株率达1%时，喷药防治发病地块，3月下旬至4月上旬蒜株上部病叶率达5%时应全面喷药防治。喷洒75%肟菌·戊唑醇水分散粒剂3000倍液或41.5%咪鲜胺乳油1500倍液或20%松脂酸铜·咪鲜胺乳油900倍液、2.5%咯菌腈悬浮剂1200倍液或60%唑醚·代森联水分散粒剂1500倍液或50%异菌脲可湿性粉剂1000倍液、32.5%嘧菌酯·苯醚甲环唑悬浮剂1500倍液、500g/L氟啶胺悬浮剂1500～2000倍液，隔7～10天1次，连续防治3～4次。一线专家王芳德的处方是发现中心病株及时喷洒77%氢氧化铜可湿性粉剂800～1000倍液或14%络氨铜水剂300～500倍液或50%异菌脲可湿性粉剂800～1000倍液或10%苯醚甲环唑水分散粒剂1000～1500倍液，5～7天1次，交替施药，以提高防效。

大蒜小粒菌核病

症状 染病大蒜叶尖、花梗顶

尖开始变黄，逐渐向基部扩展，造成植株部分或全部枯死，呈枯白色，与白腐病症状十分相似。后叶鞘基部、根部腐烂变褐，病部有白霉层，夹有形状不规则、大小不一的小菌核，且多分布在近地表处。

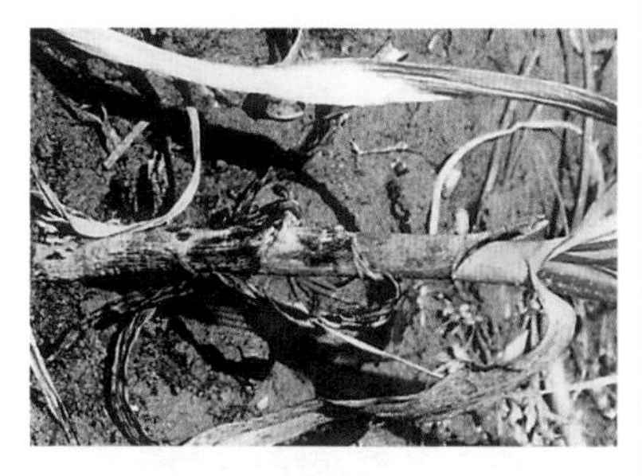

大蒜小粒菌核病病株

病原 *Ciborinia allii*（Sawada）L.M.Kohn，称葱叶杯菌，异名*Sclerotinia allii* Saw.，称大蒜核盘菌，属真菌界子囊菌门核盘菌属。

传播途径和发病条件、防治方法参见大葱、洋葱小粒菌核病。

大蒜煤斑病

症状 主要为害叶片。初生苍白色小点，逐渐扩大后形成以长轴平行于叶脉的椭圆形或梭形病斑，中央枯黄色，边缘红褐色，外围黄色，并迅速向叶片两端扩展，尤以向叶尖方向扩展的速度最快，致叶尖扭曲枯死。病斑中央深橄榄色，湿度大时呈茸毛状，干燥时呈粉状。病斑大小（1.0～2.5）cm×（0.5～0.8）cm，少数7.5cm×1.2cm。病害流行时一张叶片往往有数个病斑，致全株枯死。

病原 *Cladosporium allii*（J.B. Ellis & Martin）Kirk et Crompton，称葱枝孢，属真菌界子囊菌门枝孢属。除为害大蒜外，还为害大葱、洋葱等。

大蒜煤斑病病叶

传播途径和发病条件 病菌以病残体上的休眠菌丝及分生孢子在干燥的地方越冬或越夏，播种时随肥料进入田间成为初侵染源，也可在高海拔地区田间生长的大蒜植株上越夏，随风传播。孢子萌发后从寄主气孔侵入，在维管束周围扩展。分生孢子萌发的温度范围为0～30℃，以10～20℃最快。空气相对湿度100%和有自由水存在萌发最好，相对湿度低于90%则不萌发。菌丝生长温限0～25℃，以10～20℃生长最快，30℃不生长。病残体上的休眠菌丝和分生孢子寿命与空气相对湿度相关：相对湿度90%，可存活8个月；相对湿度10%～75%达1年；相对湿度100%，或浸入水中，寿命不足20天。从苗期到鳞茎膨大期均可发病，植株生长不良或阴雨潮湿多露天气及生长后期发病重。在重病田中有抗病单株，品种间抗病性有差异。2002 年该病在江苏大丰暴发流行，与当年 3 ～ 4 月气温高、湿度大有关。

防治方法 ①选用抗病良种。如四川什邡市洛水大蒜、陕西蔡家坡大蒜较抗病，可据各地条件选用。②适时播种，合理密植。施足腐熟有机肥或海藻肥或有机活性肥，及时追肥，施用氮、磷、钾全效有机肥，提倡施用大蒜专用生物活性菌肥或增施钾肥及腐殖质肥。加强田间管理，提高大蒜的抗病力。③清除病残体。特别是越夏的病残体，应在播种前烧毁，带有病残体的肥料不能作种肥或盖种基肥。④药剂防治。可选用 2.5% 咯菌腈悬浮剂 1000 倍液或 60% 唑醚 • 代森联水分散粒剂 1500 倍液、86.2% 氧化亚铜可湿性粉剂 800 倍液、500g/L 氟啶胺悬浮剂 1500 ～ 2000 倍液，于发病前或发病初期开始喷药，隔 7 ～ 10 天 1 次，连续防治 2 ～ 3 次。

大蒜锈病

症状 主要侵染叶片和假茎。病部初为梭形褪绿斑，后在表皮下现出圆形或椭圆形稍凸起的夏孢子堆，表皮破裂后散出橙黄色粉状物，即夏孢子。病斑四周具黄色晕圈，后病斑连片致全叶黄枯，植株提前枯死。生长后期，在未破裂的夏孢子堆上产出表皮不破裂的黑色冬孢子堆。

病原 *Puccinia allii*（DC.）Rudolphi，称葱柄锈菌，属真菌界担子菌门柄锈菌属。蒜上形成的夏孢子堆，产生黄色广椭圆形夏孢子，大小（23 ～ 28）μm×（18 ～ 32）μm，具芽孔 8 ～ 10 个。冬孢子堆产出双胞的冬孢子，有时也产生单胞的冬孢子。冬孢子长圆形或卵圆形。

大蒜锈病病叶上的夏孢子堆

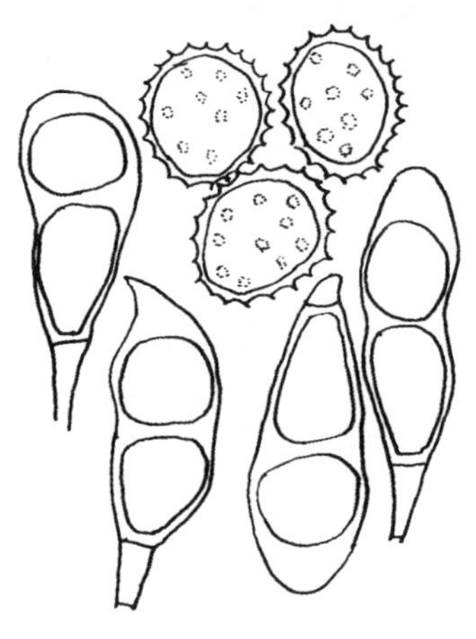

大蒜上的葱柄锈菌夏孢子和冬孢子

传播途径和发病条件 病菌可侵染大蒜、葱、洋葱、韭菜等。多以夏孢子在留种葱和越冬青葱及大蒜病组织上越冬。翌年入夏形成多次再侵染，这时正值蒜头形成或膨大期，为害严重。蒜收获后侵染葱或其他植物，气温高时则以菌丝在病组织内越夏，引起冷凉地区或湿度大的山区该病的流行。夏孢子萌发温限 6 ～ 27 ℃，适宜侵入温度 10 ～ 23 ℃。在湿度大或有水滴时，9 ～ 19℃可侵入。干燥条件下，夏孢子可抵抗 –16 ℃以下低温。有报道，田间干葱叶上的夏孢子，越冬后仍有 25% 存活。

防治方法 ①选用抗锈病品种。如紫皮蒜、小石口大蒜、舒城蒜较耐病，应因地制宜选用。②避免葱蒜混种，注意清洁田园以减少初侵染源。③适时晚播，施用生物有机复合肥，提倡施用稳得高 301 活性生态肥。减少灌水次数，杜绝大水漫灌。④遇有降雨多的年份，早春要及时检查发病中心，喷药预防。⑤发病初期，选用 12.5% 烯唑醇可湿性粉剂 2200 倍液或 6% 氯苯嘧啶醇可湿性粉剂 2000 倍液、30% 苯醚甲环唑 • 丙环唑乳油 2000 倍液、20% 戊唑醇 • 烯肟菌胺悬浮剂（每 667m^2 用 20ml）对水喷雾，持效期很长，隔 10 ～ 15 天 1 次，防治 1 次或 2 次。

大蒜尾孢叶斑病

症状 主要为害叶片。病斑长椭圆形，大小（4 ～ 7）mm×（1 ～ 3）mm。初呈淡褐色，后变灰白色，叶两面病斑生微细灰黑色霉状物，即病菌子实体，严重的病斑汇合，致叶片局部枯死。

病原 *Cercospora duddiae* Welles，称蒜尾孢菌，属真菌界子囊菌门无性型尾孢属。

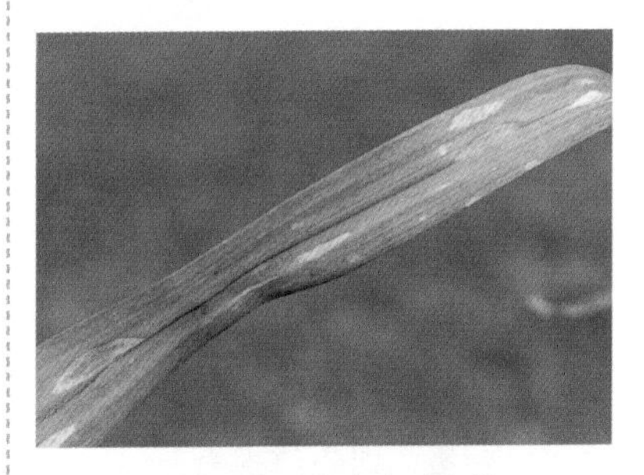

大蒜尾孢叶斑病病叶症状

传播途径和发病条件 以菌丝块在寄主病残体上越冬。翌年产生分生孢子，进行传播蔓延。日暖夜凉、雾大、露重的天气发病重。

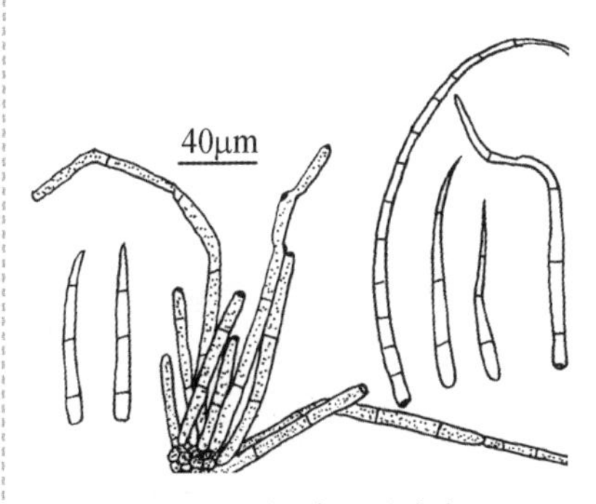

蒜尾孢分生孢子梗和分生孢子

防治方法 ①收获后及时清除病残体，集中烧毁或深埋。②加强田间管理，采用配方施肥技术，增强寄主抗病力。雨后及时排水。③发病初期开始喷洒 50% 多菌灵可湿性粉剂 600 倍液或 50% 福 • 异菌可湿性粉剂

700倍液、47%春雷·王铜可湿性粉剂700倍液、50%异菌脲可湿性粉剂1000倍液，隔10天左右1次，防治1次或2次。

大蒜疫病

症状 主要为害叶片。叶片染病，初在叶片中部或叶尖上生苍白色至浅黄色水浸状斑，边缘浅绿色，病斑扩展快，不久半个或整个叶片萎垂，湿度大时病斑腐烂，其上产生稀疏灰白色霉，即病菌孢囊梗和孢子囊。花茎染病，亦呈水渍状腐烂，致全株枯死。

病原 *Phytophthora porri* Foister，称葱疫霉，属假菌界卵菌门疫霉属。孢子囊倒洋梨形，大小（31～82）μm×（23～52）μm，偶具乳头状突起，产生游动孢子；藏卵器穿雄生或雄器侧位；卵孢子球形，直径22～39μm。

大蒜疫病

传播途径和发病条件 病菌以菌丝体和厚垣孢子在病株地下部或在土壤中越冬。翌春条件适宜时，病部产生孢子囊和游动孢子，游动孢子借风雨和灌溉水传播蔓延，进行初侵染和再侵染。温、湿度条件适宜，该病一旦发生，蔓延很快，短时间内可致全田毁灭。病菌喜高温、高湿条件，发病适温25～32℃，相对湿度高于95%并有水滴存在条件下易发病。露地大蒜在多雨季节或棚室大蒜放风不及时或浇水过量，形成高温、高湿条件发病重。

防治方法 ①选用硬尾、紫皮蒜、宁蒜1号、苏联蒜、苍山蒜等抗性强的品种。②露地栽培大蒜要注意排涝，防止湿气滞留。③采用小垄或高畦栽培。④发病地2～3年内不要种植葱蒜类蔬菜，收获后要及时清除病残体，集中深埋或烧毁。⑤提倡施用酵素菌沤制的堆肥或生物有机复合肥，少施氮肥，增强抗病能力。⑥发病初期喷洒75%丙森锌·霜脲氰水分散粒剂600～800倍液或500g/L氟啶胺悬浮剂1500～2000倍液或60%唑醚·代森联水分散粒剂1500倍液、32.5%嘧菌酯·苯醚甲环唑悬浮剂1500倍液、60%锰锌·氟吗啉可湿性粉剂600倍液、50%烯酰吗啉可湿性粉剂2000倍液，隔10天1次，连续防治2～3次。

大蒜干腐病

症状 大蒜干腐病是土传病害。植株染病后，叶尖发黄干枯或叶面出现浅黄色条斑，有时扩展到鳞茎上，鳞茎基部呈水渍状暗褐色，有的长出白色或粉红色霉，拔出病株，根部呈褐色腐烂，病株抽薹慢，影响蒜薹上市。储藏期染病，从根部至蒜瓣发黄，软化后干缩。

病原 *Fusarium oxysporum* Schltdl. ex Snyder et Hansen.，称尖镰孢洋葱专化型为主，分离频率约为68%，属真菌界子囊菌门无性型镰孢属。

大蒜干腐病

传播途径和发病条件、防治方法参见洋葱干腐病。

大蒜细极链格孢蒜生变种叶斑病

症状 主要为害大蒜叶片。叶上病斑椭圆形至不规则形，浅褐色，湿度大时，病斑正面现灰黑色霉状物，即病原菌的分生孢子梗和分生孢子。

病原 *Alternaria tenuissima*（Fr.）Wiltshire var. *alliicola* T.Y.Zhang，称细极链格孢蒜生变种，属真菌界子囊菌门无性型。链格孢属。分生孢子梗单生或簇生，直立，分枝或不分枝，直或屈膝状弯曲，浅褐色，大小（18.5～90）μm×（4～5）μm。分生孢子单生或呈短链状，黄褐色，倒棍棒状或长椭圆形，直或略弯，表面生细疣，有横隔膜3～8个，纵、斜隔膜2～6个，隔膜处略缢缩，常有一中横隔较粗，色较深，且缢缩明显，孢身大小（28～56）μm×（1.5～6.5）μm。喙柱状，浅褐色至近无色，有分隔，大小（5～50.5）μm×（2～4.5）μm。

大蒜细极链格孢蒜生变种叶斑病

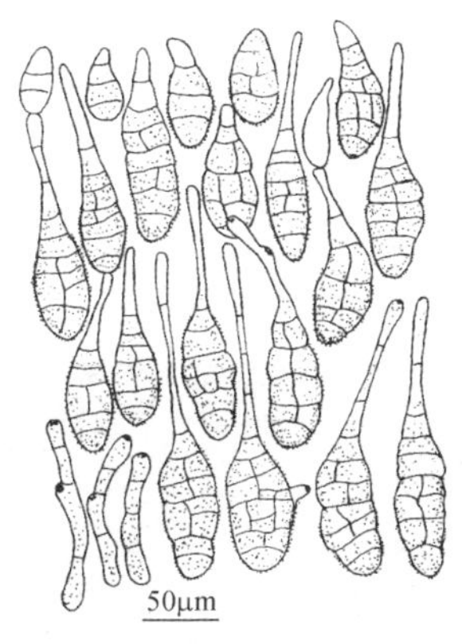

大蒜细极链格孢蒜生变种叶斑病病菌分生孢子梗和分生孢子

传播途径和发病条件 病菌以

菌丝体和分生孢子丛在病部或随病残体遗落土中越冬。翌年产生分生孢子，借气流或雨水溅射传播，进行初侵染和再侵染。在南方本菌在寄主上辗转传播，不存在越冬问题。通常温暖多湿的天气或密植郁闭的生态环境有利于该病发生蔓延。

防治方法 ①合理密植，清沟排渍，大棚栽培注意改善通风条件以降低湿度。②生长季节结束后彻底收集病残物烧毁以减少菌源。③重病地或田块应在雨季到来之前喷洒50%腐霉利或异菌脲可湿性粉剂1000倍液或85%波尔·霜脲氰可湿性粉剂700倍液、40%百菌清悬浮剂600倍液。

大蒜鳞茎腐烂病

症状 大蒜鳞茎腐烂有湿腐和干腐两大类。干腐型的鳞茎多从基部或中部表皮开始变色，呈不规则扩散，病部黄白色或棕色，有的表面长出黑色、绿色或红色霉层。湿腐型的蒜头表面皱缩软腐，周围溢出胶状物质，镜检时有喷菌现象。

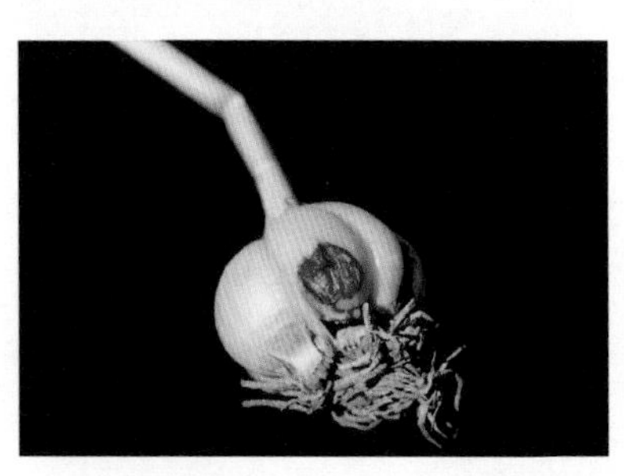

大蒜鳞茎腐烂病干腐型症状

病原 *Pectobacterium carotovora* subsp. *carotovora* (Jones) Bergey et al.，称胡萝卜果胶杆菌胡萝卜亚种；*Bacillus* spp.，称一种芽胞杆菌；*Rhodococcus* sp.，称红球菌；*Penicillium chrysogenum* Thom，称黄青霉；*Aspergillus niger* van Tiegh，称黑曲霉；*Fusarium oxysporum*，称尖孢镰刀菌。以上细菌和真菌，经柯赫式法则验证，均确定为该病病原菌。

传播途径和发病条件 上述病菌只在有伤口的大蒜鳞茎上才能侵入，说明伤口是这几种病菌侵染的必要条件。大蒜在田间生长和收获运输过程中很易形成伤口，如采摘叶片、蒜薹时的伤害，地下害虫为害及采收时人为伤害，都为病菌侵染创造了有利条件，此外湿度大也是发病重要条件。

防治方法 ①大蒜在田间生长和储运过程中要千方百计防其产生伤口，包括自然伤口和害虫为害造成的虫伤，可减少发病。②药剂防治。参见后文大蒜细菌性软腐病。

大蒜白腐病

又称大蒜瘟病。是大蒜产区重要病害。20世纪80年代甘肃成县仅局部零星发病，2000年后已成为大蒜主要病害，2006年全县发病面积已达2333万hm^2，占大蒜种植面积96.7%，蒜薹损失率37%，蒜头损失率40.6%，个别田块绝收。

症状 大蒜播种后，萌发期带

菌蒜种在表皮下产生黑色菌核，发病重时直接造成蒜种不发芽或发根不良，致蒜种表面产生水渍状凹陷软化腐烂，表面产生白色菌丝和球形菌核。大蒜幼苗返青期受侵染的叶片发黄，长势很差，从下部叶向上部叶扩展，病株很易从土中拔出，根亦腐烂软化，根及腐烂的鳞茎表面生有大量白色菌丝和黑色球状菌核，受害严重的植株很快枯死，致缺苗断垄。进入蒜薹生长期不再出现大量死苗。大蒜储藏期，带菌蒜瓣上的菌丝呈潜伏态，仅有少量在蒜瓣表面产生浅褐色凹斑。

大蒜白腐病病株

病原 *Sclerotium cepivorum* Berk.，称白腐小核菌，属真菌界子囊菌门小核菌属。该菌除为害大蒜外，还为害大葱、洋葱、韭菜等。

传播途径和发病条件 病菌以菌核在土壤和病残体内越冬。翌春菌核萌发产生菌丝，直接侵入大蒜。菌核也可借雨水或灌溉水传播，从根部侵入大蒜。田间病株上的新菌核在低温条件下无需经过休眠可继续萌发，产生新菌核形成再侵染。蒜种带菌是远距离传播主要途径。每年3月上旬病株出现，4月上旬～4月下旬病情扩展迅速，5月上旬至中旬病情发展达高峰。5月下旬不再发展。每年4～5月低温阶段病害发展快。重茬大蒜发病重。气生鳞茎繁殖提纯复壮的蒜种，较未复壮的一般蒜种发病轻。水浇地、轻旱地发病重。采用地膜垄作蒜田较露地蒜田发病轻。施肥水平高，有机肥和氮、磷、钾配合施肥的田块发病轻。

防治方法 ①轮作倒茬是防治该病主要措施。实行与非葱、蒜类作物3～4年以上轮作。②选用无病蒜种，建立无病留种田。③选择肥水条件好的地块种蒜。④发现病株及时拔除，带出田外集中烧毁或深埋。⑤全面普及大蒜地膜垄作栽培技术，地膜大蒜用膜以0.006mm×（700～750）mm的超薄膜为佳。按地膜幅宽起垄，垄宽60cm，垄高3～5cm，垄间距30cm。⑥施足底肥，实行氮、磷、钾平衡施肥，及时适量追肥。每667m^{2}施高温堆沤腐熟有机肥4500kg，再施氮肥14～18kg、磷肥4～6kg、钾肥4～6kg。也可在大蒜返青后喷洒芳润全水溶肥，配施甲壳素、海藻酸等，每半月1次，连喷3～4次，增强抗病力。⑦干旱时适量浇水，春末、夏初雨天多、田间湿度大时及时排水，适时中耕、除草、松土增强抗病力。⑧按大蒜种子重量的0.2%拌50%异菌脲或40%多菌灵可湿性粉剂，方法是先把药剂溶于种子重量6%的水中，再把药液均匀搅拌于蒜种里后堆闷 8h，晾干后播种。⑨3月上旬田间出现零星病株或发病中心时，及时喷洒 50% 异菌脲悬浮剂 1000 倍液或 40% 多菌灵悬浮剂 600 倍液、75% 百菌清可湿性粉剂 800 倍液，间隔 7 天，连续防治 3 次。

大蒜青霉病

症状 主要为害鳞茎。初仅一个或几个蒜瓣呈水渍状，后形成灰褐色不规则形凹陷斑，其上生出绿色霉状物，即病原菌的分生孢子梗和分生孢子。

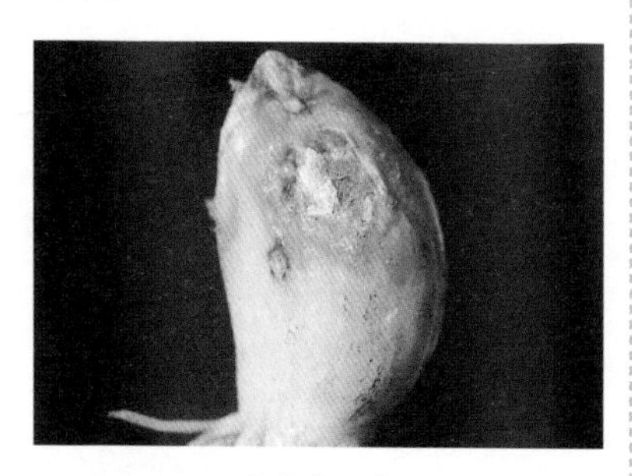

大蒜青霉病

病原 *Penicillium chrysogenum* Thom，称黄青霉，属真菌界子囊菌门黄青霉属。

传播途径和发病条件 病菌多腐生在各种有机物上，产生分生孢子后，借气流传播，从蒜头伤口侵入。储藏期管理不善会引起严重损失。有时在收获时可发现，可能与地下害虫有关。个别地块发病重。

防治方法 ①抓好鳞茎采收和储运，尽量避免遭受机械损伤，以减少伤口，不宜在雨后、重雾或露水未干时采收。②储藏窖可用 10g/m^2 硫黄密闭熏蒸 24 小时。③采收前 1 周喷洒 50% 甲基硫菌灵·硫黄悬浮剂 800 倍液或 45% 噻菌灵悬浮剂 1000 倍液。④加强储藏期管理，储存温度控制在 5 ～ 9℃，相对湿度 90% 左右。⑤试用福腾牌温控式电热硫黄蒸发器，使硫黄等以蒸气状态均匀扩散而灭菌。

大蒜黑粉病

症状 在叶、叶鞘和鳞茎上出现灰色条纹，条纹内病组织上充满黑色厚垣孢子，受害叶片扭曲下弯，病苗或病株枯死。该菌主要侵染植株基部由叶鞘保护的未成熟的幼嫩组织、幼叶及鳞片等。

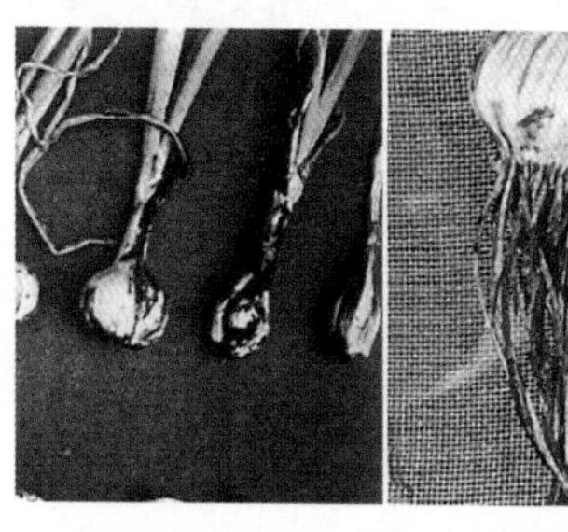

大蒜黑粉病（左）和红根腐病（右）

病原 *Urocystis cepulae* Frost，称洋葱条黑粉菌，属真菌界担子菌门洋葱条黑粉菌属。

病菌形态特征、传播途径和发病条件、防治方法参见大葱、洋葱黑粉病。

大蒜红根腐病

症状 大蒜染病后，根及根颈部变为粉红色，植株顶端受害不明显，但鳞茎变小，染病根逐渐干缩死亡，新根不断染病，也不断地干枯，影响鳞茎生长发育。

病原 *Pyrenochaeta terrestris* (Hansen) Gorenz，Walker et Larson，称洋葱棘壳孢红根腐菌，属真菌界子囊菌门。分生孢子器球状，褐色，散生，其孔口及孔口周围生多数刚毛。刚毛暗褐色，具多个分隔；分生孢子梗线形细长，基部分枝，无色，具多个分隔；产孢细胞短，无色，从孢子梗横隔之下生出，瓶生式内壁芽生产孢；分生孢子单胞无色，表面光滑，直，圆柱形。

传播途径和发病条件 病菌长期在土壤中习居和越冬，遇有范围较大的温度和湿度条件即可发病和扩展。

防治方法 ①进行轮作倒茬。②发病初期喷洒2.5%咯菌腈悬浮剂1000倍液或30%噁霉灵水剂800倍液。

大蒜疫霉根腐病

症状 该病主要为害大蒜的根和鳞茎。发病初期大蒜根呈水渍状逐渐变褐腐烂，剖开病鳞茎近根盘的鳞茎变褐，发病蒜株叶片从底部开始向上逐渐变黄而死亡，病株明显矮小。蒜薹细短不抽薹，造成减产或全株干枯。

病原 *Phytophthora* sp.，一种疫霉，属假菌界卵菌门疫霉属。

大蒜疫霉根腐病

传播途径和发病条件 病菌以菌丝体或卵孢子随病残体在土壤中越夏或越冬。个别年份年前可发病，一般在2月底3月初开始发病，4月上中旬浇水前点片发生，浇水后病情迅速扩展蔓延，重发地3～5天病株率达90%以上。播种期温度偏低、田间湿度大的年份易发病，早春气温变化大、浇水过早的地块或大水漫灌、浇水时间长发病重。

防治方法 ①轮作。每种3～5年大蒜轮作1年小麦可有效防治大蒜根部病害。选用无病蒜种，异地远距离调种。能有效地防治根病。②做好大蒜健身栽培是综合防治大蒜根部病害的基础。一是收获期及时清除大蒜病残体，并带出田外，集中处理，减少田间病原菌基数。二是抓好秸秆还田，增施腐熟有机肥，同时深耕以打破犁底板结层，并以配方施肥为主进行培肥地力，有利于大蒜整个生育期的健康生长。三是适期播种，合理密植。实践证明适期播种是培育壮苗，保证大蒜安全越冬、获取高产的重要方法。播种过早气温高，造成冬前苗旺，易出现早衰，易染根腐病。播种过晚气温低，大蒜发芽出土慢、苗势弱，易患疫霉根腐病。③药剂处理。土壤采用撒播种沟法，即开沟后播种前每667m^{2}用77%硫酸铜钙（多宁）可湿性粉剂1kg，撒在播种沟内；也可按蒜种子用量的0.3%对水2～3kg进行拌种后堆闷6h后播种，持效期可达2个月。④大蒜生长期可用77%硫酸铜钙可湿性粉剂1kg/667m^{2}浇水时随时冲施。也可在2月下旬发病初期喷洒50%异菌脲可湿性粉剂+15%多霉灵水剂（1∶1）混合液1500倍液、60%唑醚·代森联水分散粒剂1000～1500倍液、60%丙森·霜脲氰可湿性粉剂700倍液。

蒜头黑腐病

症状 蒜头黑腐病的典型症状表现在蒜头和蒜瓣上，发病蒜头有一个或多个蒜瓣先表现明显症状。染病蒜头有的从邻近茎盘的部位首先显症，以后向蒜瓣顶部扩展。有的从蒜瓣中部先发病，渐渐向四周扩展。一般一个蒜瓣上只有一个斑块，不断扩大，最后造成整个蒜瓣腐烂。蒜瓣上的病斑形状不规则，稍凹陷，初呈黄褐色水浸状，后变成黑色或紫黑色。病部边缘与健康部位交界明显，有时病斑四周现紫红色晕，可深入蒜瓣之内，造成蒜肉组织变黑腐烂，病斑表面长出稀疏的黑色霉状物，即病原菌的分生孢子梗和分生孢子。最后整个蒜瓣干缩。大蒜储藏期病害颇多，如灰霉病、红腐病、青霉病都比较常见。

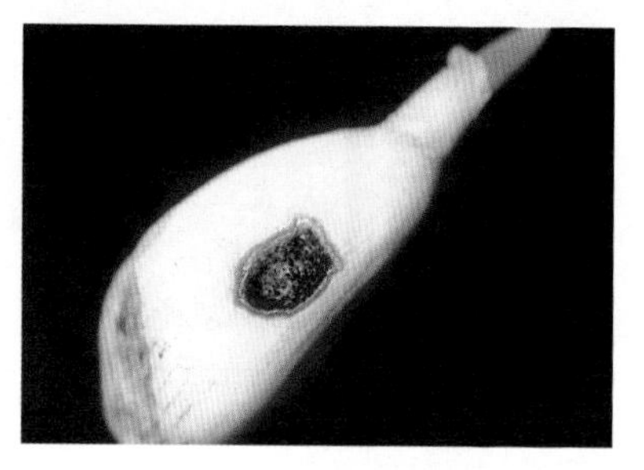

大蒜蒜瓣上的黑腐病症状

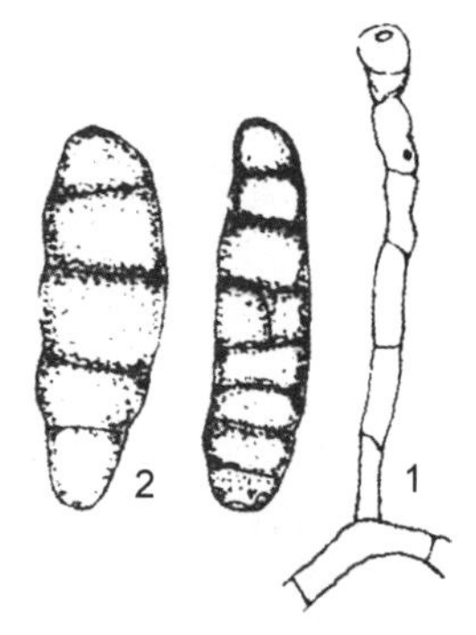

大蒜黑腐病病菌
1—分生孢子梗；2—分生孢子

病原 *Embellisia allii*，称葱埃里砖格孢，属真菌界子囊菌门艾氏霉属。在培养基上产生灰黑色菌落。分生孢子梗屈膝状，有分枝，着生分生孢子的疤痕明显。分生孢子单生，黄褐色，多数椭圆形或近圆柱形，正直，少数弯曲，隔膜较厚。孢子表面光滑。据日本研究，菌丝生长适温为25℃，30℃时产孢最多。该菌寄主范围较广，主要为害大蒜和洋葱鳞茎。

传播途径和发病条件 在老病区，大蒜收获后病原菌随病残体在田间土壤中越季，成为下一季大蒜染病的主要初侵染源。带病种蒜也是重要初侵染源，病原真菌可随蒜头传入无病地区或田块。多从大蒜鳞茎底部茎盘侵入，蒜瓣基部首先显症。从伤口接种的蒜瓣在接种2天后即出现浅黄褐色水渍状病变，4天后病斑变黑色。表面长出霉状物。高温、高湿及多雨年份有利于侵染发病。多雨年份或高湿田块收获的蒜头，入储后发病较多。储存场所遗弃病残体多或通风不良，湿度高或蒜头装在塑料袋中发病重。

防治方法 ①大蒜生产上蒜头病害种类较多，防治黑腐病应考虑兼治其他病害，防治蒜头储藏期病害，在先搞好田间防治基础上，合理收获储藏蒜头。田间防治可在生长期喷洒50%异菌脲可湿性粉剂1200倍液或40%百菌清悬浮剂600倍液。②适时收获。大蒜叶片变为灰绿色，底叶枯黄脱落，蒜头长成时即应适时收获，收获过迟蒜瓣容易散落。收获时轻拿轻放，防止磕碰。③及时晾晒。起出的蒜要捆扎好，及时晾晒蒜秧，保护蒜头，防止日光灼伤或使蒜皮变绿。晾晒2～3天，茎叶失绿或干燥后即可编辫。晾晒时要注意防雨、防潮、防热、防磕碰。④科学储藏，淘汰受伤、生虫、发霉、污损的蒜头，按蒜头大小分别编辫，充分干燥后挂在蒜棚内。立冬后气温下降，可运到储藏室内，室温0℃左右，注意通风，防止温度过高而受热同时也要防止低温冻害。不要用塑料薄膜包裹。

大蒜曲霉病

症状 主要为害鳞茎。初1个或几个蒜瓣发病，湿度大时病部长出白色菌丝体，后病蒜瓣完全充满黑粉，即病原菌的分生孢子。症状与黑粉病近似。

大蒜曲霉病发病初期的白色菌丝

病原 *Aspergillus niger* van Tiegh，称黑曲霉，属真菌界子囊菌门曲霉属。在马铃薯葡萄糖琼脂（PDA）培养基上产生白色至浅黄色菌丛，在查彼克培养基上菌丛白色，疏松，气生菌丝白色，上生很多头状黑色分生孢子头；分生孢子梗无色，有时端部呈浅褐色，从菌丝体伸出；分生孢子暗色至黑色，球形，串生；泡囊球形或近球形，直径60～82μm，泡囊产生梗基或只生一层瓶梗。

传播途径和发病条件、防治方法参见洋葱黑曲霉病。

大蒜灰霉病

症状 大蒜灰霉病棚室发生较多，主要为害叶片。发病初期蒜苗叶两面生有褪绿小白点，扩展后成为沿脉扩展的长形或梭形斑，直径0.5～3mm，一般从叶尖向下扩展，致多数叶片一半枯黄，湿度大时，密生较厚的灰色茸毛状霉层，致叶片变褐或呈水渍状腐烂。

大蒜灰霉病是许多大、中城市蔬菜冷库的毁灭性病害，蒜薹入库后3～4个月即见发病。蒜薹腐烂并长出灰霉状物，即病原菌分生孢子梗和分生孢子。

大蒜灰霉病田间受害状

大蒜灰霉病茎上软化腐烂生灰色霉状物

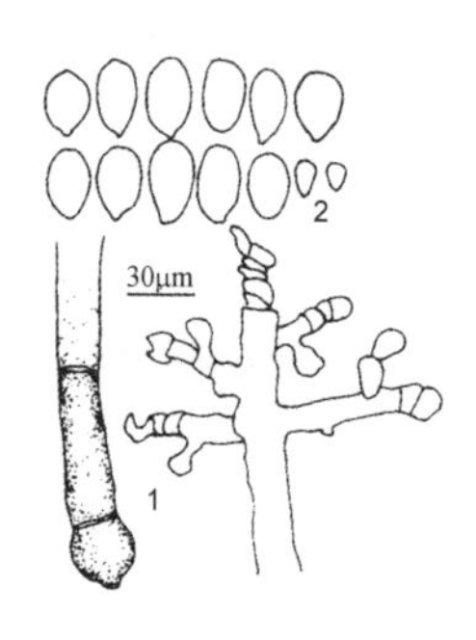

大蒜灰霉菌（葱鳞葡萄孢）（王学英原图）
1—分生孢子梗；2—分生孢子

病原 *Botrytis squamosa* Walker，称葱鳞葡萄孢；*Botrytis aclada* Fresen=*B.allii* Munn，称葱腐葡萄孢，均属真菌界子囊菌门葡萄孢核盘菌属。两种病菌同属不同种。葱鳞葡萄孢，菌落棉絮状，初白色，后变深；菌丝无色，侧向分枝，气生菌丝常联合成索状。低温时易产生分生孢子梗，宽达10～15μm，暗褐色，具节或疣，2/3高度处开始分枝，分枝缢缩明显；产孢细胞圆球形；分生孢子稀疏，卵圆形至长卵形，无色，大小（10.5～18.5）μm×（8～12.5）μm；菌核初为白色菌丝团，后渐变成黑色，直径1～2mm，在寄主叶鞘或鳞茎上形成的菌核更小，薄形紧密附于寄主组织上。菌丝生长最低、最适和最高温度分别为0℃，14～16℃，22℃。为害葱、韭菜、百合、大蒜等。葱腐葡萄孢分生孢子梗从寄主病组织伸出，分枝末端膨大；分生孢子单胞无色，椭圆形，大小（6～16）μm×（4～8）μm，孢子成熟脱落后，产孢短枝萎缩，在主轴上留有痕迹，主轴又生短分枝继续产孢。小分生孢子直径3μm。菌核生在病组织内或表面，直径1～5mm。两菌生理特性基本相似。菌丝生长适温17～22℃，生长温限0～32℃，分生孢子萌发适温12～22℃。菌丝生长和分生孢子萌发适宜pH值4～5，光线能刺激菌丝生长，光照与黑暗交替利于*B.allii*分生孢子形成。分生孢子喜欢在高湿条件下或水滴中萌发。温度升高产出菌核，27℃产生最多，并以此菌核越夏。只要有菌源，病情不断加重。病菌除为害大蒜和蒜薹外，还可为害大葱、洋葱。

传播途径和发病条件 大蒜灰霉病在田间主要靠病原菌的无性繁殖体，即病叶上的灰霉传播蔓延。每次收蒜都会把病菌散落于土表，致新生叶染病。蒜薹收获后，潜伏在植株上的菌丝体、菌核，在储藏低温条件下可引起蒜薹发病，病部产生的分生孢子借气流传播蔓延，从伤口或枯死部位侵入，进行多次重复再侵染。储藏窖或储藏库低温、高湿条件下发病重。

防治方法 ①选用抗病品种。②清洁田园。收获后，及时清除病残体，防止病菌蔓延。③适时通风降湿，是防治该病的关键。通风量要据蒜长势确定。外温低，通风要小或延迟，严防扫地风。④培育壮苗，多施有机肥，及时追肥、浇水、除草。⑤露地大蒜发病初期喷洒50%嘧菌环胺水分散粒900倍液或50%啶酰菌胺水分散粒剂1500倍液、50%腐霉利可湿性粉剂1000倍液，隔7～10天1次，连续防治2～3次。⑥棚室栽培大蒜也可采用烟雾法或粉尘法，在发病始期施用45%噻菌灵烟剂，每100m^{3}用量50g（1片），或10%腐霉利烟剂或45%百菌清烟剂，每667m^{2}用250g熏1夜，隔7～8天1次，也可于傍晚喷撒5%百菌清粉尘剂或10%氟吗•锰锌粉尘剂，每667m^{2}用1kg，隔9天1次，视病情注意与其他杀菌剂轮换交替使用。⑦防治蒜薹灰霉病储藏温度控制在0～12℃，湿度80%以下。及时通风排湿。必要时喷洒2%丙烷脒水剂200倍液或65%甲硫•霉威可湿性粉剂1000倍液。为减少窖内湿度，最好选用45%噻菌灵烟雾剂，用法参见大蒜灰霉病。⑧用保鲜灵烟剂熏烟。在蒜薹入库上架预冷时，在冷库通道中，将烟剂均匀布点。以2000m^{3}的冷库为例，布10～15个点，每个点放置0.7～1kg，将其垒成塔形，然后点燃最上面的一块，让其自行冒烟（点燃时此烟剂不冒明火，安全可靠），点毕，将冷库关闭4～5小时后，开启风机。同时根据储藏要求，将蒜薹分别放入硅窗袋中，按常规进行储藏、管理。若是处理大帐，也只需将烟剂放在大帐里（远离塑料帐），点燃后，轻轻拍打塑料帐，使烟雾均匀分布于空间，其余均按常规操作。

大蒜盲种葡萄孢叶枯病

症状 为害大蒜产生叶枯型症状。发病初期污白色，后变成灰褐色，病部产生砖褐色霉层。

病原 *Botrytis porri* Buchwald，称大蒜盲种葡萄孢或韭葱葡萄孢，属真菌界子囊菌门葡萄孢属。有性态为 *Botryotinia porii*（van Beyma）Whetzel。菌丝匍匐生，直径 6.25 ～ 7.5μm，初无色，很快变成浅褐色。分生孢子卵圆形至广卵形，大小（7.5 ～ 11.5）μm×（5.5 ～ 8.5）μm；菌核大型，初呈白木耳状。

大蒜盲种葡萄孢叶枯病症状

传播途径和发病条件、防治方法参见大蒜灰霉病。

蒜薹黄斑病及储藏期病害

症状 在田间薹茎上出现黄色斑，称为黄斑病；蒜薹在入库冷藏后 3 ～ 4 个月，黄斑处向下凹陷，逐渐腐烂。蒜薹在低温、硅窗储藏条件下，4 个月后薹茎基部由于生理老化，病菌易从采收伤口侵入，开始出现灰白色斑，后向上蔓延，继而腐烂，5 个月后腐烂率达 10% ～ 20%。尤其薹梢很易染病，入库 3 个月开始发病，初生灰白霉斑，逐渐扩展后连成一片，薹梢间相互感染，4 个月后病株率达 50% ～ 80%，不仅影响蒜薹的外观和口味，同时造成严重损失。

蒜薹黄斑病

病原 黄斑病初步认为是 *Peyronellaea* sp.，储藏 4 个月后检测，主要病菌有 *Penicillium* sp.，称青霉菌；*Alternaria* sp.，称交链孢菌；其次是 *Fusarium* sp.，称镰刀菌；*Cladosporium* sp.，称芽枝霉菌。

传播途径和发病条件 黄斑病是田间带菌引起的。储藏期病害是在储藏过程中滋生的真菌逐渐繁殖起来后，对储藏蒜薹造成的危害。

防治方法 ①对黄斑病应从田间入手，发病前开始喷洒 70% 代森锰锌可湿性粉剂 500 倍液或 50% 异菌脲可湿性粉剂 1000 倍液，尽量减少黄斑病病株率。②喷洒保鲜灵 10 ～ 100mg/kg，对青霉菌、镰刀菌、交链孢菌防效为 66.8% ～ 95.6%。③利用 3% 噻菌灵烟剂，每立方米 5 ～ 7g，储藏 4 个月未发病，6 个月发病率低于 5%，可在储藏保鲜时应用。

大蒜菌核病

症状 主要为害近地面假茎基部或储存的鳞茎。初呈水渍状，出现圆形小点，后发展为不规则状，致假茎变为黄褐色腐烂或倒折；干燥条件下，病部发白易破碎蒜瓣露出，在病部可见薄片状黑褐色菌核 8 ～ 23 个或更多，致鳞茎萎缩，影响产量和质量。

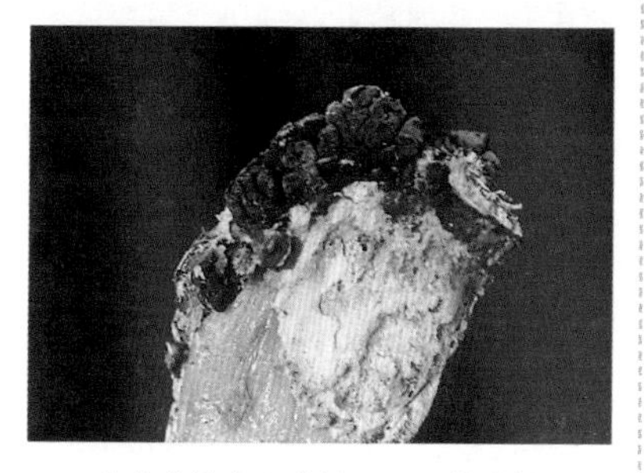

大蒜菌核病和蒜瓣上的片状菌核

病原 *Sclerotinia allii* Saw.，称大蒜核盘菌，属真菌界子囊菌门核盘菌属。

传播途径和发病条件 以菌核在土壤中或蒜种上越冬。豆瓣状菌核可在土中存活 10 ～ 13 个月，在灭菌砂中可萌发 30% 左右，该病在河南间歇发生。

防治方法 参见韭菜菌核病。

大蒜细菌性软腐病

症状 大蒜染病后，先从叶缘或中脉发病，沿叶缘或中脉形成黄白色条斑，可贯穿整个叶片。湿度大时，病部呈黄褐色软腐状。一般脚叶先发病，后逐渐向上部叶片扩展，致全株枯黄或死亡。

病原 *Pectobacterium carotovora* subsp. *carotovora*（Jones）Bergey et al.，称胡萝卜果胶杆菌胡萝卜致病型，属细菌界薄壁菌门果胶杆菌属。

大蒜细菌性软腐病病株（郭荣华摄）

传播途径和发病条件 病菌主要在遗落土中尚未腐烂的病残体上存活越冬。进入雨季引起大蒜软腐，尤其早播、排水不良或生长过旺的田块发病重。干旱时可自行缓解，对产量有明显影响。

防治方法 发现中心病株及时喷施 72% 农用高效链霉素可溶粉剂 3000 倍液（桂林产）或 88% 水合霉素可溶粉剂 1500 倍液或 20% 叶枯唑可湿性粉剂 800 倍液 +0.04% 芸薹素内酯 1500 倍液提高防效，增强蒜株抗病力效果明显。

大蒜春腐病

症状 主要为害下位叶叶身基

部，初发病时病部呈水渍状，后软化并向上下方扩展，造成病部呈浅褐色腐烂；进入发育中后期开始侵入心叶，软化腐烂向花茎下方扩展，有时造成新生鳞茎腐烂。叶片发病后，致叶数减少。鳞茎肥大受抑。接近地面的叶鞘发病，鳞茎球出现裂口，品质下降。

大蒜春腐病

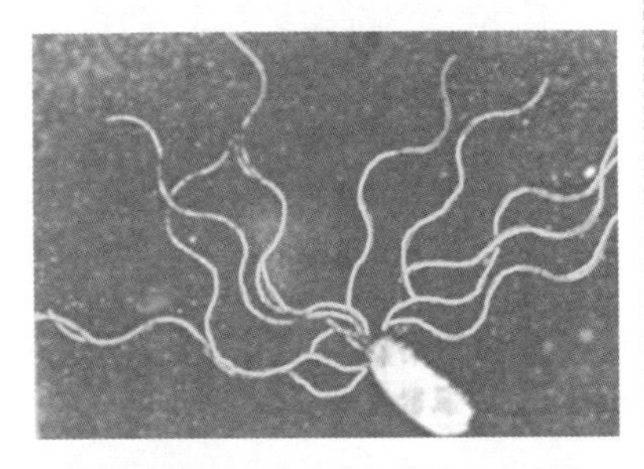

大蒜春腐病病菌边缘假单胞致病变种

病原 *Pseudomonas marginalis* pv. *marginalis*（Brown）Stevens，称边缘假单胞菌边缘假单胞致病变种；*Pseu-domonas cichorii*（Swingle）Stapp，称菊苣假单胞菌，均属细菌界薄壁菌门。前者还可侵染黄瓜，后者还可侵染白菜。

传播途径和发病条件 病菌生存在土壤中，春季到6月低温多湿年份易发病。遇有晴好天气，病情扩展减缓，再降雨又重新扩展，大风后降雨持续时间长或雨日多发病重。

防治方法 ①发病重的地区采用避雨栽培法。②其他方法参见大蒜细菌性软腐病。

大蒜黄单胞菌细菌性叶枯病

症状 我国黄淮局部地区大蒜叶片上初生水浸状褪绿斑，后变黄褐色，扩展成椭圆形病斑或灰褐色条斑，可在中间折倒。病斑相互融合后成为不规则形斑块，造成叶枯。生产上往往出现病叶片从顶端往下干枯。病株较矮，有时叶片上产生黏稠的黄色细菌溢脓。

病原 *Xanthomonas axonopodis* pv. *allii*，称地毯草黄单胞菌葱类致病变种，属细菌门黄单胞杆菌属。菌体短杆状，多数个体单生，少数双生，极生单鞭毛，革兰氏染色阴性，为害大蒜、大葱、洋葱、韭葱、细香葱等。

大蒜黄单胞菌细菌性叶枯病（商鸿生摄）

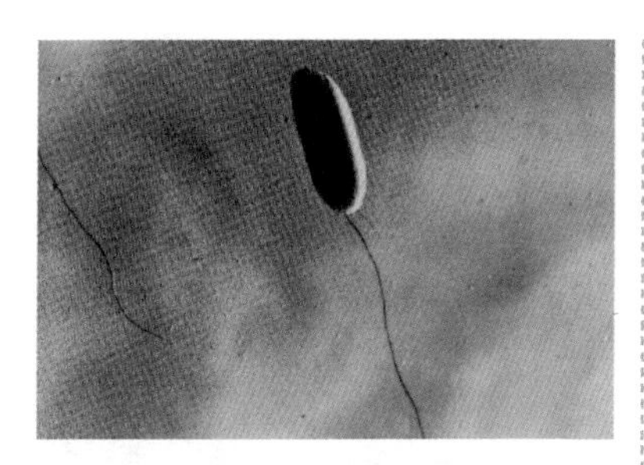

黄单胞杆菌属细菌形态

传播途径和发病条件 远距离传播主要靠带菌葱属种子、鳞茎及种苗调运。田间主要靠风雨、灌溉水、田间自生苗等传播。据调查，洋葱种子黄单胞带菌率即使低至0.04%也可引起该病发生或流行。

防治方法 ①未发病地区不要从疫区调用葱蒜类种子、种苗或鳞茎，发病区要实行轮作倒茬，及时铲除自生苗及杂草。②易发病地区，在发病初期喷洒77%氢氧化铜可湿性粉剂700倍液或33.5%喹啉铜悬浮剂800倍液。

大蒜花叶病毒病

症状 发病初期，沿叶脉出现断续黄条点，后连接成黄绿相间长条纹，植株矮化，且个别植株心叶被邻近叶片包住，呈卷曲状畸形，长期不能完全伸展，致叶片扭曲。病株鳞茎变小或蒜瓣及须根减少，严重的蒜瓣僵硬，储藏期尤为明显。该病是当前生产上普遍流行的一种病害，罹病大蒜产量和品质明显下降，造成种性退化。

病原 由大蒜花叶病毒[*Garlic mosaic virus*（GarMV）]及大蒜潜隐病毒[*Garlic latent virus*（GarLV）]引起，均属麝香石竹潜隐病毒属。

大蒜花叶病毒病

传播途径和发病条件 播种带毒鳞茎，出苗后即染病。田间主要通过桃蚜、葱蚜等进行非持久性传毒，以汁液摩擦传毒。管理条件差、蚜虫发生量大及与其他葱属植物连作或邻作发病重。由于大蒜是无性繁殖，以鳞茎作为播种材料，因此植株带毒能长期随其营养体蒜瓣传至下代，以致田间已无不受病毒感染的植株，且不断扩大病毒繁殖系数，致大蒜退化变小。

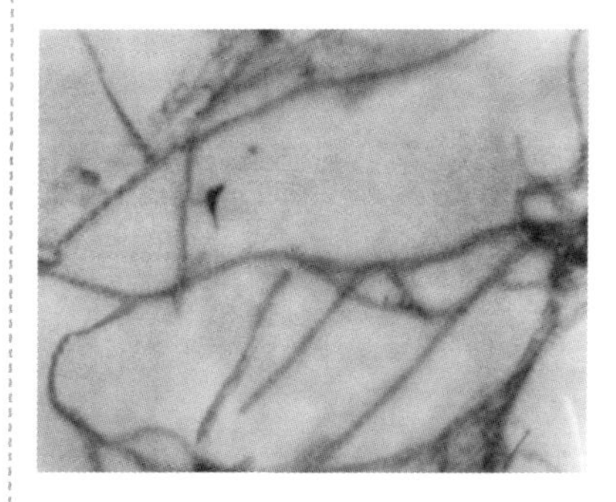

大蒜花叶病毒放大27000倍

防治方法 ①严格选种，尽可能建立原种基地；采用轻病区大蒜的鳞茎（蒜瓣）作种，减少鳞茎带毒率。②大力推广营养茎尖、生殖茎尖分生组织的离体培养，脱除大蒜鳞茎中的主要病毒。③避免与大葱、韭菜等葱属植物邻作或连作，减少田间自然传播。④提倡采用防虫网防止传毒蚜虫。在蒜田及周围作物喷洒杀虫剂防治蚜虫，防止病毒的重复感染，使用药剂见本书相关蚜虫防治法。此外还可挂银灰膜条避蚜。⑤加强大蒜的水肥管理，避免早衰，提高植株抗病力。⑥一线专家王芳德的处方是发现中心病株及时喷药，同时防治传毒媒介蚜虫、粉虱，可喷施 2% 宁南霉素水剂 200 ～ 400 倍液 + 回生露 500 倍液 +70% 吡虫啉可湿性粉剂 3000 倍液，或 4% 嘧肽霉素水剂 200 ～ 3000 倍液 +0.04% 芸薹素内酯 1500 倍液，或 31% 吗啉胍 · 三氮唑核苷可溶粉剂 800 倍液 + 回生露 500 倍液，视病情 5 ～ 7 天 1 次，交替施药。

大蒜褪绿条斑病毒病

症状 2 ～ 3 叶期染病，病株上出现明显的黄色褪绿条斑；成株染病，植株呈不同程度的矮化，瘦弱，纤细，叶片无光泽，蜡质消失，呈半卷曲状，有的上下叶片捻在一起卷曲成筒状；心叶不能抽出，病株一般不能抽薹，薹上具明显的褪绿块斑，病株根短且少，黄褐色。病蒜产量、质量明显下降，种性退化。

病原 *Garlic chlorosis streak virus*，称大蒜褪绿条斑病毒，属病毒。

大蒜褪绿条斑病毒病

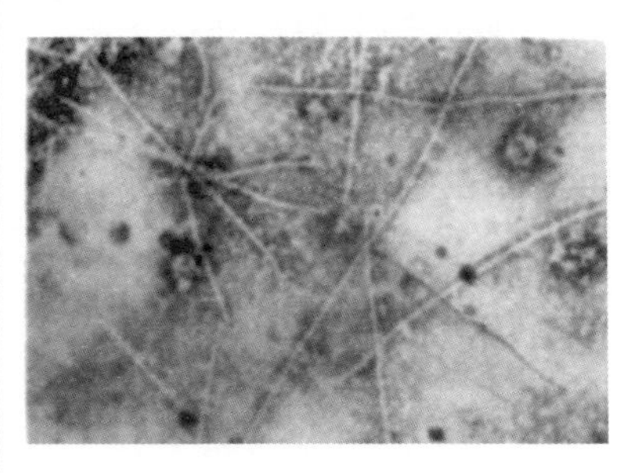

大蒜褪绿条斑病毒颗粒

传播途径和发病条件 主要靠汁液摩擦和桃蚜（*Myzus persicae*）传毒，寄主范围仅限于石蒜科和百合科，紫皮蒜较白皮蒜发病重，15 ～ 30℃利于发病和显症，温度过高或过低似有隐症现象。蚜虫发生量大及与其他葱属植物连作或邻作发病重。由于大蒜是无性繁殖，以鳞茎作为播种材料，因此植株带毒能长期随其营养体蒜瓣传至下代，以致田间已无不受病毒感染的植株，且不断扩大病毒繁殖系数，致大蒜退化，鳞茎变小。

防治方法 参见大蒜花叶病毒病。

大蒜嵌纹病毒病

症状 大蒜嵌纹病毒病生产上常见有两种。一种是植株矮化，叶变黄后萎蔫，不结鳞茎，完全无收成；另一种染病后植株，叶片呈现浓绿与浅黄线条之嵌纹病症，影响光合作用和鳞茎膨大，轻则减产20%左右，严重的达40%～50%。

病原 分萎缩型（yellow dwarf type）与嵌纹型（mosaic type）两类。

传播途径和发病条件、防治方法参见大蒜花叶病毒病。

大蒜黄叶和干尖

症状 大蒜苗期发生黄叶、叶片黄化；成株发生干尖。

病因 一是根部受地蛆为害；二是重茬；三是“退母”也是烂母所致。烂母是正常的。烂母表明原种蒜里储存的养分已用光，花薹和蒜瓣已开始分化。

大蒜黄叶和干尖

防治方法 ①种植大蒜的地要轮作。②提倡施用酵素菌沤制的堆肥或充分腐熟的有机肥。③为防止“退母”黄尖，应在“退母”前，即播种后30～40天，开始追肥灌水，不仅对促进花薹和蒜瓣分化有一定作用，还可避免或减轻黄叶和干尖的发生。④及时防治地蛆为害。⑤提倡喷洒0.01%芸薹素内酯乳油3000倍液。

大蒜畸形蒜（面包蒜）

症状 又称面包蒜。正常大蒜蒜头的几个鳞芽尖紧贴在蒜的中轴处，如果鳞芽尖向外开张，致蒜瓣向外分裂，外皮散开，就会出现裂皮散瓣蒜，这种蒜头看上去还饱满，但用手去捏就会发现这种蒜常常是空瘪的，农民称其为“面包蒜”。这种症状发生在大蒜生长后期，整个鳞芽仅是体积增大，外层鳞片中的营养物质未向鳞片转移或转移很少，造成内层鳞片未能充分膨大，是一种畸形蒜。常见有两种类型：一种是鳞芽分化完全，但不发育，被6～13层鳞片包被，鳞片前期肥厚充实，后期萎缩干瘪成膜状；另一种是鳞芽虽然分化完全，但由于一部分鳞芽外层鳞片中的养分向内层鳞片输送少，造成内层鳞片发育小，产生有数层鳞片包裹的小鳞茎。大蒜畸形蒜影响大蒜生产和出口创汇。

病因 面包蒜是一种生理病害，病因有四。一是鳞芽分化时温度过高。适宜大蒜鳞芽分化的温度是10.1～11.1℃，如此间连续7天温度高于13℃，会造成鳞芽分化受抑制。二是大蒜鳞芽膨大前期光照

大蒜的畸形蒜（面包蒜）

不足或日照时间短。生产上日照时间小于13h或光照不足，不利于鳞芽产生。三是氮肥结构性过剩。试验结果表明，每$667m^2$用纯氮高于34～45kg时，且氮、磷、钾比例超过（3.25～4.25）：1：1时，易形成面包蒜。原因是氮肥用量高，磷、钾肥相对缺乏，钾肥在植株体内起有“钾泵”的作用，磷和钾促进对营养的吸收和转运，生产上磷钾肥不足造成氮肥结构性过剩，易产生“面包蒜”。四是缺乏微量元素。大量使用氮肥时，大蒜植株体内的镁和铁浓度较高，妨碍了大蒜对铜、钙的吸收。缺铜时，大蒜体内游离氨基酸积累和蛋白质合成受阻，不利于大蒜鳞芽的发育，有利于面包蒜产生。缺钙、缺硼时，光合产物向鳞茎运输受抑，也会形成面包蒜。

防治方法 ①合理安排茬口进行精耕细作，提倡与豆类、瓜类、茄果类、白菜类进行2～3年以上轮作，忌免耕种植。②采用测土配方施肥技术，施足有机肥，大蒜对氮磷钾的吸收比例为4∶1∶3.8，也可选用配好的大蒜专用肥。③采薹时注意保护好上部的1～2片生理功能叶片，以利蒜头膨大，减少面包蒜发生。④蒜种消毒。对种蒜浸种消毒，可用2.5%咯菌腈悬浮剂200ml+72%农用高效链霉素10g+回生露30ml对水25kg，浸种10min，晾干后播种。⑤合理密植。每$667m^2$种植30000～35000株，营养面积过小易形成独头蒜。

大蒜早衰

症状 大蒜早衰常表现为叶片普遍发黄，后上部叶片和下部叶片的叶尖逐渐黄枯或干枯，根系的颜色发暗，严重时根尖变褐死亡，吸水吸肥能力弱，造成蒜株提前倒伏，蒜头长不大，品质差。早衰发生早的重病田，蒜薹短、细，严重的不抽薹。

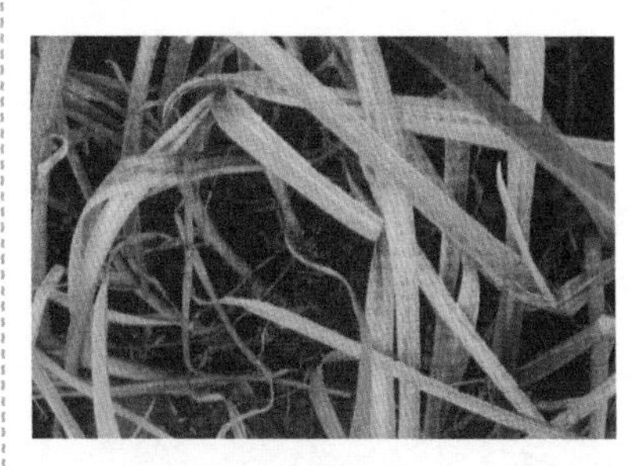
大蒜早衰

病因 据调查某些地区70%以上早衰是由大蒜田叶枯病和细菌软腐病两种病引起的，每年4月下旬～5月中旬进入发病高峰期，详见本书大蒜匍柄霉叶枯病、大蒜细菌性软腐病。此外还有4个原因：一是品种选择不对路，单一品种长年种植引起种性退化。或盲目引种，与当地气候不适应。二是耕作制度不适宜，大蒜是收益极高的蔬菜，主产区大面积连作，土壤出现连作障碍，再加上旋耕后耕层变浅，土壤浅层菌原量大，后期揭地膜偏晚或不揭地膜，造成地表温度偏高或过高，地温28℃，大蒜根系老化，吸收能力减弱，易产生早衰。三是土壤养分不均衡，后期盲目施肥。重视化肥，轻有机肥；重氮磷肥，轻钾肥；重大量元素，轻微量元素，引起土壤中养分不均衡，生产上大量施氮肥造成烧根或中毒。四是播种过早、密度过大。播种早的冬春易受冻。生产上每667m^{2}栽植3.8万株，密度偏高，假茎细弱易倒造成早衰。

防治方法 ①选择适合当地的蒜种，适期播种。②蒜种进行浸种消毒，种植时深浅一致，蒜瓣腹背面应与行向一致，出苗后展开的叶片与行向垂直，利其合理伸展，增大叶片光合作用，提高大蒜产量、质量。③播种覆土后及时盖大蒜专用地膜，或喷除草剂覆盖普通地膜。除草剂用二甲戊灵（施田补）每667m^{2}用120～150g对水40～50kg混匀后喷洒，喷后为防止踩踏应马上盖膜。④正常年份要浇5次水。一是齐苗水。播后及时浇水覆膜。当大蒜50%出苗但未钻出地膜时，用扫帚扫苗帮助破膜，隔2～3天再扫1次，对出苗过晚的幼苗人工破膜把苗引至膜面。二是过冬水。立冬后至小雪，气温下降至0℃时浇过冬水，气温过高适当延迟浇水时间，可结合浇水喷复硝酚钠、磷酸二氢钾、芸薹素内酯、回生露、天达2116等，选1种喷大蒜小苗，可提高抗病性，耐低温能力。三是返青水。3月中下旬地温稳定在10℃以上时浇返青水，随水每667m^{2}追施大蒜冲施肥20～30kg，当大蒜幼苗长出新叶，选晴天上午浇水，若遇阴、雨、雾天可先喷磷酸二氢钾加50%异菌脲防灰霉病，晴天气温回升后再浇水。四是促薹水。当蒜薹长至3～5cm时浇1次水，根据长势追第2次肥，随水每667m^{2}冲施氮磷钾（18∶10∶17）复合肥10～15kg。五是膨头水。蒜薹收获后18～20天，即可收获大蒜，收前5～7天停止浇水。⑤大蒜叶枯病发病高峰前10～15天或发现中心病株时及时喷洒50%异菌脲可湿性粉剂1000倍液混加77%氢氧化铜1000倍液，或10%苯醚甲环唑水分散粒剂1000倍液，或50%咪鲜胺锰盐1000～1500倍液，隔10天左右1次，防治2～3次。

大蒜的品种退化

症状 山东西南地区种蒜多年，已普遍出现品种退化，这是大蒜生产上的主要问题之一。退化的表现是植株矮小，鳞茎变小，叶色变浅、变小，小蒜瓣和独头蒜增多，提早枯黄株增多，产量逐年降低。

病因 一是大蒜长期进行无性繁殖，不经过有性世代，这是引起品种退化的首要原因。二是播种时不进行严格选种，也会加重品种退化。三是生产中管理粗放，土壤贫瘠、肥料不足，尤其是有机肥不够，土壤理化性状不良，缺少水肥，高度密植，采薹过晚，茎叶损伤，都会引起大蒜品种退化。四是病害严重，尤其是病毒病能引起大蒜品种退化。

大蒜品种退化

防治方法 ①大蒜选种应从田间管理开始，从选择良好地块开始，蒜种一定要经过挑选，适期播种，合理密植，培育壮苗，加强肥水管理，适时收薹收蒜，对减少退化作用明显。大蒜收获时应在田间进行选种，选头大而圆底平无小瓣，无损伤，落黄正常叶片，无病虫害的蒜株和符合本品种特性的蒜头。播种前剔除受冻、受伤、受热、发芽过早变黄或干瘪的蒜头。②到地区差异大的地方换种，2～3年内可恢复生活力，有一定的复壮增产效果。③用气生鳞茎播种，当年形成独蒜，再用独蒜播种，则可获分瓣的蒜头，产量明显提高，具有明显的复壮效果。④茎尖脱毒可使蒜头明显增大，产量提高。⑤大蒜定植时，可以使用生物菌肥搭配甲壳素浸种，在防病的同时可促进根系生长，促进壮苗。春季返青后，可随水冲施甲壳素和生物菌肥，促进新根发生，壮棵高产。入冬前、返青后，注意叶面喷洒甲壳素、海藻酸、全营养叶面肥等，可以增强植株抗寒性，减轻冻害，防其退化。

独头蒜和无薹蒜

症状 独头蒜是蒜苗过于瘦弱，不具备分瓣营养条件，大蒜不分化鳞瓣、不抽花茎、每头蒜仅一瓣的现象。独头蒜产量低、无蒜薹。

独头蒜和无薹蒜

无薹蒜是播种后的大蒜只形成蒜头却没有长出蒜薹。

病因 独头蒜产生的原因：一是种蒜瓣太小，体瘦小；二是种蒜的土地瘠薄或施肥不足或连续多年种蒜；三是播种期偏晚；四是种植密度过大；五是田间管理跟不上或遇有干旱持续时间过长或病虫草害严重造成蒜株生长不良；六是土壤偏碱或土壤贫瘠、密度过大、叶数太少都会形成独头蒜。

无薹蒜主要是受环境条件的影

响。储藏期已解除休眠的蒜瓣、播种后处萌芽期和幼苗期的大蒜在0～10℃低温下经30～40天就可抽薹。生产上若是春天错过了大蒜的适宜播种期，播种过晚，气温升高，蒜株没有完全春化阶段，造成花芽没有分化或花器没有发育。秋季播种的大蒜播种过迟，在冬前生长期过短，造成苗小，蒜株的越冬能力不强，都会诱发蒜株无薹。

防治方法 ①防止产生独头蒜。a.根据生产需要选择蒜种，生产蒜头种植白皮蒜，生产蒜薹应种植紫皮蒜。b.生产上选择肥大洁白蒜瓣作蒜种，一般要求每斤（1斤=500g）种蒜瓣要有70～130瓣。c.适期播种，如秋季大蒜要在秋分至寒露播种；春季大蒜要在土壤5cm深开始化冻时节，一般在3月中旬之前播种。d.合理密植，白皮蒜行距为16cm，株距10cm；红皮蒜行距10cm，株距8cm。e.幼苗期要控制浇水，严防徒长和提早退母。f.秋播大蒜要在临冬前浇1次大水达到夜冻日消时，封冻前可在地面覆盖稻草或设风障保温。翌年春暖时揭开覆盖物，2月下旬至3月上旬浇返青水，进入3月中旬要加强中耕，提高地温。g.为防止干旱低温，春播大蒜可采用坐水栽蒜，两次封沟，或浇明水或用地膜覆盖等方式播种，能提高出苗率。h.退母结束前浇水追肥。i.在鳞芽膨大期的蒜薹成熟后，每667m^{2}追施尿素13kg，隔3～4天看天浇1水，保持地面不干，并可叶面喷洒0.18%磷酸二氢钾溶液。近年来独头蒜市场需求看好，生产上也可利用诱发独头蒜的因素来生产，以满足市场对独头蒜的需求。②防止无薹蒜方法。a.据各地气候条件适期播种。b.应先了解所引品种的抽薹习性及原产地的纬度和海拔高度。c.若以生产蒜薹为生产目的时需要种植抽薹性能高的品种。d.只有大蒜幼苗长到相当大小，通过30～40天的0～4℃的低温后，再遇13℃以上的较高温度和长日照，生长点才开始花芽分化。

散头蒜

症状 正常蒜头的多个鳞芽上尖均紧贴蒜中轴，如果鳞芽尖向外开放，蒜瓣分裂，外皮裂开，这种现象称为散头蒜。散头蒜细分有四种：一是蒜头上的鳞芽尖向外开放，蒜瓣分裂，外皮裂开；二是包背蒜头的叶片数少，蒜瓣肥大时把叶鞘胀破；三是叶鞘破损、腐烂，蒜瓣外部压力减小；四是蒜头的茎盘发霉腐烂，蒜瓣与茎盘脱离。上述四种都会造成蒜头开裂、蒜瓣散落，影响蒜头的商品质量。

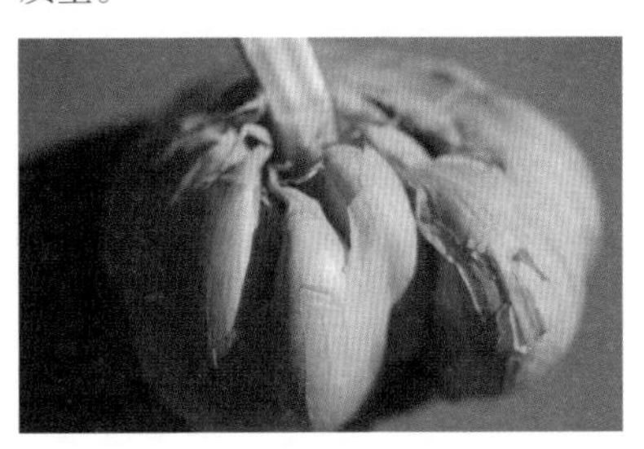

散头蒜

病因 发生散头的原因：一是收获过迟，土表太干或覆土过浅；二是品种特性，凡是蒜头外皮薄而脆的品种易破碎造成外皮开裂；三是地下水位高，土质黏重致排水不良或土壤过湿，地下部分叶鞘易腐烂；四是播种过晚或过早，过早的在蒜头的鳞芽膨大盛期蒜株易早衰，下部叶片出现枯黄，造成蒜头四周的叶鞘提早干枯，蒜头膨大时易把叶鞘胀破，播种过迟的花芽分化时叶片数偏少，也容易把叶鞘胀破；五是盖土太薄，露出蒜头的，日晒风吹造成叶鞘受损；六是锄地时碰伤蒜皮，多次过量追施氮肥，也可出现上述问题；七是采收蒜薹时蒜薹出现茎部断裂引起蒜头中间空虚；八是采收过晚或土壤渍水，茎盘在土下腐烂。生产上收蒜后遇雨，也会引起茎盘腐烂发霉，很易造成大蒜散头或落瓣。

防治方法 ①选用蒜头外皮不易破损的品种。②选择沙质土或地下水位低的地块。③适期播种，不宜过早、过迟，追施氮肥不要过多，适当增施磷钾肥。④蒜头肥大期不要中耕，防止碰坏蒜皮，大蒜抽薹到成熟需浇6～7次水，抽蒜薹前几天不要浇水，进入白苞时是采收适期，掌握在晴天，用食指和拇指捏住白苞下部，垂直向上提，使蒜薹从基部抽出。采薹后随手折倒1片叶，把叶鞘露口处盖住，防止雨水落入。⑤生产上蒜薹采收后半个月控水干田，雨水多的地区要做好排水，注意蒜地要开沟沥水，防止渍涝。⑥适时收获，一般在蒜薹收获后20天左右，叶片枯萎，假茎松散是蒜头收获适期，要马上抢收。外层由多层叶鞘包着，蒜瓣不易散裂。大蒜的花茎呈圆柱形，长60～70cm，花茎顶部有上尖下粗的似尾状总苞。蒜头干后移至室内储藏，注意通风和防潮。

大蒜产生跳蒜

症状 大蒜播种后有蒜母被顶出地面，常因干旱而死的现象称为跳蒜，跳蒜又称跳瓣、蹦蒜，是指大蒜在播种后扎新根时，有时常把蒜瓣（蒜母、种瓣）顶出土面或离地面很近的现象。很容易产生蒜瓣因干旱逐渐枯死造成缺苗断垄。有时蒜头没枯死，但常产生早期发红的现象，蒜皮硬化，影响蒜头的生长发育。有的生长到后期，外层蒜皮干缩且向里扩展，致蒜头形成皮蒜。跳蒜会造成死苗、断垄、影响产量。

大蒜产生跳蒜

病因 一是栽植时耕地过浅，或栽植地块土质松散，栽植过浅，覆土很薄且干，或浇水量不够，造成土壤对蒜瓣压力达不到要求，造成大蒜发根时成束，立着长的蒜根有30多条须根，常把蒜瓣顶出地面。二是带着盘踵（又叫干缩的茎盘）进行播种，也易产生跳蒜。

防治方法 ①选择不重茬、光照好、富含有机质的疏松肥沃的中性沙质壤土地播种大蒜，翻地20cm深。每667m^{2}施入优质有机肥5000kg作基肥，施过磷酸钙30～50kg、硫酸钾20～30kg。②对酸性土在耕地前施入100～150kg生石灰进行酸度中和。对秋播大蒜要在播前施入基肥，再翻耕1次，把土面再耙1次，封冻前浇1水保底墒很重要。③播种前去掉蒜瓣上的盘踵及蒜皮。④春播时底墒要好，进行开沟，先把种肥施进去，再栽入蒜瓣，做到蒜瓣直立，深浅一致，覆土3～4cm，待表土干后镇压或踩1次即可。对秋播大蒜要在播后浇大水，4～7天后快出苗时再浇1次，如遇雨要进行排水，防止湿度过大。生产上出现跳蒜时，一是先把蒜瓣栽入土中后覆土稍厚，再浇1次水；二是结合松土向种植行两侧略培些土，然后再在苗的两侧踩压1次，再浇1次水以防蒜瓣干枯。要是在盐碱地上种蒜，就不要剥皮去踵，可防止碱腐蚀蒜瓣或烂种。

薤白炭疽病

症状 从苗期到成株期均可发病，以成株受害重。主要为害叶片。发病初期叶上产生近梭形至不规则形浅褐色病斑，病斑表面散生许多黑色小粒点，即病原菌的分生孢子盘。病斑扩展后常引起上部叶片枯死，湿度大时病斑上生出乳白色孢子团。

病原 *Colletotritrum circinans* (Berk.) Vogl.，称葱炭疽菌，属真菌界子囊菌门。病菌形态特征参见细香葱、分葱炭疽病。

薤白炭疽病

传播途径和发病条件 病菌以子座或分生孢子盘或菌丝随病残体在土壤中越冬。条件适宜时，产生分生孢子进行初侵染。在水田，一般2月中旬至3月上旬开始发病，薤鳞茎膨大期的4～6月，进入发病高峰期，生产上在高湿情况下病害高峰期也常出现在生长后期，雨天多或田间湿度很高条件下，苗期也可出现发病高峰。在山坡旱地该病发生较迟，多在4月底至5月初始发，到5月中、下旬出现发病高峰。

防治方法 ①选用抗病品种。②提倡在旱地栽植。③发病初期喷洒32.5%苯甲•嘧菌酯悬浮剂1500倍液，或250g/L嘧菌酯悬浮剂1000倍液或25%咪鲜胺乳油1000倍液。

薤白匍柄霉叶斑病

又称薤白叶斑病，是常发病害，一般病株率20%左右，严重地块高达50%以上，致上部叶片干枯，明显影响薤白的产量。

症状 主要为害叶片和花梗。叶片染病时，始于叶尖，后向下扩展，初现浅黄色至灰白色小点，后扩展成椭圆形灰褐色至灰白色不规则形病斑，湿度大时，病斑上现稀疏的灰黑色霉，干燥时病叶迅速坏死干枯。花梗染病，常产生灰褐色至灰白色不规则坏死斑，后期现散生的黑色小粒点，即病菌的闭囊壳。

薤白匍柄霉叶斑病

病原 *Stemphylium botryosum* Wallr.，称匍柄霉，属真菌界子囊菌门无性型匍柄霉属。有性态为 *Pleospora herbarum*（Pers.et Fr.）Rabenhorst，称枯叶格孢腔菌，属真菌界子囊菌门。

病菌形态特征、病害传播途径和发病条件、防治方法参见细香葱、分葱匍柄霉紫斑。

薤白链格孢叶斑病

症状 主要发生在叶上。产生椭圆形至不规则形、褐色至黑色病斑。

薤白链格孢叶斑病

病原 *Alternaria tenuissima*（Er.）Wiltshire var. *alliicola* T.Y.Zhang， 称细极链格孢蒜生变种，属真菌界子囊菌门链格孢属。病菌形态特征参见大蒜细极链格孢蒜生变种叶斑病。

传播途径和发病条件 病原菌在病残体或留种母株上越冬。借气流或雨水传播，从气孔、伤口或表皮侵入。气温20℃以上开始发病。温暖多湿的夏季发病重。

防治方法 ①施足腐熟有机肥，加强薤白田管理，提高寄主抗病力。②雨后及时排水，防止湿气滞留。③发病初期喷洒50%醚菌酯水分散粒剂1000倍液或50%异菌脲可湿性粉剂1000倍液。

薤白病毒病

症状 全株受害。病株矮缩或

叶片皱缩、扭曲；有的现黄绿斑驳呈花叶状或褪绿条纹。病株地下鳞茎变细小，分蘖减少，致减产20%以上。

薤白病毒病

病原 由多种病毒单独或复合侵染引起，包括洋葱黄矮病毒（OYDV）、大蒜黄化条纹病毒（GYSV）、大蒜花叶病毒（GMV）及烟草花叶病毒（TMV）、黄瓜花叶病毒（CMV）等。洋葱黄矮病毒［onion yellow dwarf virus（OYDV）］，质粒线状，大小约（200～800）nm×15nm，致死温度78～80℃，稀释限点10000倍以上，潜育期15～20天。

传播途径和发病条件 除鳞茎带毒传病外，还可借汁液或介体昆虫传病。传毒蚜虫主要有桃蚜、棉蚜等，种子和土壤不能传病。蚜虫发生猖獗，偏施氮肥、植株长势过旺或不良、肥料不足发病重。

防治方法 ①从无病或轻病地选留鳞茎，或因地制宜选育抗病品种。②根据蚜虫迁飞规律，适当调整种植期，避免或减少蚜虫传毒为害。③尽量采用苗床覆盖尼龙纱或尼龙膜小拱棚育苗，减少蚜虫传毒。④发现蚜虫及早喷药治蚜，同时混入植宝素6000倍液，促进植株分蘖与生长，提高抵抗力；定期查苗，及时拔除病株，减少田间毒源。⑤发病初期喷洒20%吗胍·乙酸铜可溶粉剂300～500倍液或8%宁南霉素水剂500倍液。

6. 葱蒜类蔬菜害虫

韭菜迟眼蕈蚊（韭蛆）

学名 *Bradysia odoriphaga* Yang et Zhang，双翅目眼蕈蚊科。别名黄脚蕈蚊、韭蛆。

分布 北京、天津、山西、辽宁、江西、宁夏、内蒙古、台湾。

寄主 韭菜、大蒜、茼蒿、白菜、萝卜、瓜类、芹菜、花卉及药用植物等。

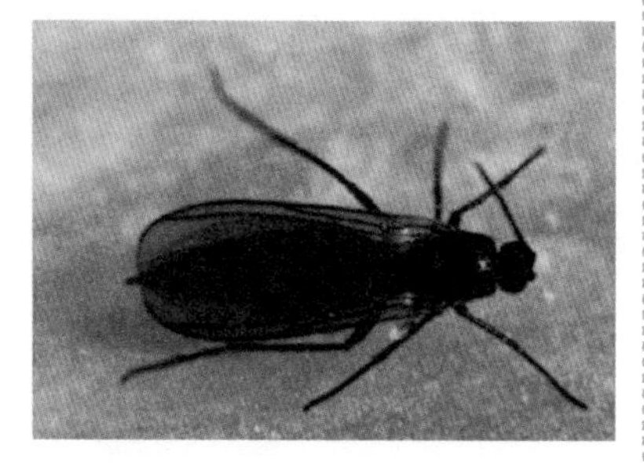
韭菜迟眼蕈蚊成虫（司升云摄）

韭菜迟眼蕈蚊幼虫

为害特点 成虫善飞，喜欢在阴湿弱光处活动。幼虫在土壤中生活，群集在韭菜地下部的鳞茎和柔嫩的茎部为害，引发幼茎腐烂，受害韭菜整株或整墩死亡，严重的成片死亡。该虫为害常造成局部灾害，12 月至翌年 2 月是韭蛆为害盛期。

生活习性 华北 4～5 代，以幼虫在韭菜鳞茎内或韭根周围 3～4cm 表土层以休眠方式越冬（在温室内则无越冬现象，可继续繁殖为害）。翌春 3 月下旬开始化蛹，持续至 5 月中旬。4 月初至 5 月中旬羽化为成虫。各代幼虫出现时间：第 1 代 4 月下旬至 5 月下旬，第 2 代 6 月上旬至下旬，第 3 代 7 月上旬至 10 月下旬，第 4 代（越冬代）10 月上旬至来年 4 月底或 5 月初。越冬幼虫将要化蛹时逐渐向地表活动，大多在 1～2cm 表土中化蛹，少数在根茎里化蛹。成虫喜在阴湿弱光环境下活动，以 9～11 时最为活跃，为交尾盛时，下午 4 时至夜间栖息于韭田土缝中，不活动。成虫善飞翔，间歇扩散距离可达百米左右。成虫有多次交尾习性，交尾后 1～2 天将卵产在韭株周围土缝内或土块下，大多成堆产，每雌产卵量为 100～300 粒。幼虫孵化后便分散，先为害韭株叶鞘、幼茎及芽，而后把茎咬断蛀入其内，并转向根茎下部为害。土壤湿度是韭蛆孵化和成虫羽化的重要因素，3～4cm 土层的含水量以 15%～24% 最为适宜，土壤过湿或过干均不利于其孵化和羽化。

防治方法 ①采用覆盖隔离，韭菜收获后及时在韭菜上覆盖塑料薄膜，3～5 天后等韭菜气味散失后再揭开。收割后及时撒上一层草木灰，能防止成虫在韭菜上产卵。成虫羽化出土前，韭菜田要加盖 30 目以上的防虫网，防止成虫进入，防效可达 90%。②诱杀成虫。糖醋液（酒、水、糖、醋比是 1 ：10 ：3 ：3），每 667m^2 放置 2～3 盆，诱杀韭蛆成虫。也可用黏虫胶，在成虫盛发期用黏虫胶黏杀成虫，每 667m^2 悬挂 60 块。③生物农药防治。a.1.1% 苦参碱粉剂，每 667m^2 用 2～4kg 对水 50～60kg 灌根。秋季盖棚前扒开韭墩，晒根 2～3 天后，每 667m^2 用 25% 灭幼脲悬浮剂 200ml，对水 50～60kg，顺垄灌根施药。b. 用根蛆，净主要成分是能产生新型抗虫蛋白的荧光假单胞菌，能有效防治地下害虫。每 667m^2 用含荧光假单胞菌 10 亿个 /ml 的根蛆净 300ml 灌根，防效 90%。c. 用 8000 IU/ml 苏云金杆菌可湿性粉剂 5～6kg，对防治韭蛆持效期长，防效 75% 左右。d. 用 1.5% 天然除虫菊素水乳剂 1200 倍液和 1.8% 阿维菌素乳油 1000 倍液，可在生产上推广，持效 14 天。

异型眼蕈蚊

学名 *Phyxia scabiei* Hopkins，属双翅目眼蕈蚊科。幼虫俗称“姜蛆”，是生姜储藏期的重要害虫。

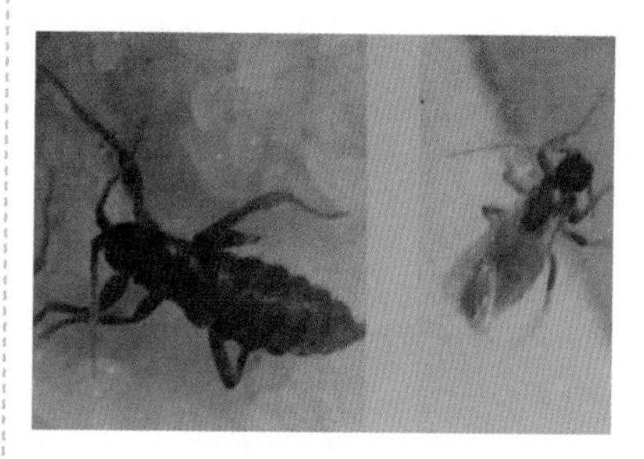

异型眼蕈蚊成虫

分布 北美和欧洲，我国各地也有相关报道。

寄主 生姜、黄瓜、番茄苗、马铃薯、西洋参、大蒜、大葱、蘑菇等。

为害特点 以幼虫钻蛀姜块顶端幼嫩部位为害，是当前造成生姜减产和农药残留超标的主要原因。受害处呈暗褐色，表皮完整，有的现微小孔眼，皮下有粒状粪和丝网。幼虫先在浅层为害，后逐渐向深层蛀食，造成局部腐烂。

生活习性 该虫以幼虫越冬，姜窖中无越冬现象。北方虫量随温度升高而增加，气温 25℃，完成 1 代历时 16 天左右。成虫不取食羽化后迅速交配，雌成虫无翅，雄成虫有 1 对翅多爬行，雌虫把卵产在寄主表面或缝隙间，单雌产卵 10～60 粒。成虫有趋光性，产完卵雌虫死亡，雄虫活跃。幼虫孵化后在腐烂的寄主上为害，老熟后结茧化蛹。25 ～ 27℃雌虫寿命3 ～ 5天，雄虫寿命4 ～ 7天，幼虫期9 ～ 11天，蛹3 ～ 5天，卵期3 ～ 4天。

防治方法 ①选用抗虫姜品种。如山东大姜1号、山东大姜2号等。②农业防治。适期播种，培育壮芽，出苗后及时破膜、撤膜，生长期及时灌水。③用电子灭蚊器、高压灭虫灯、黑光灯、黄板等诱杀。④生产上可用种子重量0.4%的40%二嗪磷粉剂拌种。也可在播前每667m^{2}用40%粉剂50g混入底肥中。成虫发生期喷撒2.5%辛硫磷粉剂2kg。发现幼虫为害时喷洒10%吡虫啉可湿性粉剂1500倍液或40%辛硫磷乳油1000倍液。

葱田斜纹夜蛾

学名 *Spodoptera litura*（Fabricius），属鳞翅目夜蛾科。

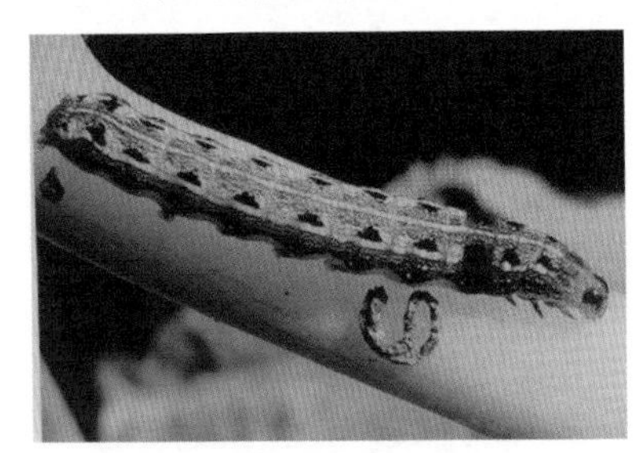

大葱田斜纹夜蛾幼虫

分布 长江流域的江西、江苏、湖南、湖北、浙江、安徽以及黄河流域的河南、河北、山东，及北京、广东、广西。

寄主 甘蓝、大白菜、小白菜、花椰菜、芥蓝、藕、芋、蕹菜、苋菜、马铃薯、茄子、甜椒、番茄、豆类、瓜类及大葱、韭菜等。

为害特点 2010年9月13日在北京一块大葱田发现该虫为害大葱，9月底在大葱田发现斜纹夜蛾高龄幼虫，在大葱上的为害症状与甜菜夜蛾为害状相似，幼虫啃食大葱叶片，有缺刻，钻入葱管内取食叶肉，残留薄的上表皮，并在葱管内残留大量虫粪，造成葱叶上部发白腐烂，萎蔫干枯下垂，严重影响大葱生长，影响产量，品质降低。

生活习性 该虫是一种喜温耐高温间歇猖獗为害的害虫，各虫态发育适宜温度为28 ～ 30℃，33 ～ 40℃下也还能生长。

防治方法 参见后文葱田甜菜夜蛾和甘蓝夜蛾。

韭萤叶甲

学名 *Galeruca reichardti* Jacobson，鞘翅目叶甲科。别名愈纹萤叶甲、韭叶甲。

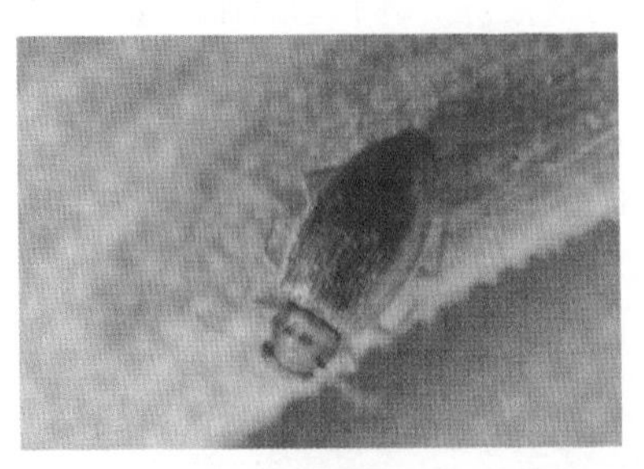

韭萤叶甲成虫

分布 辽宁、内蒙古、甘肃、新疆、河北、山西、山东、四川等地。

寄主 韭、葱、大蒜、白菜。

为害特点 成虫食叶，幼虫在土中食害根和鳞茎，影响作物生长。

形态特征 成虫体长8.2～9.8mm。头型为亚前口式，额与身体呈钝角，唇基的前部可明显地分出前唇基，其前缘平直，两侧前角不突出。前胸背板侧缘前1/2外侧呈圆形，内侧呈宽阔凹洼。鞘翅边缘扁平扩展，第1、第4初级脊纹后部愈合，第3脊纹仅见后半段。

防治方法 参见葱黄寡毛跳甲。

葱地种蝇

学名 *Delia antiqua*（Meigen），双翅目花蝇科。别名葱蝇、葱蛆、蒜蛆。异名 *Hylemyia antiqua* Meigen。

分布 北起黑龙江、内蒙古、新疆，南至河南、江西等地。

寄主 大葱、小葱、细香葱、分葱、薤、洋葱（圆葱、葱头）、大蒜、青蒜、韭菜等百合科蔬菜。

为害特点 幼虫蛀入葱蒜等鳞茎，引起腐烂、叶片枯黄、萎蔫，甚至成片死亡。韭菜受害后常造成缺苗断垄，甚至全田毁种。

生活习性 在华北地区年发生3～4代，以蛹在土中或粪堆中越冬。5月上旬成虫盛发，卵成堆产在葱叶、鳞茎和周围1cm深的表土中。卵期3～5天，孵化的幼虫很快钻入鳞茎内为害。幼虫期17～18天。老熟幼虫在被害株周围的土中化蛹，蛹期14天左右。第1代幼虫为害期在5月中旬，第2代幼虫为害期在6月中旬，第3代幼虫为害期在10月中旬，成虫集中在葱叶、鳞茎及葱地成堆产卵。

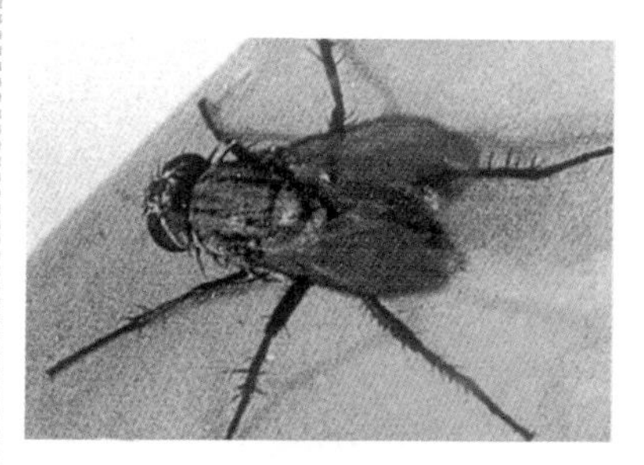

葱地种蝇成虫

葱地种蝇幼虫

防治方法 ①提倡采用绿色生物技术综合防治葱地种蝇，替代农药防控蔬菜病虫害。②施用酵素菌沤制的堆肥或充分腐熟的有机肥或饼肥，以减少葱地种蝇发生。③加强水肥管理，控制蛆害。④糖醋液诱杀成虫，用红糖0.5kg、醋0.25kg、酒0.25kg+清水0.5kg，加敌百虫少量，配好的糖醋液倒入盆中，保持5cm深，放在田中即可。⑤成虫发生盛期后10天内，进入防治卵和幼虫适期。防治成虫可喷淋90%敌百虫可溶粉剂700倍液或3.3%阿维·联苯菊乳油1000倍液、10%灭蝇胺悬浮剂400倍液。⑥田间发现幼虫时，也可浇灌90%敌百虫可溶粉剂700倍液或40%辛硫磷乳油1000倍液。辛硫磷在地面上持效期短，有利于无公害生产，在地下使用药效高、持效时间长，确是物美价廉的杀虫剂。提倡用800g/L辛硫磷乳油500倍液蘸根，防止幼虫为害定植后的葱根。

种蝇

学名 *Delia platura*（Meigen），属双翅目花蝇科。别名地蛆。

分布 全国各地。

种蝇成虫

寄主 蔬菜、果树、林木及多种农作物。

为害特点 幼虫蛀食萌动的种子或幼苗的地下组织，引致腐烂死亡。

生活习性 年发生2～5代，北方以蛹在土中越冬，南方长江流域冬季可见各虫态。种蝇在25℃以上，完成1代19天，春季均温17℃需时42天，秋季均温12～13℃则需51.6天，产卵前期初夏30～40天，晚秋40～60天，35℃以上70%卵不能孵化，幼虫、蛹死亡，故夏季种蝇少见。种蝇喜白天活动，幼虫多在表土下或幼茎内活动。

防治方法 ①施用腐熟的有机肥，防止成虫产卵。②成虫产卵高峰及地蛆孵化盛期及时防治。通常采用诱测成虫法。诱剂配方：糖1份、醋1份、水2.5份，加少量辛硫磷拌匀。诱蝇器用大碗，先放少量锯末，然后倒入诱剂加盖，每天在成蝇活动时开盖，及时检查诱杀数量，并注意添补诱杀剂，当诱器内数量突增或雌雄比近1∶1时，即为成虫盛期，立即防治。③在成虫发生期，地面喷洒50%灭蝇胺可溶粉剂1500倍液或2.5%溴氰菊酯乳油1000倍液、50%氰·辛乳油2000倍液，隔7天1次，连续防治2～3次。当地蛆已钻入幼苗根部时，每667m^2用40%辛硫磷乳油1200倍液灌根。④药剂处理土壤或处理种子。如用40%辛硫磷乳油，每667m^2用200～250g，加水10倍，喷于25～30kg细土上拌匀成毒土，顺垄条施，随后浅锄，或以同样用量的毒土撒于种沟或地面，随即耕翻，或混入厩肥中施用，或结合灌水施入，每667m^2用2～3kg拌细土25～30kg成毒土或用5%辛硫磷颗粒剂，每667m^2用2.5～3kg处理土壤，都能收到良好效果。药剂处理种子：当前用于拌种用的药剂主要有 50% 辛硫磷，其用量一般药剂、水、种子之比为 1 ：（30 ～ 40）：（400 ～ 500）；也可用 30% 辛硫磷微囊剂等有机磷药剂或杀虫种衣剂拌种。亦能兼治金针虫和蝼蛄等地下害虫。⑤毒谷。每 $667m^2$ 用 30% 辛硫磷微囊剂 150 ～ 200g 拌谷子等饵料 5kg 左右，或 40% 辛硫磷乳油 50 ～ 100g 拌饵料 3 ～ 4kg，撒于种沟中，兼治蝼蛄、金针虫等地下害虫。

葱斑潜蝇

学名 *Liriomyza chinensis*（Kato），双翅目潜蝇科。别名葱潜叶蝇、韭菜潜叶蝇。

分布 吉林、宁夏等地。

寄主 葱、细香葱、薤、洋葱、韭菜。

为害特点 吉林调查受害重的葱田，有虫株率达 40%，严重的达 100%。幼虫在叶组织内蛀食成隧道，呈曲线状或乱麻状，影响作物生长。

生活习性 吉林年发生 3 ～ 4 代，以蛹在受害株附近表土中越冬。翌年 4 月下旬至 5 月上旬成虫始发，5 月上旬进入成虫羽化盛期。白天交尾产卵，5 ～ 6 天幼虫孵化并开始为害，幼虫期 10 ～ 12 天，幼虫老熟后入土化蛹，蛹期 12 ～ 16 天，越冬蛹为 7 个月。每头雌虫 1 年可产卵 40 ～ 116 粒。成虫于 9 时到 16 时取食补充营养，多在 15时至 17时产卵，每次产卵 17 粒。老熟幼虫清晨 4 ～ 6 时离叶，7 ～ 9 时离叶高峰期。葱田连作或与百合科邻作及草荒严重的受害重。有一种茧蜂寄生葱斑潜蝇幼虫，寄生率为 23.3%。

葱斑潜蝇成虫（石宝才摄）

葱斑潜蝇幼虫为害状及幼虫化蛹

防治方法 ①秋翻葱地，及时锄草，与非百合科作物轮作，减少虫源。②保护利用天敌。③可在成虫盛发期用红糖、醋各 100g，加水 1000ml 煮沸，加入 40g 敌百虫调匀，拌在 40kg 干草或树叶上，撒在田间诱杀成虫。④于成虫产卵盛期或幼虫孵化初期喷洒 90% 敌百虫 700 倍液或 40% 辛硫磷乳油 1000 倍液或 75% 灭蝇胺可湿性粉剂 3500 倍液、1.8% 阿维菌素乳油或 10% 吡虫啉乳油 1500 倍液。

葱须鳞蛾

学名 *Acrolepia manganeutis* Meyrick，异名 *Acrolepia alliella* Semenovet Kuznetsov，鳞翅目菜蛾科。别名韭菜蛾、葱小蛾、苏邻菜蛾。

分布 黑龙江、吉林、辽宁、内蒙古等地。

寄主 韭菜、葱、细香葱、薤、洋葱等百合科蔬菜或野生植物。

为害特点 幼虫蛀食韭叶，严重时心叶变黄，降低产量和质量，以老韭菜和种株受害最重。

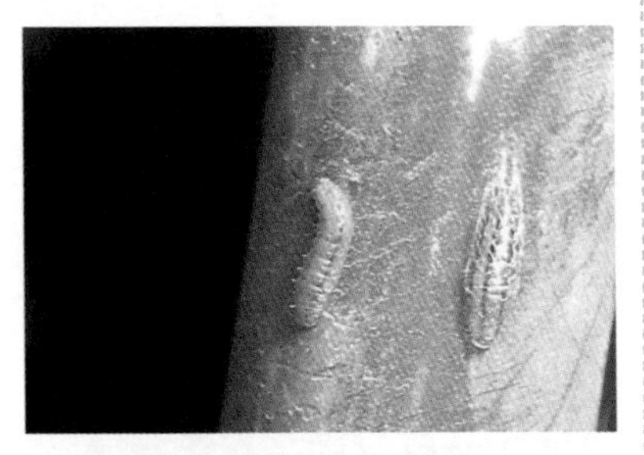

葱须鳞蛾幼虫和蛹

葱须鳞蛾成虫

生活习性 我国南、北方均有分布。成虫羽化后需补充营养。卵散产于韭叶上，幼虫孵化后向叶基部转移为害，将韭叶咬成纵沟，有时残留表皮。幼虫在沟中向茎部蛀食，但不侵入根部，常把绿色的虫粪留在叶基分叉处，受害植株易辨认。幼虫老熟后从茎内爬至叶中部吐丝做薄茧化蛹。25℃下，成虫羽化后，经3～5天开始产卵，卵期5～7天，幼虫期7～11天，蛹期8～10天，成虫期10～20天。陕西调查，6月以前发生很轻，6月以后虫口逐渐增加，至盛夏（8月）达最高峰，此时各虫态均可见，世代重叠。11月中旬田间的蛹大部分羽化为成虫，但因气温已很低而不再产卵，尚未羽化的蛹也不再羽化。

防治方法 在卵孵化盛期喷洒90%敌百虫可溶粉剂700倍液或40%辛硫磷乳油1000倍液或20%氰戊菊酯乳油1000倍液、50%灭蝇胺可溶粉剂1500倍液、20%吡虫啉浓可溶粉剂2500倍液、200g/L氯虫苯甲酰胺悬浮剂3000倍液、20%氟虫双酰胺水分散粒剂3000倍液。

葱蓟马

学名 *Thrips tabaci* Lindeman，缨翅目蓟马科。别名烟蓟马。

分布 全国各地。

寄主 大葱、小葱、洋葱（圆葱、葱头）、水葱、香葱、韭菜、薤头、大蒜、人参果、烟草、棉花等作物。

为害特点 成虫、若虫以锉吸式口器为害寄主植物的心叶、嫩芽，使葱形成许多长形黄白斑纹，严重时，葱叶扭曲枯黄，无法生食。近年该虫为害大葱猖獗。

葱蓟马为害葱叶症状

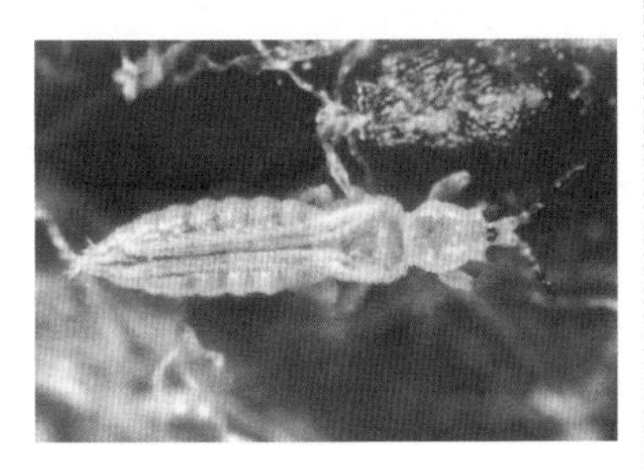

葱蓟马（烟蓟马）成虫

生活习性 华北年发生3～4代，山东6～10代，华南20代以上。以成虫或若虫在大葱叶鞘内或土缝中或杂草株间、葱地里越冬。在25～28℃下，卵期5～7天，幼虫期（1～2龄）6～7天，前蛹期2天，“蛹期”3～5天。成虫寿命8～10天。雌虫可行孤雌生殖，每雌平均产卵约50粒（21～178粒），卵产于叶片组织中。2龄若虫后期，常转向地下，在表土中经历“前蛹”及“蛹”期。以成虫越冬为主，也有若虫在葱蒜叶鞘内侧、土块下、土缝内或枯枝落叶中越冬，尚有少数以“蛹”在土中越冬。在华南无越冬现象。成虫极活跃，善飞，怕阳光，早、晚或阴天取食。初孵幼虫集中在葱叶基部为害，稍大即分散。在25℃和相对湿度60%以下时，有利于葱蓟马发生，高温高湿则不利，暴风雨可降低发生数量。一年中以4～5月为害最重。东北、西北5月下旬～6月上旬受害重。

防治方法 ①清除葱蓟马越冬场所，减少越冬虫数，栽葱前清洁田园。大葱生长期间勤除草中耕，改变葱田生态条件，适当增加湿度，抑制葱蓟马为害。②喷洒2.5%多杀菌素悬浮剂1200倍液或10%吡虫啉可湿性粉剂2000倍液或2%甲氨基阿维菌素苯甲酸盐（甲维盐）乳油2000倍液、1.8%阿维菌素乳油2500倍液、3%啶虫脒乳油2000～3000倍液，轮换使用。

葱带蓟马

学名 *Thrips alliorum*（Priesner），属缨翅目蓟马科，异名 *Taeniothrips alliorum* Priesner。别名韭菜蓟马。

分布 东北、北京、河北、浙江、江苏、贵州、广东、广西、海南、台湾、陕西、宁夏、新疆、西藏、内蒙古等地。

寄主 葱、韭菜。生产上葱类蔬菜上发生的蓟马除葱带蓟马（*T.alliorum*）外，还有烟蓟马（*T.tabaci* Lin.）。

为害特点 成虫、若虫为害洋

葱或大葱心叶、嫩芽及韭菜叶，受害时出现长条状白斑，严重时葱叶扭曲枯黄。近年该虫为害呈上升的态势，山东一带为害大葱十分猖獗。

葱带蓟马成虫

生活习性 东北年发生3～4代，山东6～10代，长江流域10代以上，以成、幼虫及伪蛹在枯叶或土中越冬，每代历期20天左右。河南、山东、江苏5月中下旬至6月上中旬进入为害盛期；黑龙江6月中旬至7月中旬成虫活跃，成虫白天多在叶背为害。6月中旬韭菜上葱蓟马数量最多，是为害严重期，6月下旬虫量居次，7月以后进入高温季节，数量急剧下降。

防治方法 参见葱蓟马。

台湾韭蚜（葱蚜）

学名 *Neotoxoptera formosana*（Takahashi），属同翅目蚜科，异名*Fullawayella formosana* Taka.。别名葱小瘤蚜。

分布 北京、四川、台湾、贵州、云南、山西等地。

寄主 韭菜、野蒜、葱、洋葱。

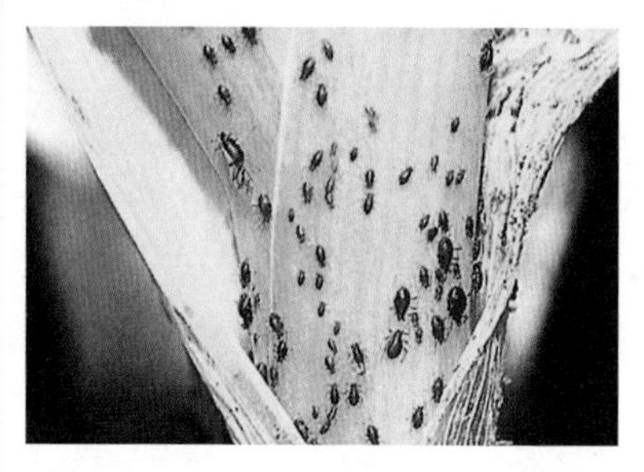

台湾韭蚜

为害特点 为害韭菜、葱的叶面，严重时布满叶片和花内，刺吸汁液，致植株矮小或萎蔫。

生活习性 北京7月、8月间发生无翅蚜，9月间发生有翅型，9月末出现有翅雄蚜。山西为害葱叶，云南11月仍见为害韭菜。

防治方法 ①采用黄板诱杀或铺设银灰色反光塑料薄膜忌避蚜虫。②棚室发生韭菜蚜虫可用杀蚜虫烟剂熏治。③露地韭菜或葱、蒜等在发生期喷洒70%吡虫啉水分散粒剂8000倍液或20%吡虫啉浓可溶剂3000倍液或10%氯噻啉粉剂500倍液、10%烯啶虫胺水剂2000倍液、50%抗蚜威乳油1500倍液，隔10天1次，连续防治2～3次。

韭菜跳盲蝽

学名 *Halticus* sp.，属半翅目盲蝽科。

分布 华北、华东、华南等地。

寄主 韭菜、大葱。

为害特点 成、若虫刺吸韭菜，产生白色至浅褐色斑点，严重的每平方米有虫近千头。致全株叶片变黄枯萎。

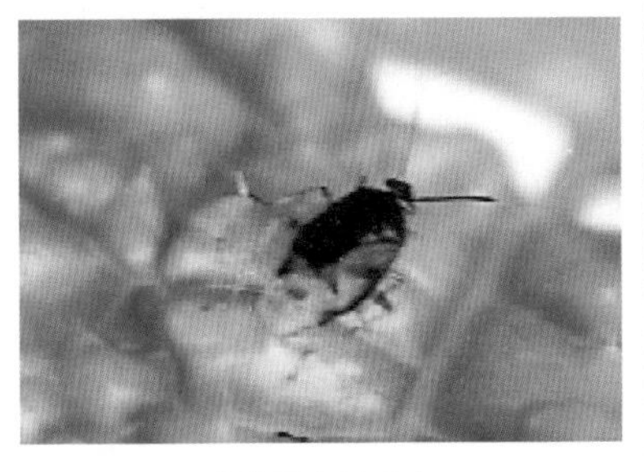
韭菜跳盲蝽成虫

生活习性 发生世代不详，山东潍坊一带2月下旬，韭菜和葱田可见成虫活动，一直持续到秋天，11月中旬仍可见大量成虫和若虫。

防治方法 喷洒40%甲基毒死蜱乳油800倍液或2.5%溴氰菊酯乳油或20%氰戊菊酯乳油1200倍液、10%吡虫啉可湿性粉剂1500倍液、40%辛硫磷乳油1000倍液等。

葱黄寡毛跳甲

学名 *Luperomorpha suturalis* Chen，属鞘翅目叶甲科。

分布 吉林、内蒙古、河北、山西、江苏、安徽。

寄主 大葱、洋葱、韭菜、大蒜等。

为害特点 成、幼虫均为害。幼虫分散或集中在韭根中，取食须根，致地上部叶片枯黄、凋萎或生长不良。成虫在地上部取食叶片，成缺刻或孔洞，黑色粪便附在其上。

葱黄寡毛跳甲成虫

生活习性 山东潍坊年发生2代，以幼虫在根部周围土壤中10cm深处越冬。越冬幼虫于翌年3月上旬移至5～10cm处为害，5月上旬开始化蛹，5月中旬成虫始见，幼虫龄期不整齐，春季虫量大，5月中旬至11月上旬一直延续不断。卵历期13.9天，蛹历期约14天，成虫寿命30多天，一般降雨或浇水2～3天后成虫大量羽化出土，卵多产在土下根际处，产卵期约1个月，每雌产卵175粒。

防治方法 ①冬灌或春灌可杀灭部分幼虫。②施用充分腐熟的有机肥，发现为害时不要再追施稀粪，应改用化肥，头刀、二刀后随水灌2次氨水，但不要过量。③成虫盛发期喷洒800g/L辛硫磷乳油，每667m^{2}用250ml。幼虫盛发期用800g/L辛硫磷800倍液或Bt乳剂400倍液与40%辛硫磷乳油1000倍液混合后灌根。采收前7天停止用药。为防止农药中毒，韭菜田严禁使用甲拌磷（3911）、对硫磷（1605）、氟虫腈、氟乙酰胺等剧毒农药。

刺足根螨

学名 *Rhizoglyphus echinopus*（Fumouze et Robin），属蜱螨目粉螨科，异名 *R. robini* Glaparede。

分布 黑龙江、辽宁、吉林、江苏、上海、浙江、福建、四川。

刺足根螨

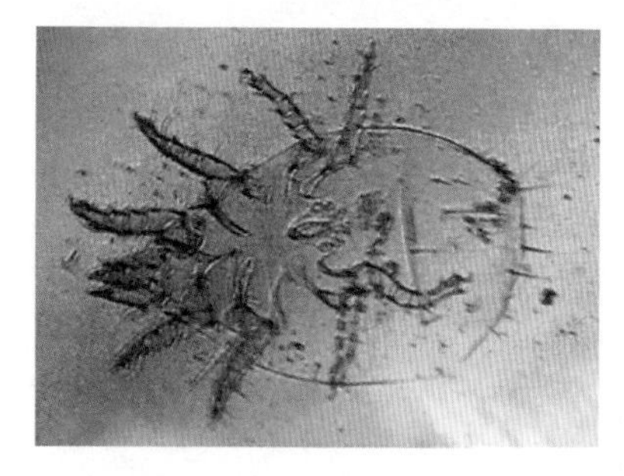

刺足根螨

寄主 韭黄、韭菜、葱类、百合、芋、甜菜、马铃薯、唐菖蒲、半夏、贝母足等。

为害特点 受害的地下茎或球茎呈黑褐色而腐败，受害处随根螨的增殖不断向四周及内部组织深处蔓延，致地上部叶片细小，发黄，生长缓慢，甚至枯死。大葱受害的先是幼苗叶部枯萎，出现脱色症状，严重的葱白组织受损，无光泽，折断。百合等鳞茎受害，产生褐色小斑，地上部黄枯。有些蔬菜或花卉的球茎受害，发芽后叶片带有紫色，逐渐干枯。应注意与病害区别。

形态特征 成虫宽卵圆形，体长 0.6 ～ 0.9mm，乳白色，有光泽，颚体部、足浅红褐色，幼虫 3 对足，若虫和成虫 4 对足。卵白色，椭圆形，长约 0.2mm。

生活习性 以成螨和若螨为害韭菜、葱蒜假茎，使其腐烂。在高湿条件下，气温 18.3 ～ 23.9℃完成 1 代需 17 ～ 27 天，20 ～ 26.7 ℃只需 9 ～ 13 天，雌螨交配后 1 ～ 3 天即产卵，每雌平均产卵 195 粒，最多达 500 粒。第 1、第 3 若螨期间条件不利时，出现体形变小的活动化传播体。日本年发生 10 多代。刺足根螨喜在沙壤中为害。有时一株葱上可达数百头。一条根上有 10 多头，能在土中移动。酸性土受害重。

防治方法 ①整地时注意深耕，合理施肥，对酸性土壤要施入消石灰或氰氨化钙 80 ～ 100kg 调至中性。②合理轮作，避免根螨寄主作物连作，与瓜类、豆类轮作。③块根类作物要在阳光下暴晒，可减轻为害。④留种球根（茎）用 40% 辛硫磷乳油 1000 倍液浸渍 15min 晾干后再播种。⑤生长期发生根螨时浇灌 3.3%

阿维·联苯菊乳油1500倍液或40%辛硫磷乳油1000倍液，均有效。

葱田甜菜夜蛾和甘蓝夜蛾

学名 *Mamestra brassicae*（L.），鳞翅目夜蛾科。别名甘蓝夜盗蛾。异名 *Barathra brassicae*（L.）。*Spodo-ptera exigua*（Hübner），异 名 *Laphygma exigua* Hübner，鳞翅目夜蛾科。别名贪夜蛾。

寄主 甘蓝、花椰菜、白菜、萝卜、白萝卜、莴苣、大葱、细香葱、棉花、大豆、番茄、青椒、茄子、马铃薯、黄瓜、西葫芦、豇豆、架豆、茴香、胡萝卜、芹菜、菠菜、韭菜、大蒜等多种蔬菜及其他植物170余种。近年来该虫为害猖獗。

甘蓝夜蛾成虫（石宝才）

甘蓝夜蛾卵

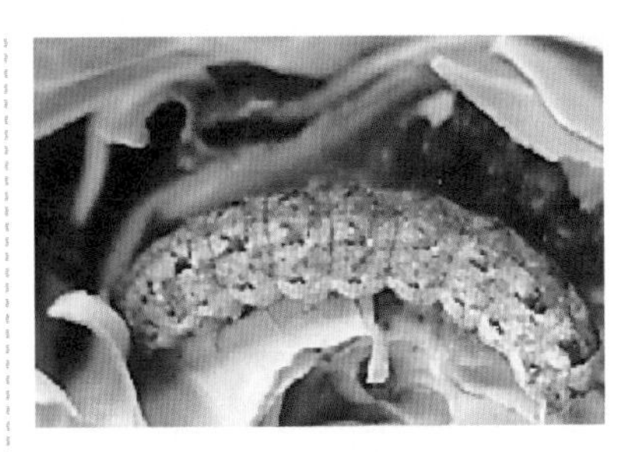

甘蓝夜蛾幼虫褐色型

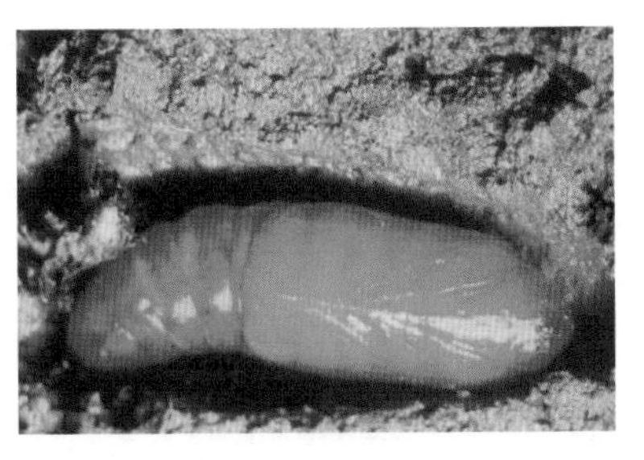

甘蓝夜蛾蛹放大

甜菜夜蛾成虫（石宝才）

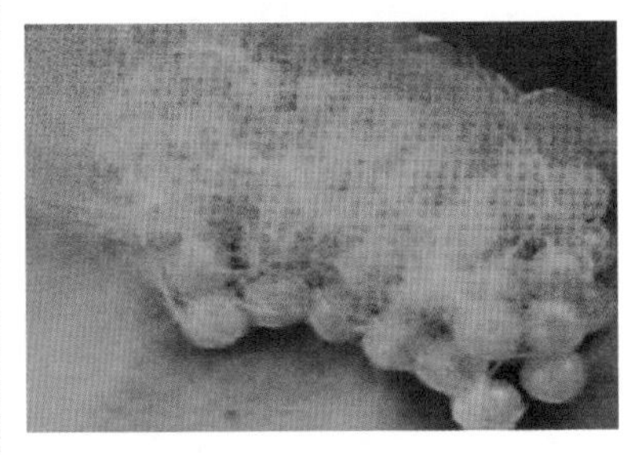

甜菜夜蛾成虫产在叶背面的卵块

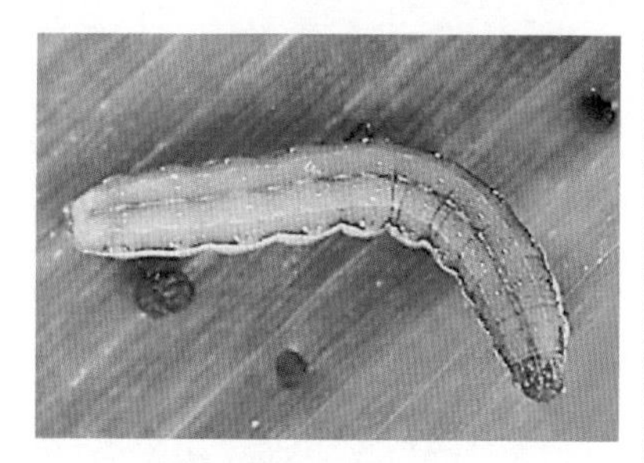

甜菜夜蛾幼虫为害大葱叶片

甘蓝夜蛾幼虫钻在葱叶里为害

分布 除福建、台湾、广东未见外，其余各地区均有分布。

生活习性 近年甜菜夜蛾已成为大葱田和姜田的主要害虫之一。1994年、1995年曾在山东、陕西、四川西部暴发成灾，一般受害株率达60%～80%，严重的高达95%，严重时植株地面以上被吃光。该虫在胶东半岛年发生5代，越冬代成虫4月下旬盛发，1代6月中旬盛发，2代7月上旬、3代7月底8月初、4代8月中旬、5代9月上旬盛发至成虫绝迹，卵多产在地上假茎嫩绿部分。初孵幼虫群居，3龄后分散为害叶上部，啃食表皮，后钻入叶内取食内表皮和叶肉，剩下外表皮，受害处呈窗纸状，后干枯。多在夜晚取食，有转移为害习性，有假死性，幼虫老熟后入土化蛹。大葱受害株率达1%～2%。

防治方法 防治葱田甜菜夜蛾一定要在卵孵化盛期，最迟必须在幼虫蛀入葱管以前防治，于黄昏后或早上8点以前喷洒200g/L氯虫苯甲酰胺悬浮剂3000倍液或20%氟虫双酰胺水分散粒剂3000倍液，持效12天。或10%虫螨腈悬浮剂800倍液、240g/L甲氧虫酰肼悬浮剂2000倍液、2%甲氨基阿维菌素苯甲酸盐乳油3000～4000倍液，隔5～6天1次，连续防治2～3次。

二、薯芋姜类蔬菜病虫害

1. 马铃薯病害

马铃薯 学名*Solanum tuberosum* L.，别名土豆、山药蛋、洋芋、地蛋、荷兰薯。是茄科中能形成地下块茎的栽培种，一年生草本植物，各地均有栽培。

2015年1月6日国家举办的马铃薯主粮化发展战略研究会上，丰富多彩的马铃薯主食制品令人大开眼界，马铃薯全粉占比40%的馒头、面包、马铃薯花冰冻曲奇、马铃薯榛子千层酥、马铃薯芝士蛋粒等都将颠覆着人们对小土豆的认知。

农业部提出，要以科技创新引领马铃薯主粮化发展，努力推动形成马铃薯与谷物协调发展的新格局，马铃薯有望成为水稻、小麦、玉米之外的第四大主粮作物，栽培面积要扩大到1.5亿亩（1亩=666.7m^2），年产鲜薯增加2亿吨，折合粮食5000万吨，提高国家粮食安全保障水平。马铃薯主粮化的内涵就是用马铃薯加工成适合我国人消费习惯的馒头、面条、米粉等主要产品，向主食转变逐渐成为第四大主粮作物。

马铃薯是十全十美的营养产品，富含膳食纤维，脂肪含量低，有利于控制体重增长，预防高血压、高胆固醇以及糖尿病等，可改善人们的膳食结构，新膳食指南建议每人每周食薯类5次，每次50～100克。马铃薯是粮也是菜，本书增加了新病虫害内容。

马铃薯立枯丝核菌黑痣病

症状 又叫丝核菌茎基腐病。主要为害幼芽、茎基部及块茎。幼芽染病，有的出土前腐烂形成芽腐，造成缺苗。出土后染病，初植株下部叶子发黄，茎基形成梭形褐色凹陷斑，大小1～6cm。病斑上或茎基部常覆有灰色菌丝层，有时茎基部及块茎生出大小不等形状各异、块状或片状、散生或聚生的菌核；轻者症状不明显，重者可形成立枯或顶部萎蔫，或叶片卷曲呈舟状，心叶节间较长，有紫红色色素出现。严重时，茎节腋芽产生紫红色或绿色气生块茎，或地下茎基部产生许多无经济价值的小马铃薯，表面散生许多黑褐色菌核。

无土栽培马铃薯丝核菌黑痣病

马铃薯黑痣病病薯上的黑斑

马铃薯成株立枯丝核菌黑痣病

病原 *Rhizoctonia solani* Kühn，称立枯丝核菌，属真菌界担子菌门无性型丝核菌属。初生菌丝无色，直径4.98～8.71μm，分枝呈直角或近直角，分枝处多缢缩，并具1隔膜，新分枝菌丝逐渐变为褐色，变粗短后纠结成菌核。菌核初白色，后变为淡褐色或深褐色，直径0.5～5mm。菌丝生长温度最低4℃，最高32～33℃，最适23℃，34℃停止生长。菌核形成适温23～28℃。据台湾报道，*Rhizoctonia solani* Kühn AG，称立枯丝核菌AG菌丝融合群，于生长期间从土壤中根部或茎基部伤口侵入，能引起一些品种发生黑痣病。

传播途径和发病条件 以病薯上或留在土壤中的菌核越冬。带病种薯是翌年的初侵染源，也是远距离传播的主要载体。马铃薯生长期间病菌从土壤中根系或茎基部伤口侵入，引起发病。该病发生与春寒及潮湿条件有关。播种早或播后土温较低发病重。该菌除侵染马铃薯外，还可侵染豌豆。

防治方法 ①选用抗病品种。如中薯3号、陇薯3号、陇薯4号、津研4号、渭会、高原系统、胜利1号等较抗病。②建立无病留种田，采用无病薯播种。③发病重的地区，尤其是高海拔冷凉山区，要特别注意适期播种，避免早播。④播种前马铃薯块茎用35%福·甲可湿性粉剂800倍液或50%福美双可湿性粉剂1000倍液浸种10min，或用50%异菌脲0.4%溶液浸种5min。也可用30%苯醚甲·丙环乳油2000倍液茎叶喷雾。⑤用1%申嗪霉素水剂800倍液或40%菌核净可湿性粉剂600倍液灌根，防效62.7%。⑥种薯可用2.5%咯菌腈悬浮种衣剂拌种。

用量25g/L，马铃薯1 :（125～167）倍液。

马铃薯早疫病

症状 主要发生在叶片上，也可侵染块茎。叶片染病，病斑黑褐色，圆形或近圆形，具同心轮纹，直径3～4mm。湿度大时，病斑上生出黑色霉层，即病原菌分生孢子梗及分生孢子，发病严重的叶片干枯脱落，致一片枯黄。块茎染病，产生暗褐色稍凹陷圆形或近圆形斑，边缘分明，皮下呈浅褐色海绵状干腐。该病近年呈上升趋势，其为害有的不亚于晚疫病。

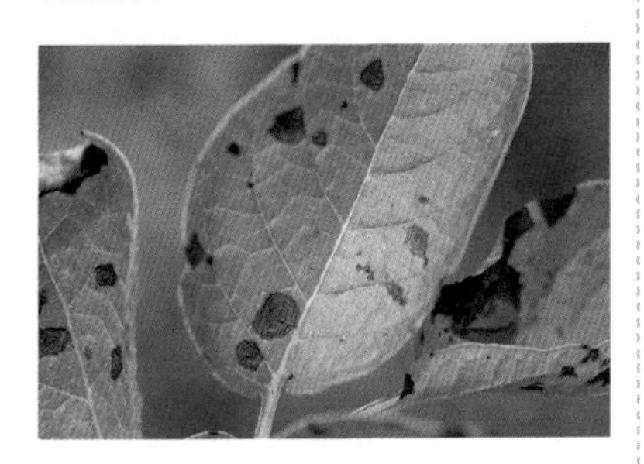

马铃薯早疫病病叶

病原 *Alternaria solani* Sorauer，异名*A. solani*（Ell. et Mart.）Jones et Grout.，称茄链格孢菌，属真菌界子囊菌门无性型链格孢属。

传播途径和发病条件 以分生孢子或菌丝在病残体或带病薯块上越冬。翌年种薯发芽时，病菌即开始侵染。病苗出土后，其上产生的分生孢子借风、雨传播，进行多次再侵染，使病害蔓延扩大。病菌易侵染老叶片。遇有小到中雨或连续阴雨，或湿度高于70%，该病易发生和流行。分生孢子萌发适温26～28℃。当叶上有结露或水滴，温度适宜，分生孢子经35～45min即萌发，从叶面气孔或穿透表皮侵入，潜育期2～3天。瘠薄地块及肥力不足时发病重。

防治方法 ①选用早熟耐病品种，适当提早收获。②选择土壤肥沃的高燥田块种植，增施有机活性肥或腐熟有机肥，推行配方施肥，提高寄主抗病力。③药剂防治。国外防治马铃薯早疫病药剂有多菌灵、嘧菌酯、苯醚甲环唑、异菌脲、嘧霉胺等。国内主要用代森锰锌、多菌灵、百菌清、多氧霉素等，2009年、2010年河北坝上主产区监测发现，马铃薯早疫病菌对多菌灵普遍产生抗药性，对异菌脲、苯醚甲环唑、吡唑醚菌酯未产生抗药性。室内毒力测定表明，苯醚甲环唑、咯菌腈、吡唑醚菌酯对早疫病菌菌丝生长具有很强的抑制作用。田间药效试验结果表明，防治马铃薯早疫病50%咯菌腈可湿性粉剂5000倍液、10%苯醚甲环唑水分散粒剂600倍液、25%嘧菌酯悬浮剂1500倍液是首选。

马铃薯晚疫病和烂窖

2012年马铃薯晚疫病在全国大发生，损失惨重。

症状 主要侵害叶、茎和薯

块。叶片染病，先在叶尖或叶缘生水浸状绿褐色斑点。病斑周围具浅绿色晕圈。湿度大时，病斑迅速扩大，呈褐色，并产生一圈白霉，即孢囊梗和孢子囊，尤以叶背最为明显。干燥时，病斑变褐干枯，质脆易裂，不见白霉，且扩展速度减慢。茎部或叶柄染病，现褐色条斑。发病严重的叶片萎垂，卷缩，终致全株黑腐，全田一片枯焦，散发出腐败气味。块茎染病，初生褐色大块病斑，稍凹陷，病部皮下薯肉亦呈褐色，慢慢向四周扩大或烂掉。马铃薯在储藏期薯块表面现暗色或紫色凹陷斑，深入薯内1cm，湿度大时病部长出白霉，造成烂窖。

病原 *Phytophthora infestans* (Mont.) de Bary，称致病疫霉菌，属假菌界卵菌门疫霉属。菌物的孢囊梗分化比腐霉菌明显，孢子囊卵形、倒梨形或近球形，顶部具乳突，半乳突或无乳突，一般单独顶生在孢囊梗上，偶尔间生；萌发后产生游动孢子，或直接萌发产生芽管。游动孢子卵形或肾形，侧生双鞭毛，休眠后形成细胞壁，球形，称为休止孢。厚垣孢子多为球形，无色至褐色，顶生或间生。藏卵器球形，内有1个卵孢子，卵孢子球形；雄器围生或侧生。疫霉属的游动孢子在孢子囊内形成别于腐霉属的游动孢子。致病疫霉是疫霉属模式种，为害番茄引起晚疫病，1845～1846年爱尔兰因马铃薯晚疫病暴发成灾引起爱尔兰大饥荒举世震惊。因疫病具有流行性和毁灭性，因此称为疫病。

传播途径和发病条件 病菌主要以菌丝体在薯块中越冬。播种带菌薯块，导致不发芽或发芽后出土即死去。有的出土后成为中心病株，病部产生孢子囊，借气流传播进行再侵染，形成发病中心，致该病由点到面，迅速蔓延扩大。病叶上的孢子囊还可随雨水或灌溉水渗入土中侵染薯块形成病薯，造成烂窖并成为翌年主要侵染源。病菌喜日暖夜凉高湿条件，相对湿度95%以上，18～22℃条件下，有利孢子囊的形成。冷凉（10～13℃，保持1～2h）又有水滴存在，有利孢子囊萌发产生游动孢子。温暖（24～25℃，持续5～8h）有水滴存在，有利孢子囊直接产出芽管。因此，多雨年份、空气潮湿或温暖多雾条件下发病重。种植感病品种，植株又处于开花阶段，只要出现持续48h白天22℃左右，相对湿度高于95%持续8h以上；夜间10～13℃，叶上有水滴，持续11～14h的高湿条件，本病即可发生。发病后10～14天病害蔓延全田或引起大流行。

马铃薯晚疫病叶缘背面症状

马铃薯晚疫病病茎和病叶

马铃薯晚疫病湿度大条件下叶面症状

马铃薯致病疫霉菌烂窖

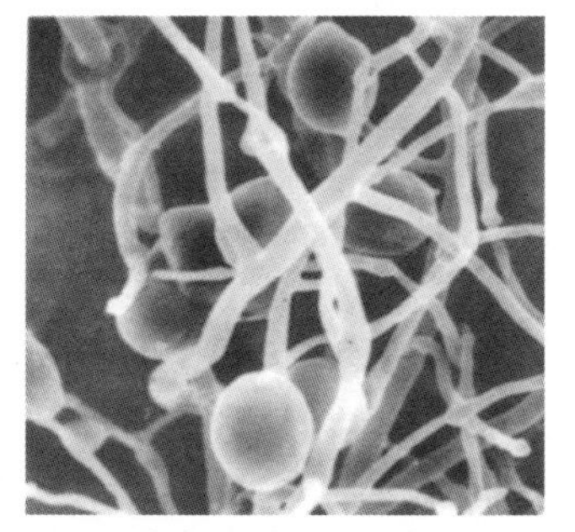

致病疫霉菌孢囊梗和孢子囊

防治方法 ①选用抗病品种。国内选育的抗病品种有陇薯6号、庄薯3号、新大坪、克新2号、克新3号、克新4号、克新7号、克新10号、克新11号、东农303、黑龙江1号、跃进、虎头、坝薯9号、坎薯10号、晋薯2号、晋薯3号、晋薯4号、晋薯5号、晋薯7号、同薯3号、同薯5号、系薯1号、金抗白、春薯1号、春薯2号、春薯3号、胜利1号、陇薯2号、陇薯3号、宁薯5号、高原1号、高原2号、高原3号、高原4号、沙杂15号、文胜4号、安农5号、乌盟601、乌盟623、内薯2号、内薯3号、万芋9号、双丰收、新芋4号、鄂芋783-1、五台白、丰收白等。各地可因地制宜选用。②选用无病种薯，减少初侵染源。做到秋收入窖，冬藏查窖、出窖、切块、春化等过程中，每次都要严格剔除病薯。有条件的要建立无病留种地，进行无病留种。③加强栽培管理。适期早播，选土质疏松、排水良好田块，促使植株健壮生长，增强抗病力。④提倡用0.3%的68%精甲霜·锰锌可湿性粉剂拌种，防效79%～83%，且增产效果明显。1845年马铃薯晚疫病在爱尔兰暴发，至今一直是生产上的毁灭性病害，其原因可认为致病疫霉菌的群体结构有时出现变化，造成晚疫病不好防。疫霉群体结构的变化可采用测定致病疫霉表现型即交配型，甲霜灵抗性和生理小种及基因型结构来衡量。20世纪80年代生产上致病疫霉的“新”群体在全世界扩散，造成致病疫霉群体结构的组成与变化更加复杂。1996年有专家首次报道了我国产生A2交配型以来，伴随致病疫霉甲霜灵抗性群体的产生，由于A2交配型菌株与已有的A1交配型菌株可进行有性生殖，造成寄生适合度更高的后代菌株出现，这就更加快了中国致病疫霉群体表型的变异。2018年路粉、赵建江等研究表明河北、内蒙古和吉林地区马铃薯晚疫病菌对甲霜灵普遍产生抗性，导致25%甲霜灵悬浮剂、68%精甲·锰锌水分散粒剂和64%噁霜·锰锌可湿性粉剂等苯基酰胺类杀菌剂田间防治效果明显下降，生产中应暂停使用含甲霜灵、精甲霜灵和噁霜灵的杀菌剂防治马铃薯晚疫病。10%氟噻唑吡乙酮可分散油悬浮剂、50%氟醚菌酰胺水分散粒剂、50%烯酰吗啉可湿性粉剂、687.5g/L氟吡菌胺·霜霉威悬浮剂、16%氟噻唑吡乙酮·嘧菌酯悬浮剂和26%氟噻唑吡乙酮·双炔酰菌胺悬浮剂等作用机理不同的药剂可以作为甲霜灵的高效替代药剂。代森锰锌等广谱性保护剂与嘧菌酯、烯酰吗啉、氟吗啉、氟噻唑吡乙酮和氟吡菌胺·霜霉威等高效内吸剂交替使用，可对抗甲霜灵地区的马铃薯晚疫病进行有效治理。

马铃薯早死病

症状 又称马铃薯黄萎病或早死病。发病初期由叶尖沿叶缘变黄，从叶脉向内黄化，后变色部变褐干枯，但不卷曲，直到全部复叶枯死，不脱落。根茎染病，初症状不明显，当叶片黄化后，剖开根茎处维管束已褐变，后地上茎的维管束也变褐色。块茎染病，始于脐部，维管束变浅褐色至褐色，纵切病薯可见“八”字形半圆形变色环。

马铃薯早死病病株

病原 *Verticillium dahliae* Kleb.，称大丽轮枝菌，属真菌界子囊菌门无性型轮枝孢属。

传播途径和发病条件 该病是典型土传维管束萎蔫病害，病菌在土壤中、病残秸秆上的微菌核及薯块上越冬。翌年种植带菌的马铃薯即引起发病，病菌在体内蔓延，在维管束内繁殖，并扩展到枝叶，该病在当年不再进行重复侵染。病菌发育适温19～24℃，最高30℃，最低5℃，菌丝、菌核60℃经10min死亡。一般气温低，种薯块伤口愈合慢，利于病菌从伤口侵入，从播种到开花，日均温低于15℃，持续时间长，发病早且重，此间气候温暖，雨水调和，病害明显减轻；地势低洼、施用未腐熟的有机肥，灌水不当及连作地发病重。

防治方法 ①选育抗病品种。如国外的阿尔费、迪辛里、斯巴恩特、贝雷克等较耐病。②施用酵素菌沤制的堆肥或充分腐熟有机肥。③播种前种薯用0.2%的50%多菌灵可湿性粉剂浸种1h再播种。④与非茄科作物实行4年以上轮作。⑤发病重的地区或田块，每667m^{2}用50%多菌灵2kg进行土壤消毒，发病初期喷50%甲基硫菌灵悬浮剂600倍液或50%多菌灵可湿性粉剂600倍液。此外可浇灌54.5%噁霉・福可湿性粉剂650倍液，每株灌对好的药液0.5L或用12.5%增效多菌灵浓可溶剂200～300倍液，每株浇灌100ml，隔10天1次，灌1次或2次。

马铃薯枯萎病

症状 初地上部出现萎蔫，剖开病茎、薯块维管束变褐，湿度大时，病部常产生白色至粉红色菌丝。

病原 *Fusarium oxysporum* Schl.，称尖镰孢菌，属真菌界子囊菌门无性型镰刀菌属。

马铃薯枯萎病病株

传播途径和发病条件 病菌以菌丝体或厚垣孢子随病残体在土壤中或在带菌的病薯上越冬。翌年病部产生的分生孢子借雨水或灌溉水传播，从伤口侵入。田间湿度大、土温高于28℃或重茬地、低洼地易发病。

防治方法 ①与禾本科作物或绿肥等进行4年轮作。②选择健薯留种，施用腐熟有机肥，加强水肥管理，可减轻发病。③必要时可浇灌50%咯菌腈可湿性粉剂5000倍液或25%咪鲜胺乳油1000倍液、70%噁霉灵可湿性粉剂1500倍液。

马铃薯叶枯病

症状 主要为害叶片，多发生在中下部衰老叶片上。靠近叶缘或叶尖处或叶面上产生绿褐色坏死斑点，后扩展成近圆形至不定形或“V”字形灰褐色或红褐色病斑，四周常褪绿黄化，严重的致叶片枯焦，后期病斑上产生少量黑褐色小粒点，即病菌载孢体——分生孢子器。茎蔓染病，产生形状不定的灰褐色坏死斑，后期也生黑褐色小点。

马铃薯叶枯病

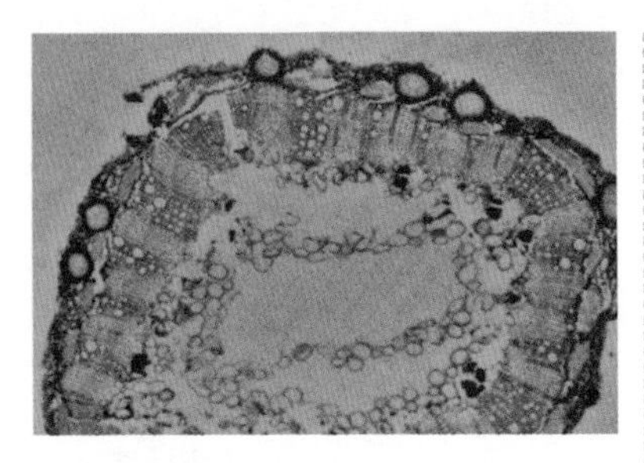

在马铃薯茎部横断面产生的分生孢子器

病原 *Macrophomina phaseoli*（Maubl.）Ashby，称广生亚大茎点菌（菜豆壳球孢），属真菌界子囊菌门大茎点霉属。该菌在叶片上不常产生分生孢子器。茎上产生的分生孢子器球形，散生在寄主的表皮下，有孔口，分生孢子长椭圆形至近圆筒形，单胞无色。微菌核，其表面光滑，近圆形。

传播途径和发病条件 病菌以菌核或随病残体上的菌丝在土壤中越冬。遇有适宜条件时，产生分生孢子，借灌溉水或雨水溅射到马铃薯茎蔓或叶片上引起发病，此后病部又产生分生孢子进行再侵染，温暖高湿土壤贫瘠，管理跟不上易发病。种植过密、湿气滞留田块发病重。

防治方法 参见马铃薯早疫病。

马铃薯干腐病

据甘肃定西地区切薯调查，马铃薯干腐病发病率达27.59%，其中马铃薯干腐病占88.5%，成为造成定西地区储藏期损失的主要病害。

症状 干腐病主要为害块茎。病薯外表现黑褐色，稍凹陷斑块，切开病薯，腐烂组织呈淡褐色或黄褐色、黑褐色、黑色，病薯出现空洞。该病斑多发生在块茎脐部，初期在块茎病部表面现暗色凹痕，后薯皮皱缩或产生不规则折叠。发病重的块茎病部边缘现浅灰色或粉红色多泡状凸起，剥去薯皮病组织呈浅褐色至黑褐色粒状，并有暗红色斑，髓部有空腔，干燥时菌丝充满空腔。湿度大时，病部呈肉色糊状，无特殊气味，干燥时，内部组织呈褐色，干硬或皱缩。

马铃薯干腐病病薯

马铃薯干腐病切面的症状

病原 *Fusarium sulphureum* Schlechlendahl，称硫色镰刀菌，属

真菌界子囊菌门镰刀菌属。此外我国报道的病原有*F.coeruleum*、*F. solani*、*F.oxysporum*、*F.avenaceum*、*F.mo-nili forme*、*F. flocciferum*、*F.semit- ectum*、*F.tricinctum*、*F.roseum* 等。

传播途径和发病条件 该病是土传病害。病菌存在于病马铃薯上或残留在土壤中越冬。通过收挖或运输或虫伤或擦伤表皮的薯块侵入，也可通过块茎皮孔、芽眼等自然伤口侵入。被侵染的薯块腐烂，污染土壤，加重了该病的发生。生产上储藏前2个月发生较轻，2个月后扩展明显。尤其是窑藏的较不窖藏的发病重，窖内温度高、湿度大受害重。

防治方法 ①储藏窖消毒。储前几天用硫黄粉熏蒸消毒，也可选用15%百·腐烟剂或45%百菌清烟剂熏蒸消毒。②把好选薯入窖关，要严格剔除病薯和带有伤口的薯块，入窖前放在阴凉透风的场所堆放3天，降低薯块中的湿度，以利伤口愈合，产生木栓层，可减少发病。③储藏期间控制窖内的温湿度，必要时用烟雾剂消毒，防治病菌向邻近块茎侵染。

马铃薯白绢病

症状 主要为害块茎。薯块上密生白色丝状菌丝，并有棕褐色圆形菜籽状小菌核，切开病薯皮下组织变褐。病株渐渐萎蔫，叶片变黄，最后全株枯死。

马铃薯白绢病

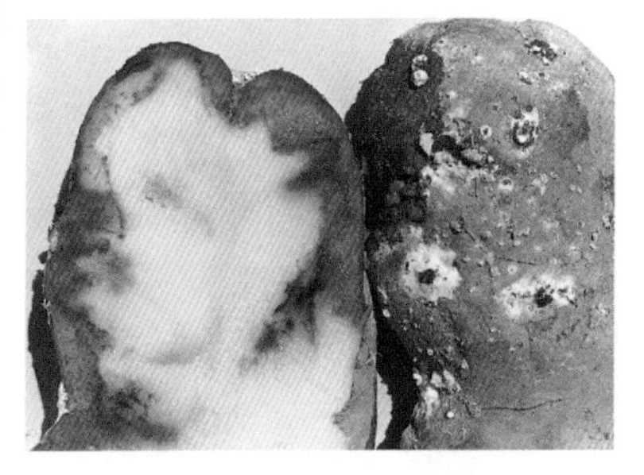

马铃薯白绢病菌丝和小菌核

病原 *Sclerotium rolfsii* Sacc.，称齐整小核菌，属真菌界子囊菌门小核菌属。有性态为 *Athelia rolfsii*（Curzi）Tu.& Kimbrough，称罗耳阿太菌，属真菌界担子菌门阿太属。

传播途径和发病条件 以菌核或菌丝留在土中或附在病残体上越冬。条件适宜时，菌核萌发产生菌丝，从根部或近地表茎基部侵入，形成中心病株，后在病部表面产生白色绢丝状菌丝体及小菌核，继续向四周扩展。南方6～7月高温潮湿、行间通风透光不良的连作地发病重。

防治方法 ①发病重的地区提倡与水稻等进行水旱轮作，效果好。②发病初期，在菌核形成前拔除病株，病穴撒生石灰消毒。③用

78% 波尔·锰锌可湿性粉剂 600 倍液或 40% 菌核净水乳剂 600 倍液，于发病初期灌穴或淋施 1 ～ 2 次，隔 15 ～ 20 天 1 次有效。也可用 50% 甲基立枯磷可湿性粉剂 150g 与 15kg 细土拌匀撒在病穴内。

马铃薯炭疽病

症状 马铃薯染病后，早期叶色变淡，顶端叶片稍反卷，后全株萎蔫变褐枯死。地下根部染病，从地面至薯块的皮层组织腐朽，易剥落，侧根局部变褐，须根坏死，病株易拔出。茎部染病，生许多灰色小粒点，茎基部空腔内长很多黑色粒状菌核。

马铃薯炭疽病病茎症状

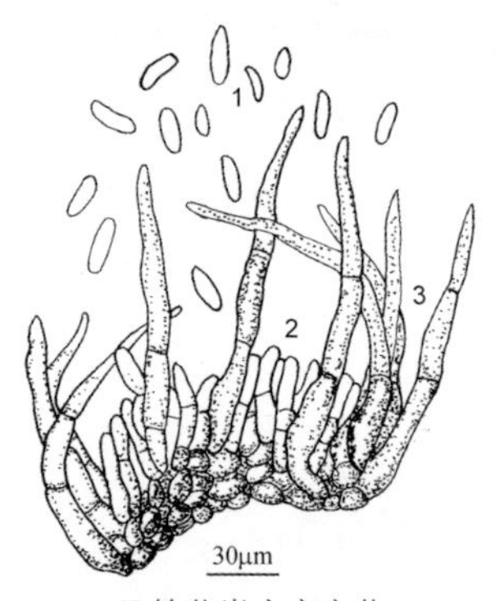

马铃薯炭疽病病菌

1—分生孢子；2—分生孢子盘；3—刚毛

病原 *Colletotrichum coccodes* (Wallr.) Hughes，异名 *C.atramentarium* (Berk. et Br.) Taub.，称球炭疽菌，属真菌界子囊菌门炭疽菌属。病菌在 PDA 培养基上菌丝乳白色，表生，产生大量菌核。分生孢子盘聚生在菌核上，黑褐色，直径 220 ～ 320μm。刚毛聚生或散生于分生孢子盘中，褐色至暗褐色，刚硬，至上端渐细，(50.9 ～ 174.6) μm×(2.4 ～ 4.8) μm，平均 100.3μm×4.2μm，有 1 ～ 3 个隔膜。分生孢子直或纺锤形，上尖下圆、无色，单胞，大小 (15.07 ～ 24.66) μm×(2.58 ～ 4.45) μm，平均 20.32μm×(3.63 ～ 5) μm。

传播途径和发病条件 主要以菌丝体在种子里或病残体上越冬。翌春产生分生孢子，借雨水飞溅传播蔓延。孢子萌发产出芽管，经伤口或直接侵入。生长后期，病斑上产生的粉红色黏稠物内含大量分生孢子，通过雨水溅射传到健薯上，进行再侵染。高温、高湿发病重。

防治方法 ①及时清除病残体。②避免高温高湿条件出现。③发病初期开始喷洒 32.5% 苯甲·嘧菌酯悬浮剂 1500 倍液或 30% 戊唑·多菌灵悬浮剂 800 倍液、250g/L 嘧菌酯悬浮剂 1000 倍液、70% 代森联水分散粒剂 600 倍液、25% 咪鲜胺可湿性粉剂 1000 倍液。

马铃薯粉痂病

症状 主要为害块茎及根部，

有时茎也可染病。块茎染病，初在表皮上现针头大的褐色小斑，外围有半透明的晕环，后小斑逐渐隆起、膨大，成为直径3～5mm不等的疱斑，其表皮尚未破裂，为粉痂的封闭疱阶段。后随病情的发展，疱斑表皮破裂、反卷，皮下组织现橘红色，散出大量深褐色粉状物（孢子囊球）。疱斑下陷呈火山口状，外围有木栓质晕环，为粉痂的"开放疱"阶段。根部染病，于根的一侧长出豆粒大小、单生或聚生的瘤状物。

马铃薯粉痂病病薯

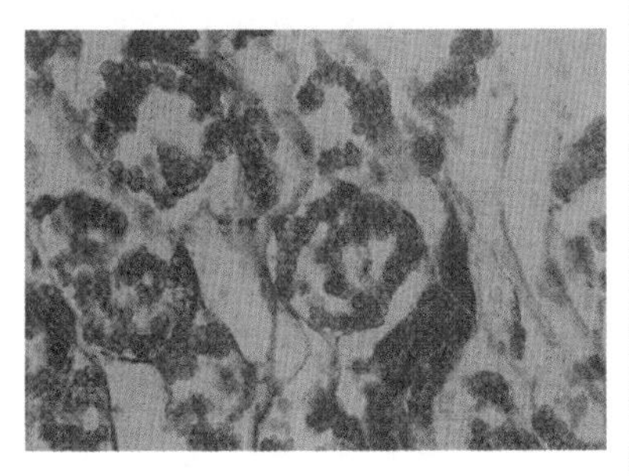

马铃薯细胞中的马铃薯粉痂菌休眠孢团切面

病原 *Spongospora subterranea* (Wallr.) Lagerh，称粉痂菌，属原生动物界根肿菌门粉痂菌属。粉痂病疱斑破裂散出的褐色粉状物为病菌的休眠孢子囊球（休眠孢子团），由许多近球形的黄色至黄绿色的休眠孢子囊集结而成，外观如海绵状球体，直径19～33μm，具中腔空穴。休眠孢子囊球形至多角形，直径3.5～4.5μm，壁不太厚，平滑，萌发时产生游动孢子。游动孢子近球形，无胞壁，顶生不等长的双鞭毛，在水中能游动，静止后成为变形体，从根毛或皮孔侵入寄主内致病，故游动孢子及其静止后所形成的变形体，成为本病初侵染源。

传播途径和发病条件 病菌以休眠孢子囊球在种薯内或随病残体遗落土壤中越冬。病薯和病土成为翌年本病的初侵染源。病害的远距离传播靠种薯的调运；田间近距离的传播则靠病土、病肥、灌溉水等。休眠孢子囊在土中可存活4～5年，当条件适宜时，萌发产生游动孢子。游动孢子静止后成为变形体，从根毛、皮孔或伤口侵入寄主。变形体在寄主细胞内发育，分裂为多核的原生质团。到生长后期，原生质团又分化为单核的休眠孢子囊，并集结为海绵状的休眠孢子囊球，充满寄主细胞内。病组织崩解后，休眠孢子囊球又落入土中越冬或越夏。土壤湿度90%左右，土温18～20℃，土壤pH值4.7～5.4，适于病菌发育，因而发病也重。一般雨量多、夏季较凉爽的年份易发病。本病发生的轻重主要取决于初侵染及初侵染病原菌的数量，田间再侵染即使发生也不重要。

防治方法 ①严格执行检疫制度，对病区种薯严加封锁，禁止外调。②病区实行5年以上轮作。③选用会-2、新芋4号、鄂芋783-1等抗耐病品种。选留无病种薯，把好收获、储藏、播种关，汰除病薯，必要时可用2%盐酸溶液浸种5min，晾干播种。④增施腐熟有机肥或生物有机复合肥或磷钾肥，播种穴中施入适量豆饼，既作肥料又可防病。多施石灰或草木灰，改变土壤pH值。加强田间管理，提倡采用高畦栽培，避免大水漫灌，防止病菌传播蔓延。

马铃薯疮痂病

症状 马铃薯块茎表面先产生褐色小点，扩大后形成褐色圆形或不规则形大斑块，因产生大量木栓化细胞致表面粗糙，后期中央稍凹陷或凸起呈疮痂状硬斑块。病斑仅限于皮部不深入薯内，别于粉痂病。

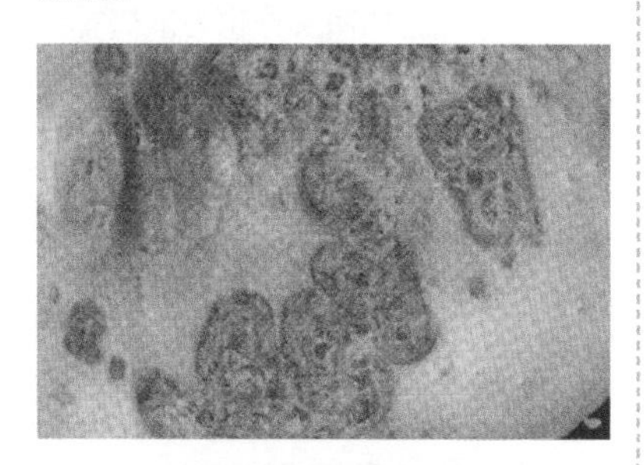

马铃薯疮痂病凸起状病斑

马铃薯疮痂病病薯凹陷状病斑

病原 *Streptomyces acidiscabies*，称马铃薯疮痂病菌，属细菌界厚壁菌门。菌落呈放射状而得名。菌丝直径0.4～1.0μm，一般无隔膜，细胞结构与典型细菌基本相同，无细胞核，细胞壁由肽聚糖组成。菌丝体可据其功能分为基内菌丝（又称营养菌丝）、细生菌丝和孢子丝，菌丝可产生色素，是鉴定该菌菌种的重要特征和依据。本种能侵染甘薯和马铃薯及萝卜、胡萝卜等。是有细胞壁的革兰氏阳性菌。

传播途径和发病条件 病菌在土壤中腐生，或在病薯上越冬。块茎生长的早期表皮木栓化之前病菌从皮孔或伤口侵入后染病。当块茎表面木栓化后，侵入则较困难。病薯长出的植株极易发病，健薯播入带菌土壤中也能发病。适合该病发生的温度为25～30℃，中性或微碱性沙壤土发病重，pH值5.2以下很少发病。品种间抗病性有差异，白色薄皮品种易感病，褐色、厚皮品种较抗病。

防治方法 ①选用泰山1号、中薯4号、春薯1号、白丰、五里白、豫马铃薯 2 号、鲁马铃薯 1 号等较抗此病的品种。选用无病种薯，不要从病区调种。②种植地块选偏酸性土壤发病轻。③种薯可用 0.1% 对苯二酚溶液浸种 30min。微型薯用 98% 棉隆颗粒剂处理育苗土，每平方米 30g。④发病初期喷淋 500g/L 氟啶胺悬浮剂 1500 ～ 2000 倍液，兼治粉痂病、白绢病。

马铃薯灰霉病

症状 该病发生在储藏期块茎上。病薯表皮皱缩，呈黄褐色半湿状腐烂，由伤口长出毛状密集的灰色霉层。

病原 *Botrytis cinerea* Pers.，称灰葡萄孢，属真菌界子囊菌门葡萄孢核盘菌属。

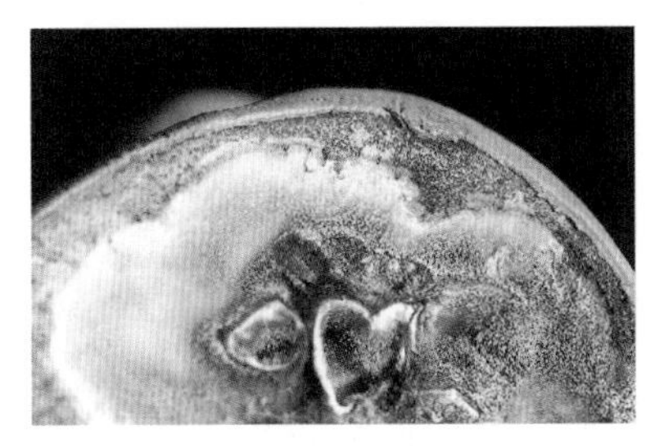

马铃薯灰霉病病薯

传播途径和发病条件 病菌从伤口侵入，遇有储藏窖湿度高可发病，在窖内传播蔓延。

防治方法 ①严格挑选种薯，尽量减少伤口。②发病初期喷淋 500g/L 氟啶胺悬浮剂 25 ～ 30ml/667m^2 对水 30 ～ 45L，兼治菌核病。

马铃薯褐腐病

症状 主要发生在储藏期薯块上，多在芽眼处产生中小型灰褐色凹陷斑，其上有开裂小孔，病菌后向薯块内部扩展，造成组织变褐腐烂，并形成不规则扁平的腔室。向外靠健康组织的部分变成褐色似木栓化，靠腔室一边为较厚的黑色菌丝层，其上产生灰黑色菌丝，菌丝上产生直立的暗褐色粗束梗，梗的上部膨大形成长椭圆体，基部细，成丛产生似毛刷。

病原 *Stysanus stemonitis*，称细基束梗孢，属真菌界无性态子囊菌门细基束梗孢属。菌丝体初无色后变淡褐至褐色，有隔，束梗丛生，最多有 7 根；束梗基部有假根，棒状体较束梗长，梗的中上部有 3 ～ 5 个分枝，分枝顶部膨大成棒状或长椭圆形。束梗长 73.5μm。从椭圆体两侧横向产生分枝，分枝上产生分生孢子。分生孢子单胞，淡青色椭圆形或卵圆形，常聚在一起而顶部分散，大小（4.7 ～ 6.5）μm×（2.9 ～ 4.7）μm。

马铃薯褐腐病

传播途径和发病条件 病原菌在病块茎上越冬，翌春产生分生孢子借风雨及土壤传播，带菌种薯是远距离传播重要途径，病菌分生孢子在5～40℃之间均可萌发，最适温度是25℃，水滴中萌发率最高，pH值中性偏碱较酸性萌发率高。

防治方法 ①使用不带菌的种薯，收获后选好保存好无病种薯，发现病薯及时淘汰。②发病初期喷洒70%丙森锌可湿性粉剂550倍液或35%多菌灵磺酸盐可湿性粉剂700倍液、70%代森锌可湿性粉剂800倍液。

马铃薯块茎坏疽病

是马铃薯储藏期间的重要病害，一般播种带病种薯不会造成显著减产，但有报道受害种薯可高达60%，减产20%左右。是一种危险性病害，我国将其列为进境植物检疫性有害生物。

症状 带病种薯出苗缓慢，株茎数量增加，茎的基部出现褐斑，并向上扩展，在茎和叶柄交接处症状明显。病组织变干凹陷。在衰老的茎组织上现大量小黑点，即病原菌分生孢子器。在块茎上发生小且暗的凹陷斑，斑内腐烂较大，橙红色或橙色或紫灰色，常形成洞穴。斑面生菌丝，灰色至暗褐色或紫色，病斑产生明显的边缘，病斑表面可见分生孢子器，针尖大小，从表皮内突出，薯块上产生平行褶皱是坏疽病典型症状。

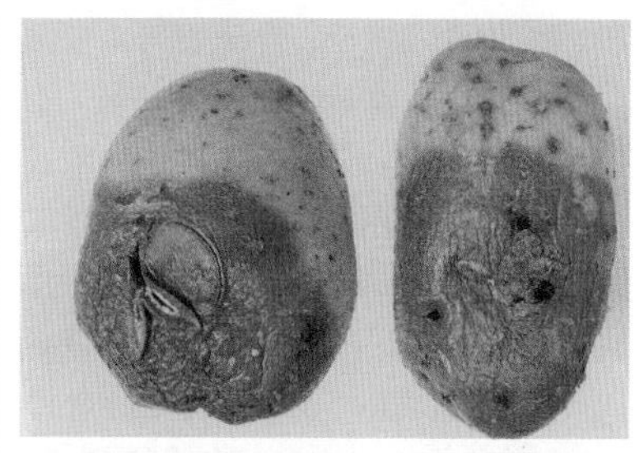

马铃薯块茎坏疽病症状（陈秀蓉摄）

病原 *Phoma exigua* var. *foreata*，称多变茎点霉凹窝皱皮变种。本书现采用《菌物词典》第10版（2008）的分类系统，属真菌界无性态子囊菌。第五类：分生孢子着生在分生孢子器内，在Ainsworth（1973）的分类系统中属半知菌门球壳孢目茎点霉属。分生孢子器散生或聚生，褐色，球形至扁圆形，大小（82～210）μm×（64～175）μm，有孔口，但不突出。分生孢子无色，椭圆形，大小（2.11～4.44）μm×（5.82～11.47）μm。菌丝生长温限2～30℃，最适温度20℃。分生孢子萌发温度10～30℃，最适温度20℃，要求相对湿度100%。该菌是土壤习居菌，能侵染马铃薯块茎。引起类似病害。

传播途径和发病条件 病原菌在种薯、田间病残体、带菌杂草、自生马铃薯或土壤内越冬，该菌在土壤中腐生2年，土壤温度高有利于病菌扩展。带病种薯调运是马铃薯远距离传播的主要途径，受传染马铃薯种薯表皮内发生潜伏侵染，产生病株，田间潮湿、风大有利于病害传播，也可随雨水流入土壤中，通过皮孔、芽眼或通过表皮侵入健薯。

防治方法 ①实行检疫。马铃薯块茎是远距离传播主要介体，不准从疫区调种，引进的块茎需进行检疫。②选用抗病品种十分重要。③加强田间管理。最重要的措施就是种植无病种薯，这需要在无病区繁育种薯。提倡实行3年以上轮作，增施磷肥和钙肥，提高薯块抗病力。要适时在晴天收获，不要在土温10℃以下收获，要小心操作，尽量减少伤口。④加强储运管理。入储前先搞好薯窖，储藏库进行清理消毒，入储前剔除伤、病薯，必要时用0.2%漂白粉液或0.05%硫酸铜溶液洗涤浸泡薯块，杀灭块茎皮孔和表皮潜伏病菌。薯块入窖后2周维持13～15℃，促进伤口愈合，然后保持储藏温度高于8℃，干燥。⑤药剂防治。国内筛选的10%苯醚甲环唑（世高）水分散粒剂1000倍液、32.5%苯甲•嘧菌酯（阿米妙收）悬浮剂1500倍液、75%肟菌•戊唑醇（拿敌稳）水分散粒剂3000倍液、50%咪鲜胺（施保功）可湿性粉剂1000倍液、75%丙森锌（安泰生）可湿性粉剂700倍液、30%苯醚甲环唑•丙环唑（爱苗）乳油3000倍液、68%精甲霜•锰锌（金雷）水分散粒剂700倍液防治马铃薯块茎坏疽病效果都不错。

马铃薯银腐病

又称马铃薯银屑病，分布普遍。马铃薯银腐病是块茎病害，主要影响种薯或鲜食薯外观，严重的薯块丧失商品性，并影响种薯活力。

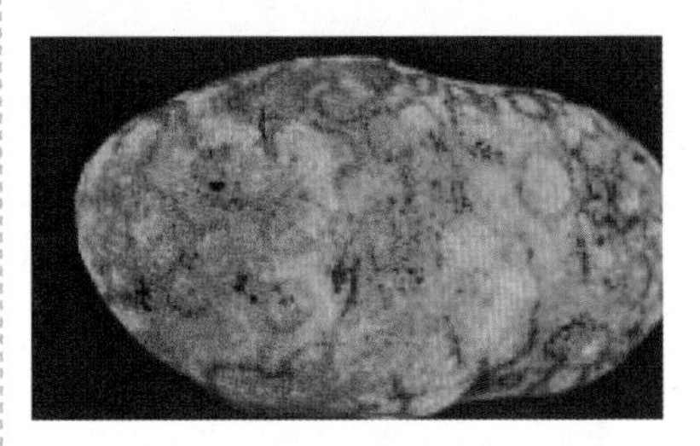

马铃薯银腐病症状

症状 种薯染病后会在表皮上产生银灰色病斑，表皮会产生很多小孔，长期储存出现严重失水，使种薯终于皱缩或腐烂，种薯发芽活性降低，产生的主茎也少。母薯上的病菌孢子主要侵染新生成的薯块，但在储藏期间也会相互传染，当储藏湿度超过90%时，病原菌产生大量分生孢子侵染薯块，造成表皮坏死。生产上红皮块茎症状更加明显。

病原 *Helminthosporium solani*，称茄长蠕孢，属真菌界无性态子囊菌门长蠕孢属。分生孢子梗褐色，光滑，直立，长600μm。分生孢子棍棒形，深褐色，具多数隔膜，表面光滑。基细胞处有大的黑褐色脐点，孢子萌发时从基细胞的脐总附近伸出一根芽管。

传播途径和发病条件 田间和储藏期都可发生侵染，种薯是主要初侵染源，只要种植带菌种薯都会发病，田间高湿利于侵染发病，适温 20 ～ 25℃，但在 5℃仍可发生侵染，当储藏环境相对湿度高于 90%，病原菌产生大量分生孢子，这时只要环境中存有自由水如冷凝水时，病薯产生的分生孢子就会使薯块感染。母薯上的分生孢子主要侵染新生成的薯块。

防治方法 ①防治该病关键技术是收获 1 周内使薯块尽快干燥。②储藏时要做好通风，防止湿度升高，千万不要产生冷凝水，储藏温度低于 4 ～ 5℃该病不会发生。③生产上块茎收获后没有晾干就要入窖储藏的必须要进行药剂处理。处理方法可试用 2.5% 咯菌腈悬浮种衣剂 25g/L 马铃薯 1 ：（125 ～ 167）倍液。

马铃薯块茎红腐病

症状 储藏期病害，块茎多在茎端开始发病，产生褐色斑块，与健部连接处产生黑色边缘。芽眼、皮孔等自然孔口先变暗色，并分泌出黏稠液体，可黏附土壤颗粒，发生此病的块茎形状不变，质地有弹性且不软腐，类似水煮过，横切块茎可见腐烂的部分与健部之间有明显黑色界线，切面暴露 15 ～ 20 分钟后，变成粉红色，以后又变成紫色或黑色，并散发氨气的刺鼻气味。挤压病薯，会流出清冽的液体，松开手后，薯块不再复原。发病重的茎基部变色腐烂，植株枯死。发病最严重的块茎损失达 50%。

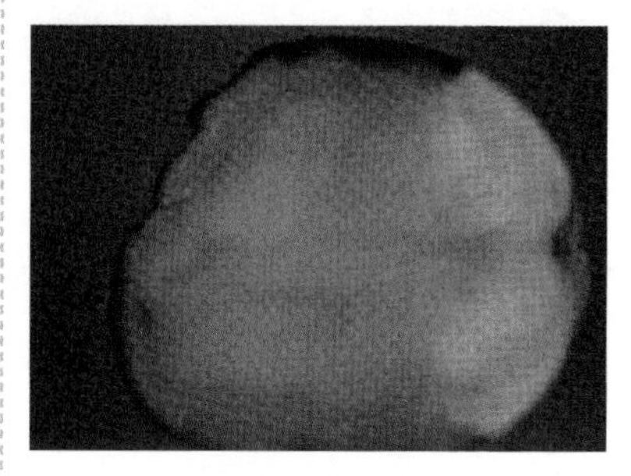

马铃薯块茎红腐病

病原 *Phytophthora erythroseptica*，称红腐疫霉，属假菌界卵菌门疫霉属。菌丝无色，无隔膜，有分枝。孢子囊卵形至柠檬形，（16 ～ 30）μm×（24 ～ 12）μm，孢子囊萌发后产生游动孢子，直径 8 ～ 12μm。

传播途径和发病条件 卵孢子混在腐烂的块茎中，球形。直径 20 ～ 38μm，卵孢子在病残体和土壤中存活 7 年以上。在温湿条件适宜时产生大量孢子囊和游动孢子，随雨水和灌溉水传播。15 ～ 20℃最适该菌在土壤内增殖。

在田间由病残体、病薯、黏附卵孢子的种薯、带菌的土壤及工具等进行传播。

防治方法 ①染病的薯块要单独储运，并使其尽快干燥。染病后不适宜长期储藏。②严格选留种薯，一定用健康无病的薯块作种。③收获时尽快清除病残体，集中烧毁。④必要时种薯要用2.5%咯菌腈拌种。方法参见马铃薯银腐病。

马铃薯黑疫病

症状 引起典型的黑色叶斑，病组织不凹陷。后期叶斑融合，叶片变黑焦枯。病菌也侵染其他茄科植物。

马铃薯黑疫病病叶

病原 *Phoma undigena*，称黑疫病菌，属真菌界子囊菌门茎点霉属*Phoma*。分生孢子器释放大小两种孢子，仅大分生孢子有侵染能力，小孢子不能侵染。

传播途径和发病条件 病菌以分生孢子器形态存活于土壤中的植物残体上，湿度高和降雨适合其侵染，从土表溅起的分生孢子可侵染马铃薯叶片。分生孢子器释放大小两种分生孢子，仅大孢子有侵染能力，大分生孢子（14～22）μm×（5～7）μm。

防治方法 参见马铃薯块茎红腐病。

马铃薯皮斑病

症状 该菌在土壤内侵染块茎，但在收获时多不显症，难以发现。入窖后2个月左右病块茎多以皮孔为中心，长出近圆形凹陷斑点，中部略高，初期颜色较周围表皮略深，后变为紫褐色，稍有光泽。地下根、茎上也可生浅褐色病斑，后扩展成长条形，色泽变深，常破裂。

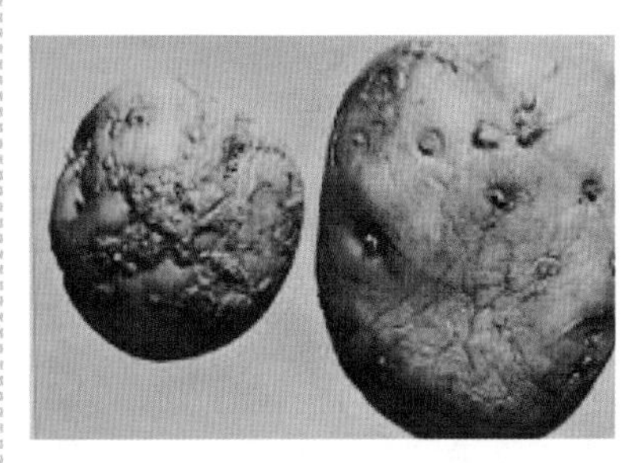

马铃薯皮斑病

病原 *Polyscytalum pustulans*，称马铃薯皮斑病菌，属真菌界无性态子囊菌。菌丝无色至浅褐色，直径2～4μm，由分枝分化产生分生孢子梗和分生孢子。分生孢子串生，单个孢子，无色，椭圆形至圆筒形，大小（6～12）μm×（2～3）μm。

传播途径和发病条件 病原真菌可在土壤中存活8年以上，多湿冷凉天气有利于侵染发病。在块茎储藏期间，病情继续扩展蔓延。主要靠带病块茎传播。

防治方法 ①种薯入窖之前要晾晒，使其尽快干燥，迅速把窖温控制在3～4℃。②播种时严格检查发现病薯立即汰除。不得拖延，严防窖内薯块大量腐烂，造成极大损失。

马铃薯酸腐病

症状 酸腐菌侵染薯块会产生烂薯，生长期或储藏期均有发生，初期病薯表面产生近圆形至不规则形略凹陷病斑，病部表面产生紧密的一层白色霉块，大小不一，有弹性，薯肉在一段时间之后变成肉粉色，切开薯块会散发出酸味。

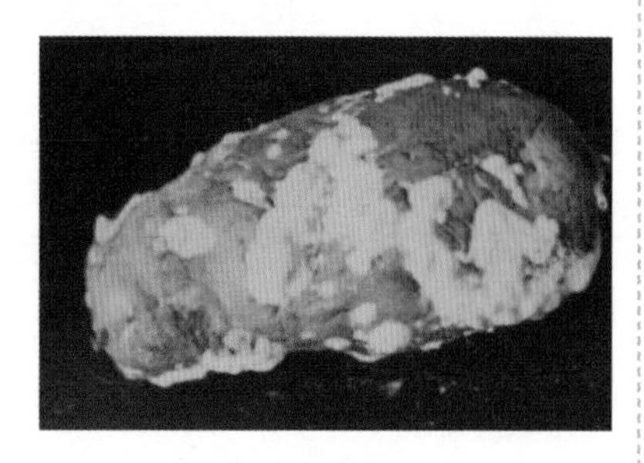

马铃薯酸腐病

病原 *Oospora pustulans*，称马铃薯皮斑卵形孢霉，属真菌界无性态子囊菌门马铃薯皮斑卵形孢属。

传播途径和发病条件 病菌以菌丝随病残组织在土壤中存活越冬，随病薯或病土传播。当薯块在潮湿泥土中太久时此病会发生。

防治方法 ①注意保持田间排水通畅。②收获后快速晾干薯块并保持干燥。③保持较低的储存温度及良好通风环境，发现病薯要及时清除。

马铃薯癌肿病

症状 主要为害地下部。被害块茎或匍匐茎由于病菌刺激寄主细胞不断分裂，形成大大小小花菜头状的瘤，表皮常龟裂。癌肿组织前期呈黄白色，后期变黑褐色，松软，易腐烂并产生恶臭。病薯在窖藏期仍能继续扩展为害，甚者造成烂窖，病薯变黑，发出恶臭。地上部染病时，田间病株初期与健株无明显区别，后期病株较健株高，叶色浓绿，分枝多。重病田块部分病株的花、茎、叶均可被害而产生癌肿病变。

病原 *Synchytrium endobioticum*（Schilbersky）Percival，称内生集壶菌或马铃薯癌肿菌，属真菌界壶菌门。病菌内寄生。其营养菌体初期为一团无胞壁裸露的原生质（称变形体），后为具胞壁的单胞菌体。当病菌由营养生长转向生殖生长时，整个单胞菌体的原生质就转化为具有一个总囊壁的休眠孢子囊堆。孢子囊堆近球形，大小（47～100）μm×（78～81）μm，内含若干个孢子囊。孢子囊球形，锈褐色，大小（40.3～77）μm×（31.4～64.6）μm，壁具脊突，萌发时释放出游动孢子或合子。游动孢子具单鞭毛，球形或洋梨形，直径2～2.5μm。合子具双鞭毛，形状如游动孢子，但较大。游动孢子及合子在水中均能游动。合子也可进行初侵染和再侵染。

马铃薯癌肿病病株长出的肿瘤

马铃薯癌肿病薯块上的肿瘤

马铃薯癌肿病根颈部的肿瘤

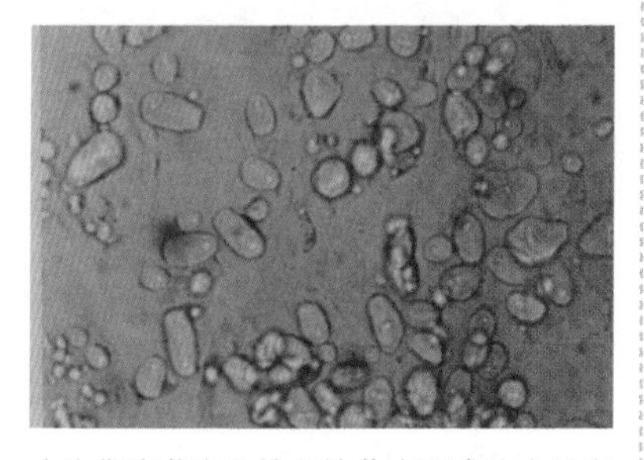

内生集壶菌在马铃薯块茎内形成的孢子囊

传播途径和发病条件 病菌以休眠孢子囊在病组织内或随病残体遗落土中越冬。休眠孢子囊抗逆性很强，甚至可在土中存活25～30年，遇条件适宜时，萌发产生游动孢子和合子，从寄主表皮细胞侵入，经过生长产生孢子囊。孢子囊可释放出游动孢子或合子进行重复侵染，并刺激寄主细胞不断分裂和增生。在生长季节结束时，病菌又以休眠孢子囊转入越冬。病菌对生态条件的要求比较严格，低温多湿、气候冷凉、昼夜温差大、土壤湿度高、温度在12～24℃的条件有利于病菌侵染。本病目前主要发生于四川、云南，而且疫区一般在海拔2000m左右的冷凉山区。此外，土壤有机质丰富和酸性条件有利于发病。

防治方法 ①严格检疫，划定疫区和保护区。严禁疫区种薯向外调运。病田的土壤及其上生长的植物也严禁外移。②选用抗病品种。品种间抗性差异大，我国云南的马铃薯品种米粒表现高抗，此外，金红、卡久、黑皮阿坝、凉薯97、抗疫白、西北果、疫不加、阿奎拉、卡它丁、七百万、费乌瑞它等都是抗病品种，可因地制宜选用。③重病地不宜种马铃薯，一般病地也应根据实际情况改种非茄科作物。④加强栽培管理，做到勤中耕，施用净粪，增施磷钾肥，及时挖除病株集中烧毁。⑤必要时病地进行土壤消毒。⑥及早施药防治。坡度不大、水源方便的田块于70%

植株出苗至齐苗期，用20%三唑酮乳油1500倍液浇灌；在水源不方便的田块可于苗期、蕾期喷施20%三唑酮乳油1500倍液或250g/L嘧菌酯悬浮剂1000倍液，每667m^{2}喷对好的药液50～60L。

马铃薯青枯病

症状 植株染病，病株稍矮缩，叶片浅绿或苍绿，下部叶片先萎蔫后全株下垂，开始早晚恢复，持续4～5天后全株茎叶全部萎蔫死亡，但仍保持青绿色，叶片不凋落，叶脉褐变。茎出现褐色条纹，横剖可见维管束变褐。湿度大时，切面有细菌液溢出。块茎染病，轻的不明显，重的脐部呈灰褐色水浸状，切开薯块，维管束圈变褐，挤压时溢出白色黏液，但皮肉不从维管束处分离。严重时，外皮龟裂，髓部溃烂如泥，别于枯萎病。

病原 *Ralstonia solanacearum*（Smith）Yabuuchi et al.，称茄青枯劳尔氏菌，属细菌界薄壁菌门。

传播途径和发病条件 病菌随病残组织在土壤中越冬，侵入薯块的病菌在窖里越冬，无寄主可在土中腐生14个月至6年。病菌通过灌溉水或雨水传播，从茎基部或根部伤口侵入，也可透过导管进入相邻的薄壁细胞，致茎部出现不规则水浸状斑。青枯病是典型维管束病害，病菌侵入维管束后迅速繁殖并堵塞导管，妨碍水分运输导致萎蔫。该菌在10～40℃均可发育，最适为30～37℃，适宜pH值6～8，最适pH值6.6，一般酸性土发病重。田间土壤含水量高、连阴雨或大雨后转晴、气温急剧升高发病重。

马铃薯青枯病病株

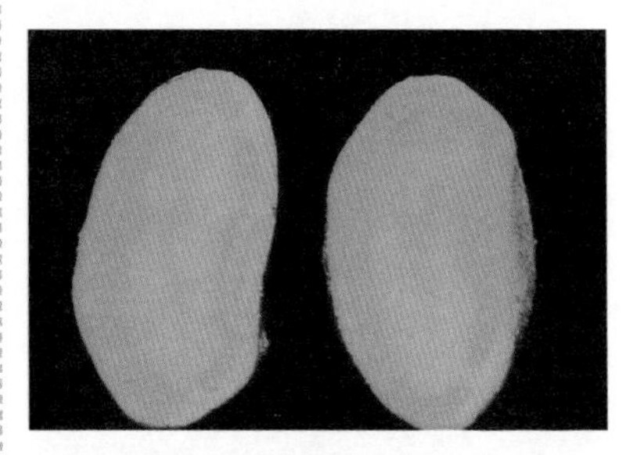

马铃薯青枯病薯块切面症状

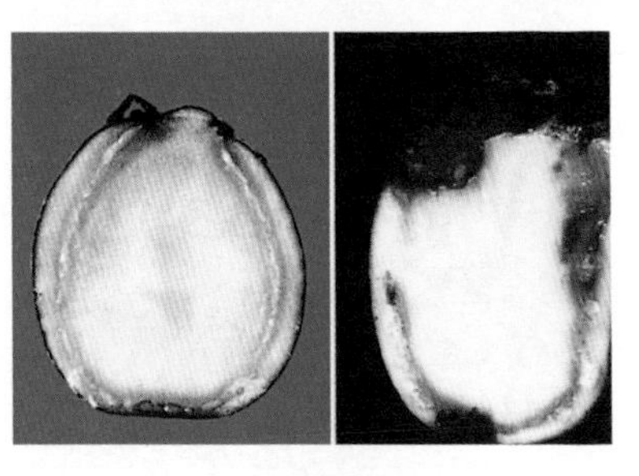

马铃薯青枯病发病薯块初期（左）和后期症状

防治方法 ①选用怀薯6号、阿奎拉、新芋4号、鄂芋783-1、鄂马铃薯3号等较抗病的品种。②用枯草芽胞杆菌菌株0702或Gp7～Gp13按5g/667m^{2}制成粉状制剂处理种薯，防青枯病效果好。③试浇灌80%乙蒜素乳油1100倍液。

马铃薯黑胫病

症状 主要侵染茎或薯块，从苗期到生育后期均可发病。种薯染病，腐烂成黏团状，不发芽或刚发芽即烂在土中，不能出苗。幼苗染病，一般株高15～18cm出现症状，植株矮小，节间短缩或叶片上卷，褪绿黄化或胫部变黑，萎蔫而死，横切茎可见3条主要维管束变为褐色。薯块染病，始于脐部呈放射状向髓部扩展，病部黑褐色，横切可见维管束亦呈黑褐色，用手压挤皮肉不分离。湿度大时，薯块变为黑褐色，腐烂发臭，别于青枯病。

马铃薯黑胫病病茎变褐

病原 *Erwinia carotovora* subsp. *atroseptica*（van Hall）Dye，称胡萝卜软腐欧文氏菌黑腐致病型，属细菌界薄壁菌门欧氏杆菌属中造成软腐的一个低温类型。该菌适宜温度10～38℃，最适为25～27℃，高于45℃即失去活力。

传播途径和发病条件 种薯带菌，土壤一般不带菌。病菌先通过切薯块扩大传染，引起更多种薯发病腐烂，再经维管束或髓部进入植株，引起地上部发病。田间病菌还可通过灌溉水、雨水或昆虫传播，经伤口侵入致病。后期，病株上的病菌又从地上茎通过匍匐茎传到新长出的块茎上。储藏期，病菌通过病、健薯接触，经伤口或皮孔侵入，使健薯染病。窖内通风不好或湿度大、温度高利于病情扩展。带菌率高或多雨或低洼田块发病重。

防治方法 ①选用抗病品种。如渭会4号、渭薯2号、抗疫1号、郑薯2号、郑薯3号、高原7号、克新4号，抗侵入、抗扩展。选用无病种薯，建立无病留种田，生产无病种薯。②在马铃薯切块时，严格把关，进行切刀消毒。③及时清除病原，发现病株即时拔除，并小心挖出块茎减少菌源，撒生石灰灭菌。④种薯入窖前要严格挑选。入害后加强管理，窖温控制在1～4℃，防止窖温过高，湿度过大。⑤翌春播种前种薯用6%春雷霉素1000～2000倍液浸种30min或用高锰酸钾500倍液浸种20～30min，取出后晾干播种。在田间发现黑胫病病株时及时挖除病株及薯块，对四周的植株喷洒47%

春雷·王铜（加瑞农）可湿性粉剂1000倍液，有较好的预防效果。也可用20%噻菌铜500倍液或72%农用高效链霉素2000倍液浸种30min，浸后晾干播种。

马铃薯环腐病

症状 本病属细菌性维管束病害。地上部染病，分枯斑型和萎蔫型两种类型。枯斑型，多在植株基部复叶的顶上先发病，叶尖和叶缘及叶脉呈绿色，叶肉黄绿色或灰绿色，具明显斑驳，且叶尖干枯或向内纵卷；病情向上扩展，致全株枯死。萎蔫型，初期从顶端复叶开始萎蔫，叶缘稍内卷，似缺水状；病情向下扩展，全株叶片开始褪绿，内卷下垂，终致植株倒伏枯死。块茎染病，切开可见维管束变为乳黄色以致黑褐色，皮层内现环形或弧形坏死部，故称环腐，经储藏块茎芽眼变黑干枯或外表爆裂，播种后不出芽，或出芽后枯死或形成病株。病株的根、茎部维管束常变褐，病蔓有时溢出白色菌脓。

病原 *Clavibacter michiganensis* subsp. *sepedonicum* Davis et al.，异名*Corynebacterium sepedonicum*（Spieck. & Kotthoff）Skaptason & Burkholder，称马铃薯环腐密执安棒杆菌，或称环腐棒杆菌，属细菌界厚壁菌门。菌体短杆状，大小（0.4～0.6）μm×（0.8～1.2）μm，没有鞭毛，不形成荚膜及芽胞，好气。在培养基上菌落白色，薄而透明，有光泽，生长缓慢，革兰氏染色阳性。

传播途径和发病条件 该菌在种薯中越冬，成为翌年初侵染源。病薯播下后，一部分芽眼腐烂不发芽。出土的病芽，病菌沿维管束上升至茎中部，或沿茎进入新结薯块致病。此菌生长适温20～23℃，最高31～33℃，最低1～2℃。干燥情况下50℃经10min死亡。最适pH值6.8～8.4。传播途径主要是在切薯块时，病菌通过切刀带菌传染。

防治方法 ①建立无病留种田，尽可能采用整薯播种。有条件的最好与选育新品种结合起来，利用杂交实生苗，繁育无病种薯。②种植抗病品种。如郑薯4号、高原3号、同薯18号、宁紫7号、庐山白皮、乌盟684、克新1号、丰定22、铁筒1号、阿奎拉、长薯4号、同薯8号、克新5号、克新6号、克新7号、克新10号、克疫、东农303、春薯1号、春薯2号、五里白、宁薯1号、固红1号、坝薯10号、虎头、跃进、晋薯5号、北薯1号、双丰收、疫不加、万芋9号、安农5号、

马铃薯环腐病病叶

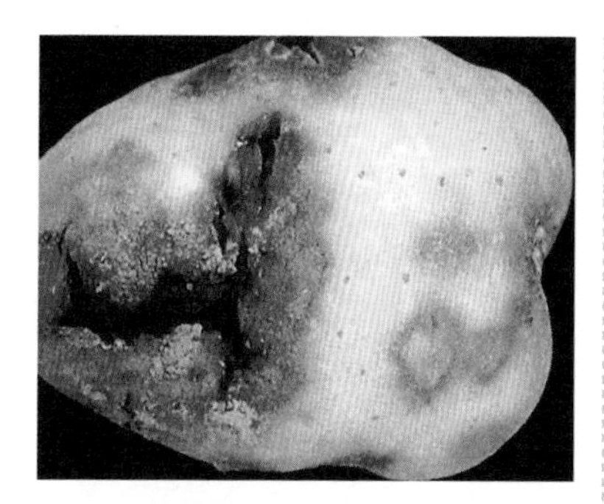

马铃薯环腐病病薯外部症状

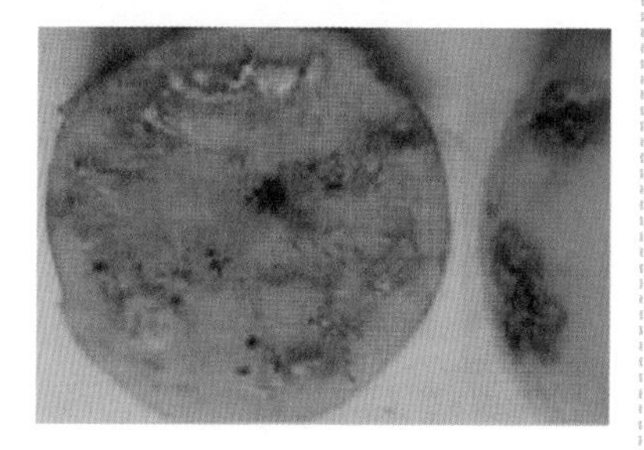

马铃薯环腐病病薯的维管束病变

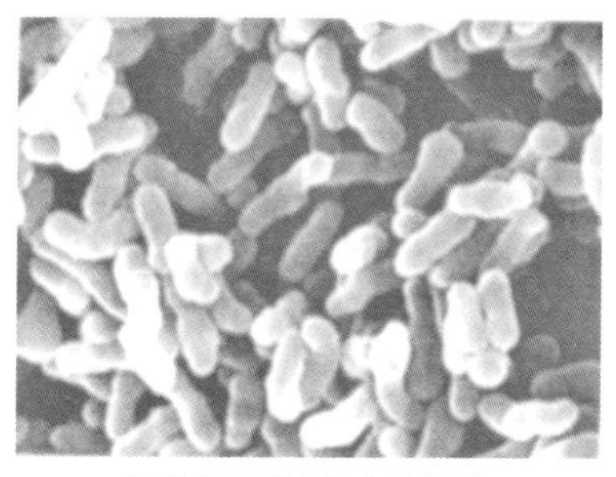

马铃薯环腐密执安棒杆菌

白头翁等。各地可因地制宜选用。③播前汰除病薯。把种薯先放在室内堆放5～6天进行晾种，不断剔除烂薯，使田间环腐病大为减少。④在大棚种植马铃薯时，施用氰氨化钙，每667m^{2}用50～100kg，与有机肥混合，撒在地表，于种植前7～10天旋地，并压土盖膜，密闭5～7天，揭膜后晾2～4天即可种植马铃薯。对于没有催出芽的种薯（块），可不用晾地直接播种，具有打破休眠期的作用。对已催好芽的种薯（块）必须进行浅中耕，适当疏土晾一下，种植后才不烧苗。可防治环腐病、马铃薯根腐病。⑤提倡采用整薯做种，防止病菌借切种薯时带菌传病。⑥建立无病种薯田。选2年以上未种过马铃薯块茎的种薯田，种薯一定精选无病健薯，进行整薯播种。⑦切刀消毒把关。切块前准备好3把刀，把关人用刀削切种薯尾部（又叫脐部）一下，若发现切面上维管束部位变色，说明出现了细菌，这个薯有病必须淘汰，这时切刀也带菌了，然后再换一把经过消毒的刀，这就是把关。把无病健康种薯放在一起，效果好。切刀消毒方法是，把切刀放在火炉上烧烤20s，取出后放在干净凉水中浸几分钟，切刀冷却后即可再用，把切刀在水中煮2～3min也可。⑧播种前用10%的链霉素对水1000倍液浸种60min，捞出后带药催芽或播种。⑨田间发现病株后，马上挖出，病穴用生石灰消毒，附近植株喷淋浇灌47%春雷·王铜（加瑞农）1000倍液或20%松脂酸铜500倍液或50%琥胶肥酸铜（DT）500倍液或21%过氧乙酸·多抗霉素乳油600倍液或40%喹啉铜2000倍液、72%农用高效链霉素2000倍液。

马铃薯软腐病

症状 主要为害叶、茎及块茎。叶染病，近地面老叶先发病，病部呈不规则暗褐色病斑，湿度大时腐烂。茎部染病，多始于伤口，再向茎干蔓延，后茎内髓组织腐烂，具恶臭，病茎上部枝叶萎蔫下垂，叶变黄。块茎染病，多由皮层伤口引起，初呈水浸状，后薯块组织崩解，发出恶臭。

病原 *Erwinia carotovora* subsp. *carotovora*（Jones）Bergey et al.，称胡萝卜软腐欧文氏菌胡萝卜软腐致病型，属细菌界薄壁菌门。

传播途径和发病条件 病原菌在病残体上或土壤中越冬。经伤口或自然裂口侵入，借雨水飞溅或昆虫传播蔓延。

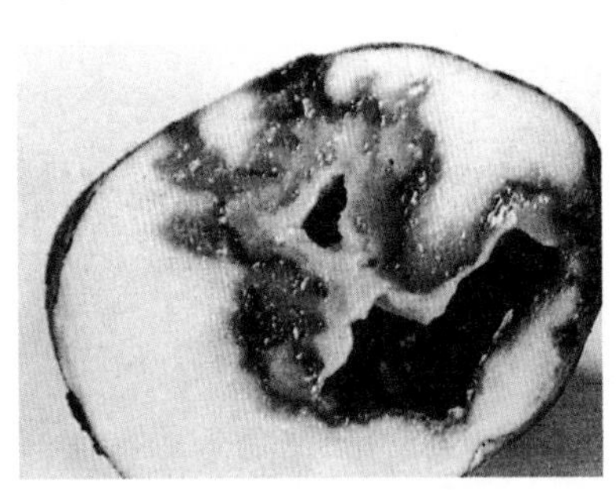

马铃薯软腐病病薯剖面

防治方法 ①加强田间管理，注意通风透光和降低田间湿度。②及时拔除病株，并用石灰消毒减少田间初侵染源和再侵染源。③避免大水漫灌。④喷洒10%苯醚甲环唑微乳剂1000倍液，或47%春雷·王铜可湿性粉剂700倍液、500g/L氟啶胺悬浮剂1800倍液，对防治块茎腐烂有特效。

马铃薯病毒病

我国是世界上马铃薯种植大国，马铃薯已成为我国第4大作物，种植面积470万 hm^2，但单产只有荷兰等国的1/3，出现这种情况主要原因就是病毒病的危害。马铃薯上共有病毒30多种。危害比较重的有6～7种，主要有马铃薯X病毒（PVX）、马铃薯Y病毒（PVY）、马铃薯S病毒（PVS）、马铃薯A病毒（PVA）、马铃薯M病毒（PVM）及马铃薯卷叶病毒（PLRV）。马铃薯病毒病发生复杂，经常混合感染，造成严重危害，如PVY一般减产30%～50%，而与PVX混合侵染后，减产高达80%以上。马铃薯病毒病引起种薯严重退化，产量锐减，已成为发展马铃薯生产的最大障碍。

症状 常见的马铃薯病毒病有3种类型。花叶型，叶面叶绿素分布不均，呈浓淡绿相间或黄绿相间斑驳花叶。严重时，叶片皱缩，全株矮化，有时伴有叶脉透明。坏死型，叶、叶脉、叶柄及枝条、茎部都可出现褐色坏死斑，病斑发展连接成坏死条斑。严重时，全叶枯死或萎蔫脱落。卷叶型，叶片沿主脉或自边缘向内翻转，变硬、革质化，严重时每张小叶呈筒状。此外，还有复合侵染，引致马铃薯发生条斑坏死。

马铃薯皱叶病毒病

苜蓿花叶病毒马铃薯杂斑株系

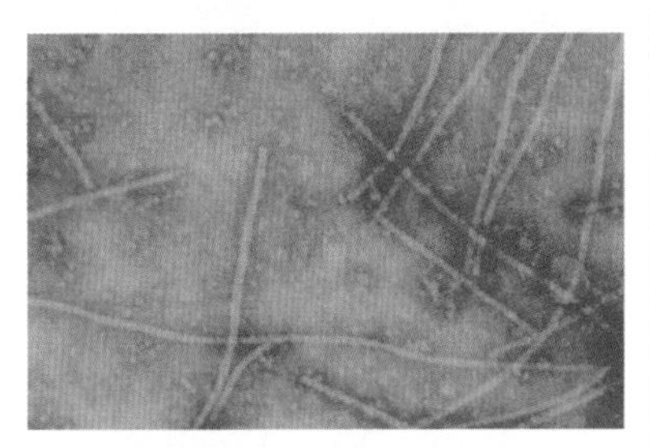

提纯的马铃薯X病毒

马铃薯卷叶病毒病

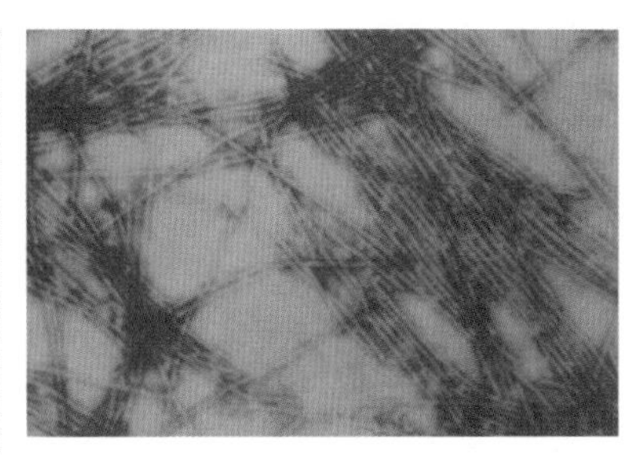

提纯的马铃薯Y病毒

病原 我国已知毒源种类有11种。马铃薯X病毒（PVX）又称马铃薯普通花叶病毒，能引起轻花叶，有的产生斑驳或坏死斑。马铃薯Y病毒（PVY）又称马铃薯重花叶病毒，引起重花叶或坏死条斑。马铃薯卷叶病毒（PLRV）引起卷叶。马铃薯S病毒（PVS）或称马铃薯潜隐病毒，引起叶片皱缩，或不显症，或后期叶面产生青铜色及细小枯斑。马铃薯A病毒（PVA）或称马铃薯轻花叶病毒，引起花叶、斑驳、泡突，或不显症。此外还有马铃薯古巴花叶病毒（PAMV）、黄瓜花叶病毒（CMV）、烟草脆裂病毒（TRV）、苜蓿花叶病毒（AMV）。马铃薯黄矮病毒（PYDV）、马铃薯M病毒（PVM）是我国对外检疫对象。

传播途径和发病条件 生产中这些病毒主要来自种薯和野生寄主。带毒种薯是最主要的初侵染源，种薯调运是远距离传播病毒的主要方式。病薯长出的植株大多都有病，在植株生长期间，病毒通过昆虫或汁液摩擦传毒，引起再侵染。高温干旱既有利于传毒蚜虫繁殖和传毒又能降低薯块的生活力。土温高于25℃削弱了对病毒的抵抗力，更易感病，引发种薯退化。

防治方法 ①防治马铃薯病毒病的关键技术是选用无病种薯。这就必须采用无病毒种薯，必须建立无毒种薯繁育基地，原种田应设在高纬度或高海拔地区，采用各种方法汰除病薯。大力推广茎尖组织脱毒技术。②选用抗病品种。近年国内推介的近40个品种中，表现抗马铃薯卷叶病毒（PLRV）的有中薯3号、东农303、东农304、克新1号、克新2号、克新3号、克新4号、虎头、跃进、丰收白、乌盟601、呼薯1号、高原4号、高原7号、陇薯1号、宁薯1号、中心24、中薯2号、费乌瑞它等；表现抗马铃薯Y病毒的有东农303、东农304、克新1号、克新2号、克新3号、克新10号、跃进、坝薯9号、坝薯10号、呼薯1号、陇薯1号、中薯2号、中薯3号、疫不加、费乌瑞它等；表现抗马铃薯X病毒的有克新2号、克新3号、陇薯1号、鲁马1号、克新4号、丰收白。③出苗后千方百计防治蚜虫。喷洒24%螺虫乙酯悬浮剂3000～4000倍液或10%烯啶虫胺水剂2000～3000倍液、15%唑虫酰胺乳油1000～1500倍液。④加强管理，发现病株及时拔除。精耕细作，高垄栽培，适时追肥，防止偏施氮肥，增施磷钾肥，注意中耕锄草，控制秋水，严防大水漫灌。必要时喷洒20%吗啉胍•乙酸铜可湿性粉剂500倍液+0.004%芸薹素内酯水剂1000～2000倍液，10～15天1次，共喷2次，防治病毒病不仅增效，还可催进薯块膨大、增产，提高品质。

马铃薯帚顶病毒病

症状 由带毒病薯长成的植株，常出现帚顶、奥古巴花叶和褪绿“V”形纹3种症状类型。帚顶症状表现为节间缩短，叶片簇生，一些小叶现波状边缘，造成植株束生或矮化。

马铃薯帚顶病毒病田间被害状

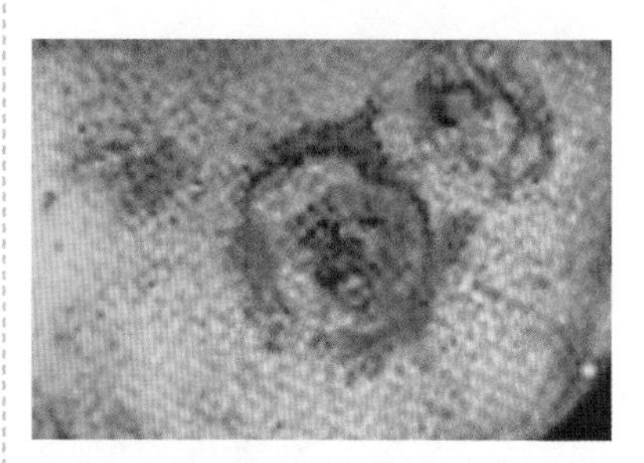

马铃薯帚顶病毒病为害薯块上的症状

病原 *Potato mop-top virus*（PMTV），称马铃薯帚顶病毒。病毒

粒子直杆状或杆菌状。外壳蛋白亚基呈螺旋状排列，螺距为 2.4 ～ 2.5nm。稀释限点为 1000 ～ 10000 倍，体外存活期 1 天至 14 周。

传播途径和发病条件 病毒通过汁液接种传播。病毒存在于马铃薯块茎、茎、根部细胞中的马铃薯粉痂菌中，存在于粉痂菌休眠孢子内部，能存活 2 年。带有病毒的粉痂菌释放出游动孢子，从根部侵入。

防治方法 ①严格检疫。②注意防治马铃薯粉痂病，减少传染源。③进行 2 年以上轮作。

马铃薯小叶病

症状 由植株心叶长出的复叶开始变小，与下位叶差异明显，新长的叶柄向上直立，小叶常呈畸形，叶面粗糙。发芽后生长初期病症较明显，本病多发生在农户留种的田块，经组织培养脱毒的田块发病少。

马铃薯小叶病病株（左），右为健株叶片

病原 该病病原尚未完全明确，多认为是*Potato virus* M（PVM），称马铃薯 M 病毒。此外可能还有其他毒原。*Potato virus* M（PVM），属麝香石竹潜隐病毒属，粒体微曲线状，大小 650nm×12nm，致死温度 65 ～ 71℃，稀释限点 100 ～ 1000 倍，20℃体外存活期几天。能侵染马铃薯、番茄、千日红、白花曼陀罗等。

传播途径和发病条件 汁液传毒。桃蚜能进行非持久性传播。此外，鼠李蚜（*Aphis frangulae*）、马铃薯长管蚜（*Macrosiphum euphorbiae*）也能传毒。

防治方法 ①采用无毒种薯，各地要建立无毒种薯繁育基地，原种田应设在高纬度或高海拔地区，并通过各种检测方法汰除病薯，推广茎尖组织脱毒，生产田还可通过二季作或夏播获得种薯。②培育或利用抗病或耐病品种。生产上可选用东农 303、粤引 3185-38、粤引 3186-2、晋薯 5 号、克新 1 号、克新 2 号、克新 3 号、坝薯 9 号、郑薯 2 号、鄂薯 1 号等抗病毒病兼抗晚疫病的品种。③出苗前后及时防治蚜虫，可喷洒 70% 吡虫啉水分散粒剂 6000 倍液。④改进栽培措施。包括留种田远离茄科菜地；及早拔除病株；实行精耕细作，高垄栽培，及时培土；避免偏施、过施氮肥，增施磷钾肥；注意中耕除草；控制秋水，严防大水漫灌。⑤发病初期喷洒 20% 吗胍 · 乙酸铜可湿性粉剂 500 倍液 +0.01% 芸薹素内酯乳油 3000 ～ 4000 倍液或 0.003% 丙酰芸薹素内酯水剂 2500 ～ 3000 倍液，均匀喷雾，隔 10 ～ 15 天 1 次，连喷 2 ～ 3 次，可调节植株生长，促薯块膨大增产，提高品质。

马铃薯纺锤块茎类病毒病

马铃薯纺锤块茎类病毒在我国及世界多个国家都是检疫性病害，该病毒可大幅度降低马铃薯产量和品质。根据植株及块茎症状可汰除有病种薯，是控制PSTVd传播和危害的重要手段。

症状 马铃薯纺锤块茎类病毒 *Potato spindle tuber viroid*（PSTVd）在我国不仅能侵染马铃薯，还能侵染番茄、茄子等。马铃薯纺锤块茎类病毒病是国内马铃薯生产上的一种重要病害，我国马铃薯产区已经普遍发生。马铃薯被PSTVd侵染后症状不仅因品种而异，而且还与PSTVd的株系以及环境因素有关。在脱毒马铃薯种薯生产过程中，根据植株及块茎表现，在马铃薯花期和收获后进行田间和库房检测，汰除感病的马铃薯种薯，是有效控制该病传播蔓延和危害的重要手段。

马铃薯纺锤块茎类病毒病症状

感染PSTVd的尤金种薯较健薯小、开裂

方法是研究不同马铃薯品种被PSTVd感染后的症状表现，本研究利用分子克隆及测序技术鉴定PSTVd，并利用PSTVd田间接种技术，分别接种黑龙江省常用的4个马铃薯品种，对侵染后第1代的株高、叶片、块茎的症状及单株产量等性状进行调查，比较不同品种之间的差异，以便为马铃薯脱毒种薯的田间检测、库房检验提供参考。

结果与分析：供试品种有夏坡地、克新18、荷兰15、尤金，原种大小均一，重约5g。经测定，株高、单株产量、叶片症状均有变化。株高，感染PSTVd后所有供试品种都降低，降幅从13.47%～45.34%不等，其中克新18号降低幅度最大，平均降低45.34%，株高为33.4%。单株产量，克新18仍然是降低幅度最大的品种，其单株产量降低了58.85%。叶片症状，克新18和荷兰15的叶片皱缩相对比较严重，夏坡地、尤金较轻，与这些品种在株高上变化差异一致。块茎症状，感染PSTVd后，各品种的块茎均表现不同程度的变化。夏坡地块茎变小，细长，芽眼突起非常明显，个别块茎出现龟裂，姜状畸形，是本品种感染PSTVd的典型特征；克新18块茎顶端变粗，脐部变细，块茎变长、变小，表现严重龟裂，是本品种感染PSTVd的典型症状；荷兰15块茎变细长，变小，来见明显表皮龟裂，部分芽眼突起，多数块茎呈豌豆状，是本品种感染PSTVd的典型特征；尤金块茎表皮龟裂，变小，变长，芽眼突起（原文发表在2014年第6期植物保护159页上）。

马铃薯根腐线虫病

症状 主要为害根部。严重的植株矮化，地上部黄化，薯块表面产生黑褐色小斑点或褐色溃疡斑，储藏中病斑扩展后引起腐烂。线虫为害产生的伤口，为病菌侵染提供了条件，因此线虫发生重的地块会加重枯萎病、黄萎病等土传病害的发生和蔓延。

病原 *Pratylenchus coffeae*（Zimmermann）Goodey，称咖啡游离根线虫；*P.vulnus* Allen et Jensen，称胡桃根腐线虫，均属动物界线虫门。前者成、幼虫均为圆筒形，蚯蚓状，唇部低且扁平，具很有力的吻针，雌线虫阴门位在虫体后部近尾端处，雄虫尾部发达。胡桃根腐线虫雌虫长0.46～0.91mm。雄虫较雌虫略短、稍细，形状两型相似。低龄线虫纤细，完全成熟后变宽。吻针15～18mm，粗短较强壮，具圆形吻针基球。食道具1中食道球，窄，具瓣。雌虫的阴门位于体后，侧区有等距纵线4条，尾部逐渐变细，末端圆形无侧线，雄虫交合刺小，稍弯。

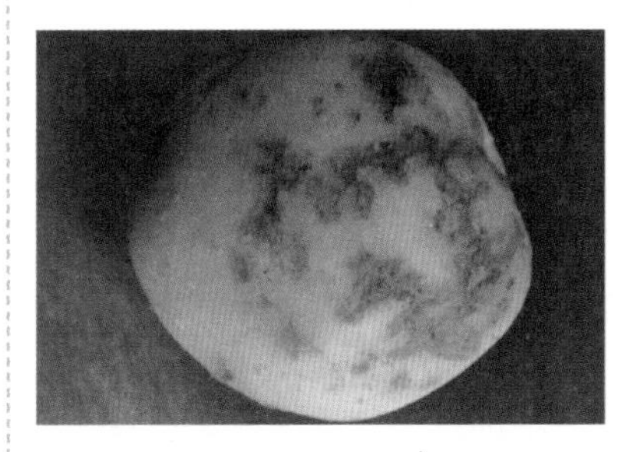

马铃薯根腐线虫为害薯块症状

马铃薯胡桃根腐线虫

传播途径和发病条件 咖啡短体线虫雌成虫把卵产在根组织里，孵出的幼虫在附近为害，每雌产卵20粒左右，温暖种繁殖适温25～30℃，寒冷种为25℃上下，在适温条件下，30～40天完成1代，年生多代。根腐线虫从2龄幼虫至成虫期均可侵入根系，其中4龄幼虫和雌成虫是重要侵染阶段，雌虫把卵产在块根里或土壤中，第1次蜕皮在卵中进行，产生2龄幼虫，从卵中孵出的幼虫蜕3次皮，产生3、4龄幼虫，幼虫在块根里移动和取食，生活历期25～50天，30℃时最短，土壤湿度高不利其成活。

防治方法 ①收获后立即清除病残体，集中深埋或烧毁。②严格选种，栽植无线虫种薯。③种植前每667m^{2}施干燥鸡粪150～500kg，有较高防治效果。④实行2年以上轮作，有条件的最好实行水旱轮作。⑤用98%棉隆微粒剂，沙质土每667m^{2}用药4.9～5.8kg，黏质土5.8～6.8kg，撒施或沟施，深度为20cm，施药后马上盖土，经10～15天松土、通气，再播种。其他方法参见马铃薯腐烂茎线虫病。

马铃薯根结线虫病

症状 马铃薯病薯块上生出虫瘿。北方根结线虫的特征是在根部产生圆形肿块或虫瘿。

病原 马铃薯根结线虫有3种，其中北方根结线虫（*Meloidogyne hapla*）危害较轻。其余2种是哥伦比亚根结线虫（*Meloidogyne chitwoodi*）和伪哥伦比亚根结线虫（*Meloidogyne. fallax*）。

传播途径和发病条件 这3种线虫在土壤中存活，但在不同作物上繁殖能力不同，因此马铃薯前茬作物应选择不利于根结线虫繁殖的作物，可减轻受害。

马铃薯根结线虫受害状

防治方法 参见茄果类蔬菜根结线虫。

马铃薯腐烂茎线虫病

症状 是我国双边协定中涉及的限定性有害生物及其他植物检疫性有害生物。对马铃薯的为害是非常严重的，既能在田间为害马铃薯、甘薯，又能造成储藏时烂窖，还能导致育苗或无土栽培时烂床。主要为害马铃薯的地下部。马铃薯薯块染病后，初在表皮下产生小的白色斑点，后逐渐扩大成浅褐色，组织软化以致中心变空。病情严重时，表皮开裂、皱缩，内部组织呈干粉状，颜色变为灰色、暗褐色至黑色。

马铃薯腐烂茎线虫病田间受害状

马铃薯腐烂茎线虫病薯块症状

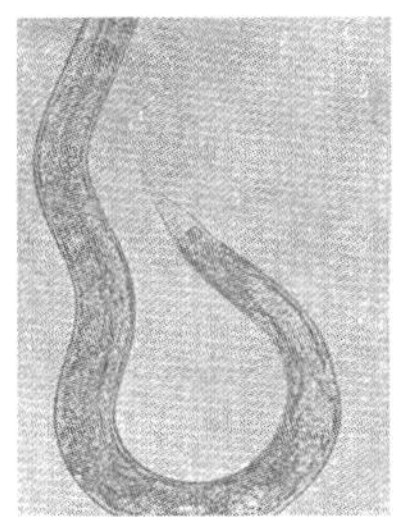

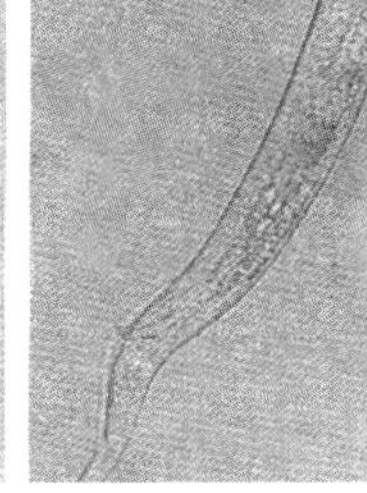

马铃薯腐烂茎线虫（左♀右♂）

病原 *Ditylenchus destructor* Thorne，称腐烂茎线虫或马铃薯茎线虫，属动物界线虫门茎线虫属。雌线虫虫体线形，侧线6条。头部低平、略缢缩，口针有明显的基部球，中食道球纺锤形、有瓣，后食道腺短，覆盖肠的背面偶尔缢缩。单卵巢、前伸，有时可伸达食道区，后阴子宫囊长是肛阴距的40%～98%。尾圆锥形，通常腹弯，端圆。雄线虫体前部形态和尾形似雌线虫。交合伞伸到尾部的50%～90%，交合刺长24～27mm。除为害马铃薯、甘薯外，还为害番茄、大豆、洋葱、大蒜、甜菜、胡萝卜、芥菜、黄瓜、辣椒、南瓜、西葫芦、蚕豆、花生、向日葵、小麦、大麦、鸢尾、郁金香、大丽花等。

传播途径和发病条件 马铃薯腐烂茎线虫主要随着被侵染的块茎、根茎或鳞茎和附着在这些器官上的土壤进行传播，也可在土壤中的杂草和真菌寄主上存活。在田间可通过农事操作和灌溉水传播。腐烂茎线虫发育和繁殖最适温度为20～27℃，温限5～34℃。当气温15～20℃，相对湿度90%～100%时，对马铃薯为害最重。

防治方法 ①严格实行检疫，防止疫区扩大。②建立无病留种田，选用抗病品种。③提倡与烟草、水稻、棉花、高粱等大田作物轮作，尽量避开与番茄、菜用大豆、甘薯等易感染腐烂茎线虫作物连作。④可用圣泰土壤净化剂（微粒氰氨化钙）与有机肥混合施在沟内或撒施在耕作层内，每667m^{2}用50～100kg，对防治茎腐烂线虫病有效。⑤发病重的地区，每667m^{2}用80%二氯异丙醚乳油5kg或10%噻唑膦颗粒剂1～1.5kg，混入细沙10～20kg撒在距薯块或根部15cm处，开沟10～15cm深，两侧施药后马上盖土。也可于播种前7～20天，每667m^{2}用80%二氯异丙醚乳油5kg，拌细沙10～20kg，进行土壤处理，施药后播种覆土，效果好。⑥应急时喷洒10%吡虫啉可湿性粉剂1200倍液、1.8%阿维菌素乳油1500倍液，持效15天左右，防效也较明显。

马铃薯金线虫病

症状 又称马铃薯胞囊线虫病，是马铃薯毁灭性病害。幼苗期至成株期均可受害。受害植株生长不良，叶片上生斑点或黄化，叶丛萎蔫或死亡。扒开病根，可见金黄色的马铃薯胞囊线虫雌线虫死后形成的胞囊。主要分布在美国、欧洲大部分国家和亚洲少数国家，是我国口岸检疫对象。

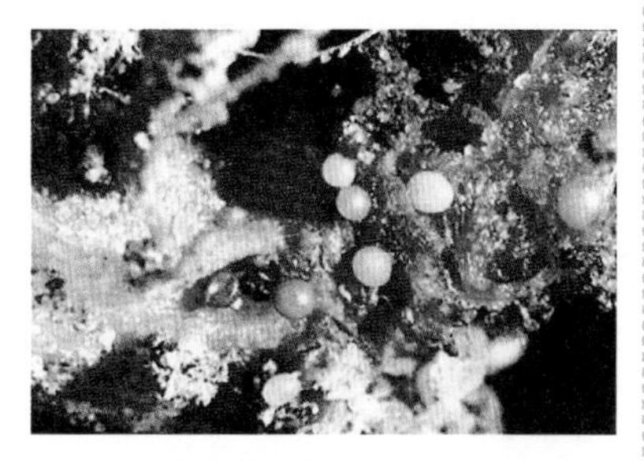

马铃薯金线虫在根上的胞囊

病原 *Globodera rostochiensis*（Wollenweber）Behrens，称马铃薯金线虫（金色球胞囊线虫），属动物界线虫门线虫纲球形胞囊线虫属。异名 *Heterodera rostochiensis* Wollenweber。金线虫雌雄异形。雌虫球形或近球形，颈短小，成熟时金黄色，表面具刻点，后形成金黄色至褐色球形胞囊。雄虫线形，具交合刺1对，位于尾端部，无抱片。

传播途径和发病条件 以胞囊在病薯块、病根及病土中越冬。翌春在寄主分泌物的刺激下，从土壤中休眠胞囊里的卵孵化出2龄幼虫侵入马铃薯根内，在根的组织里发育成3～4龄幼虫。发育为成虫以后钻出根表面，雄虫回到土壤中，雌虫受精后仍然附着在根的表面上，并长成新的胞囊。雌虫胀破胞囊外露，内含卵数十粒至数百粒。雌虫刚钻出时为白色，以后4～6周为金黄色阶段，别于其他线虫。除为害马铃薯外，还可为害番茄。该虫抗逆性强。在干燥条件下，卵经9～25年不死。

防治方法 ①尚未发生的地区要进行检疫，防止种薯、苗木、花卉鳞茎及土壤传播。供外运的种薯尽可能不带土，如带土要注意镜检泥土中是否有雌虫或胞囊。②在该病发生地区实行10年以上轮作。③选育抗病品种。

马铃薯白线虫病

症状 为害马铃薯、番茄、茄子等茄属植物。为害情况及症状与马铃薯金线虫相似。

病原 *Globodera pallida*（Stone）Behrens，称马铃薯白线虫，又称马铃薯胞囊线虫，属动物界线虫门侧尾腺纲异皮科球胞囊属。

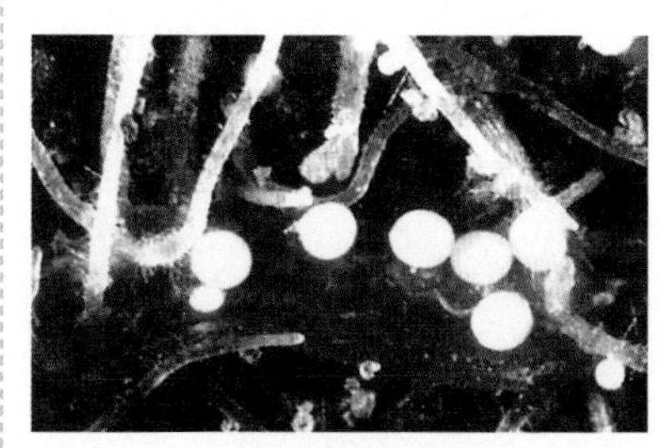

马铃薯白线虫病胞囊

传播途径和发病条件、防治方法参见马铃薯金线虫病。其他防治方法参见马铃薯腐烂茎线虫病。

菟丝子为害马铃薯

症状 菟丝子以藤茎缠绕在马铃薯植株上为害，致受害株茎变细或弯曲，植株变矮，叶片小而发黄，结薯小，严重的茎被菟丝子缠满，整株朽住不长，直至死亡。

菟丝子为害马铃薯

病原 有两种，*Cuscuta chinensis* Lamb.，称中国菟丝子；*C.australis* R. Br.，称南方菟丝子，属被子植物门寄生性种子植物。

形态特征、传播途径和发病条件、防治方法参见菟丝子为害大葱。

马铃薯黑心病和空心病

症状 黑心病在薯块中心部产生，形成黑至蓝黑色的不规则花纹，由点到块发展成黑心。随着发展严重，可使整个薯块变色。黑心受害处边缘界限明显。后期黑心组织渐变硬化。在室温情况下，黑心部位可以变软和变成墨黑色。不同的块茎对引起黑心的反应有很大的差别。

马铃薯空心病在较大的薯块上发生较多。初时薯块中心组织呈水渍状或透明状，有的中心出现褐色坏死斑。后期在块茎中心形成一个空洞。多数空洞呈透镜状或星状，其边缘多呈角状；有的在块茎内部出现裂缝；也有的空心形状呈球形或不规则形。空洞内壁呈白色、淡棕褐色至稻草黄色，形成不完全的木栓化层。通常，空洞随着块茎的生长而扩大。有时空心部位可见有霉菌，但一般不造成腐烂。

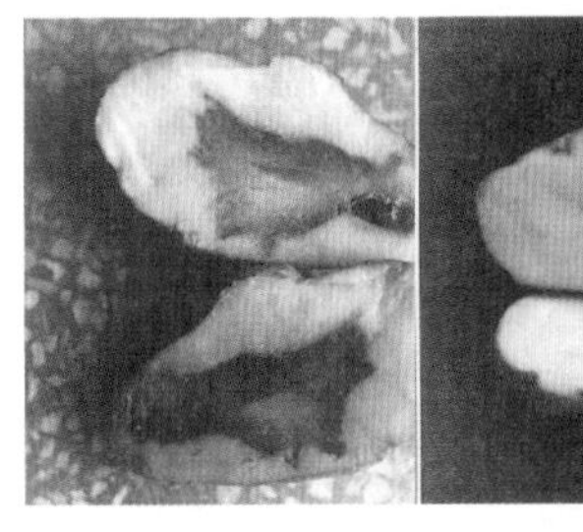

马铃薯黑心病（左）和空心病病薯剖面（右）

病因 黑心病是生理病害，病因主要是块茎内的组织供氧不足，出现了呼吸窒息。当缺少氧气或氧气不能到达块茎组织内部时，黑心会继续加重，0～2.5℃低温或36～40℃高温时黑心病扩展快。过于密闭的储藏窖黑心病发生重。

防治方法 ①防止黑心。严格控制储藏窖的条件，防止0℃左右低温和36℃以上高温，保持窖内通风良好，减少或避免缺氧出现，有条件的安装供氧换气机，供给充足氧气，均可减少黑心病发生。②防止空心。选用抗空心病发生的品种，适当密植，保持土壤肥力均匀，采用测土配方施肥技术，保证钾肥供应；保证植株生长的水分供应，防止出现旱涝不均的情况，可大大减少空心病的发生。③试用天达2116壮苗灵600倍液或5%萘乙酸水剂1500倍液，在种薯切块前用上述药液浸泡种薯2～24小时，而后切块，可增产。

马铃薯畸形薯

症状 2013年山东曲阜、滕州种的土豆，不少大的马铃薯上又长出一个或二三个小马铃薯。马铃薯有二次生长现象，生产上遇土壤干旱或顶层覆盖不足，土温上升至25℃以上时造成马铃薯块茎变形或变小或重新生长，依然会再次开花，造成地下块茎二次生长，形成葫芦形或瓶颈状薯块，造成畸形薯。

病因 畸形薯形成的原因是多方面的，主要有：一是在种马铃薯时管理不善，浇水不及时，尤其是在马铃薯膨大期遇到高温干旱，使正在膨大的块茎生长受到抑制，后由于降雨或灌水，地下块茎又开始恢复生长，这时进入块茎的有机营养在生理活动强的芽眼处发生二次生长，形成畸形薯。生产上凡是出现畸形薯的地块，往往马铃薯大小不一、形状各异，即使增施肥料，马铃薯个头也长不大了，原因就是在土豆膨大期已出现干旱缺水现象。二是马铃薯畸形与品种有关，马铃薯品种之间差异较大，有些品种出现畸形特少，有的品种就特别多。2011年初，山东莱州市河镇一家农民专业合作社从昌邑市大姜专业合作社购买的2万多千克马铃薯种，种下去后畸形薯严重，造成直接经济损失60多万元。后来在莱州市公安局帮助下找到供种人，才挽回了损失。三是管理跟不上、供水不足时施用氮肥过多，产生畸形薯多。

马铃薯畸形薯

防治方法 ①马铃薯进入薯块膨大期土壤含水量要达到最大持水量的70%，即抓起一把土握成团，落地散开为宜，采收前10天停水，钾元素能促进薯块膨大，提高薯块含水量，此时用钾最多，如氮用量过大不利于薯块膨大，薯块中淀粉含量降低，生产上可追施高钾型（20∶10∶30或15∶15∶30）果丽达或顺欣水溶肥，每667m^{2}用

10kg 左右。②加强对晚疫病防治可用 68.75% 氟菌·霜霉威悬浮剂 600 倍液喷雾。③注意防治地老虎、蛴螬、蝼蛄等地下害虫。④土壤黏重的，及早停止浇水，黏土地可在收获前 10 天停止浇水，沙土地可在收获前 5 天停水。

马铃薯裂薯

症状 第一种是干旱之后马上浇水，即充足供水可造成裂薯。裂薯后薯块还可继续生长，并在伤口上长出新的表皮。第二种裂薯不是生理病害，而是土壤中的丝核菌或网斑型疮痂病造成裂薯。生产上不同品种裂薯表现差异很大。

病因 水分管理不当。至于丝核菌和网斑型疮痂菌是土壤或种子带菌引起。

防治方法 ①加强水分管理。②种薯生产过程中用对丝核菌和网斑型疮痂菌有效的杀菌剂进行处理。

马铃薯绿皮薯

症状 生产上有些马铃薯一半青、一半黄，菜农俗称“青头郎”。这是马铃薯的薯块暴露在空气中形成了绿皮薯，这时叶绿素会在暴露的马铃薯表皮上积集，此过程由于伴随着配糖生物碱的产生，生物碱都是有毒有苦味的，因此绿皮薯不能食用。尤其是出芽或皮变绿的马铃薯芽眼附近以及马铃薯皮层可产生有毒的龙葵碱，人体大量摄入后会引起恶心、腹泻等中毒反应，千万不可食用。

马铃薯绿皮薯

病因 一是种薯播种过浅，造成覆土太浅。二是块茎膨大过程中培土不及时或培土过少。三是浇水或大雨过后，畦垄出现水淹或干裂，造成薯块露出地面，薯块见光易产生青头。

防治方法 ①一定做好土壤起垄工作，发现畦垄开裂要马上进行培土，防止青头产生。②为防止绿皮薯要适当深播，做到薯块上有土覆盖。储存过程中要遮光，见光越多绿皮薯越多。③因马铃薯效益好，不少地方每年扩种，尤其随着土地流转，出现的种地大户越来越多，但因缺乏经验，往往管理不善造成绿薯等多种损失。

马铃薯缺素症

症状 ①缺氮。开花前显症，植株矮小，生长弱，叶色淡绿，继而发黄，到生长后期，基部小叶的叶缘完全失去叶绿素而皱缩，有时呈火烧状，叶片脱落。②缺磷。早期缺磷影响根系发育和幼苗生长；孕蕾至开花期缺磷，叶部皱缩，色呈深绿，严重时基部叶变淡紫色，植株僵立，叶柄、小叶及叶缘朝上，不向水平展开，小叶面积缩小，色暗绿。缺磷过多时，生长大受影响，薯块内部易发生铁锈色痕迹。③缺钾。植株缺钾的症状出现较迟，一般到块茎形成期才呈现出来。钾不足时叶片皱缩，叶片边缘和叶尖萎缩，甚至呈枯焦状，枯死组织棕色，叶脉间具青铜色斑点，茎上部节间缩短，茎叶过早干缩，严重降低产量。④缺镁。老叶开始生黄色斑点，后变成乳白色至黄色或橙红色至紫色，且在叶中间或叶缘上生

马铃薯缺氮——叶淡绿，生长发育差

马铃薯缺钾——下位叶脉间现褐斑

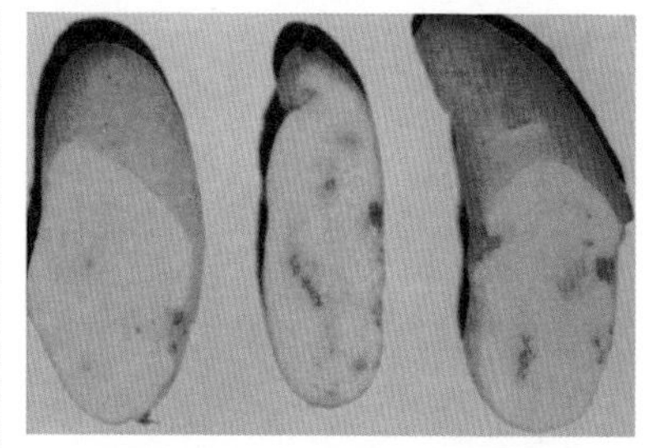

马铃薯缺硼——块茎上有褐色坏死

马铃薯缺磷——叶仍绿但生长停止

马铃薯缺镁——叶缘、叶脉间黄白化

马铃薯缺钙——顶芽生长受阻或死亡、叶缘枯卷

黄化斑，老叶脱落。⑤缺铁。失绿症状从幼嫩部分开始，脉间失绿呈网状叶脉，严重时失绿叶片呈白色，并向上卷曲。⑥缺锰。幼叶失绿黄化，在此之前刚伸展的叶片的中脉黄化，严重时叶缘呈褐色枯死。⑦缺硼。植株顶部叶外卷，变黄，以后枯死，薯块表面木栓化，剖开病薯，剖面上可见茶褐色斑块。⑧缺钙。植株顶端生长受阻，上部叶的叶脉间淡绿色至黄色。

病因 马铃薯生育期吸收钾肥最多、氮肥次之、磷肥最少。氮肥从发芽后至花蕾着生期含量最多，磷的含量随植株生长期的延长而降低。钾的含量在萌芽时低，萌芽后迅速增加，进入开花期后反而降低。镁和钙都有随生长期延长而增高的趋势。茎叶中的养分在块茎开始膨大时向其中运转，块茎中无机成分氮和钾占其吸收量的70%、磷占90%、钙占10%、镁占50%。

防治方法 ①施足基肥。每生产1000kg马铃薯，需氮3.1kg、磷1.5kg、钾4.4kg。实施马铃薯测土配方施肥技术。马铃薯吸收的肥料80%以上来自基肥，每667m^{2}施入腐熟基肥3000～4000kg，也可在播种前用优质堆肥1000kg，加入尿素3kg、过磷酸钙15～20kg、草木灰30～50kg，作为种肥进行沟施或穴施。②早追肥。出齐苗后抓紧早追肥，每667m^{2}用速效氮肥15～20kg。马铃薯进入发棵期长出花蕾后，施硫酸钾20kg。在开花后进入结薯盛期据情况确定。③在马铃薯团棵期、现蕾期，向叶面喷施锰、锌、铁肥可防止叶片黄化，提高产量。硼对促进马铃薯体内碳水化合物的运输和发育有特殊的作用。当土壤中缺硼时，可用0.01%的硼砂溶液浸块茎，增产效果明显。④喷洒天达2116壮苗灵600倍液。也可在马铃薯初花期喷洒0.01%芸薹素内酯乳油3500倍液，隔10～15天1次，连喷2～3次，可促进薯块膨大，提高品质，增加产量。

2. 甘薯病害

甘薯 学名 *Ipomoea batatas* Lam.，别名山芋、地瓜、番薯、红苕等，旋花科甘薯属能形成块根的栽培种，一年生或多年生草蔓性藤本植物，块根、嫩茎尖及嫩叶可食用。紫大薯滋补强身，增强免疫力，是一种保健食品。

甘薯叶斑病

症状 甘薯叶斑病又称斑点病或叶点病，主要为害叶片。叶斑圆形至不规则形，初呈红褐色，后转灰白色至灰色，边缘稍隆起。斑面上散生小黑点，即病原菌分生孢子器。严重时，叶斑密布或连合，致叶片局部或全部干枯。

甘薯叶斑病中期病叶

病原 *Phyllosticta batatas* (Thüm.) Cooke，称番薯叶点霉，属真菌界子囊菌门（无性型）叶点霉属。分生孢子器近球形，具孔口，直径100～125μm。分生孢子卵圆形或椭圆形，单胞，无色，大小（2.6～10）μm×（1.7～5.8）μm。

传播途径和发病条件 北方以菌丝体和分生孢子器随病残体遗落土中越冬。翌年散出分生孢子传播蔓延。在我国南方，周年种植甘薯的温暖地区，病菌辗转传播为害，无明显越冬期。分生孢子借雨水溅射进行初侵染和再侵染。生长期遇雨水频繁、空气和田间湿度大或植地低洼积水易发病。

防治方法 ①收获后及时清除病残体烧毁。②重病地避免连作。③选择地势高燥地块种植，雨后清沟排渍，降低湿度。④常发或重病地于病害始期及时连续喷洒75%百菌清可湿性粉剂600倍液或78%波·锰锌可湿性粉剂600倍液，隔10天左右1次，连续防治2～3次，注意喷匀喷足。

甘薯黑疤病

症状 又称甘薯黑斑病。生育期或储藏期均可发病，主要侵害薯苗、薯块，不为害绿色部位。薯苗染病，茎基白色部位产生黑色近圆形稍凹陷斑，后茎腐烂，植株枯死，病部产生霉层。薯块染病，初呈黑色小圆斑，扩大后呈不规则形轮廓明显略凹陷的黑绿色病疤，病疤上初生灰色霉状物，后生黑色刺毛状物，病薯具苦味，储藏期可继续蔓延，造成烂窖。

病原 *Ceratocystis fimbriata* Ellis. et Halsted，称甘薯长喙壳菌，属真菌界子囊菌门。有性阶段子囊烧瓶状，有长颈，直径105～140μm，颈长350～800μm。子囊梨形或卵圆形，壁薄，内含子囊孢子8个，子囊孢子钢盔形，单胞无色，大小（4.5～8.7）μm×（3.5～4.7）μm。无性态产分生孢子和厚垣孢子。

甘薯黑疤病

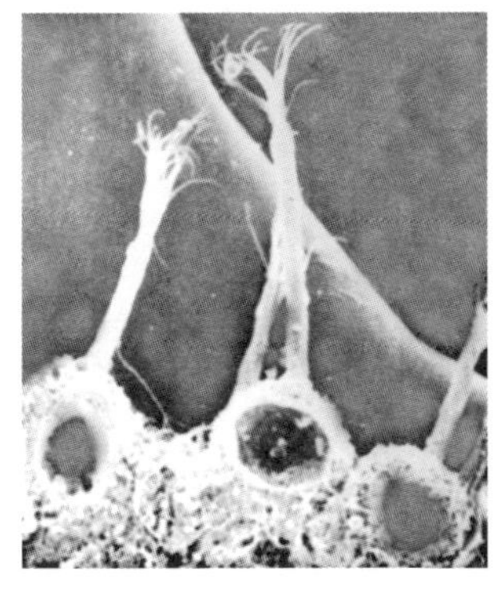

甘薯黑疤病菌甘薯长喙壳子囊壳剖面

传播途径和发病条件 病菌在窖藏薯块或苗床土壤中越冬。靠种薯或薯苗传播，从伤口、皮孔、根眼侵入，发病后再侵染频繁。地势低洼、土壤黏重的重茬地或多雨年份或窖温高、湿度大、通风不好时发病重。

防治方法 ①建立无病留种田，入窖种薯认真精选，严防病薯混入传播蔓延。②种薯用80%乙蒜素乳油2000倍液浸种薯10min或用50%多菌灵可湿性粉剂1000倍液浸种5min。也可用25%丙环唑乳油10μl/ml浸种5min。③薯苗实行高剪后，用50%多菌灵可湿性粉剂1500倍液浸苗10min，要求药液浸至种藤1/3～1/2处。④防治储藏期甘薯黑斑病，用50%多菌灵可湿性粉剂800倍液浸泡薯块5min，也可用25%环己锌·甲硫乳油250～500mg/kg浸薯块10min。

甘薯生链格孢叶斑病

症状 又称黑星病。占甘薯叶部病害80%，成为生产上重要病害。叶片上病斑圆形至近圆形，褐色，略显同心轮纹，直径2～8mm，常相互融合成不规则形大斑。蔓和叶柄染病，产生椭圆形至近椭圆形病斑，深褐色，略凹陷，病部表面生淡黑褐色霉状物即病原菌的分生孢子梗和分生孢子。

病原 *Alternaria bataticola*（I Kata）Yamamoto，称甘薯生链格孢，属真菌界子囊菌门链格孢属。

甘薯生链格孢叶斑病（李宝聚）

传播途径和发病条件 病菌以菌丝体随病残体或以分生孢子在种薯上越冬，翌春育苗时侵入幼苗随病苗传播。条件适宜时，产生分生孢子，借风雨传播，引起发病，以后病部又产生大量分生孢子进行再侵染。生产上管理跟不上的地块，雨后易发病。

防治方法 ①育苗前对生产用种进行药剂处理，选用50%异菌脲（扑海因）可湿性粉剂800倍液或80%代森锰锌可湿性粉剂400倍液浸泡种薯5～10min灭菌。②收获后注意清洁田园，减少遗落田间的病残组织。③注意补充底肥，有利于甘薯增强抗病力。④加强田间管理，雨后及时排水，防止湿气滞留田间。⑤进入雨季发病初期，及时喷洒50%异菌脲可湿性粉剂1000倍液或50%嘧菌酯水分散粒剂2000倍液、40%百菌清悬浮剂600倍液。

甘薯根腐病

症状 苗床、大田均可发病。苗期染病，病薯出苗率低、出苗晚，在吸收根的尖端或中部出现黑褐色病斑，严重的不断腐烂，致地上部植株矮小，生长慢，叶色逐渐变黄。大田期染病，受害根根尖变黑，后蔓延到根茎，形成黑褐色病斑，病部表皮纵裂，皮下组织变黑，发病轻的地下茎近地际处能发出新根，虽能结薯，但薯块小；发病重的地下根茎大部分变黑腐败，分枝少，节间短，直立生长，叶片小，硬化增厚，逐渐变黄反卷，由下向上干枯脱落，最后仅剩生长点2～3片嫩叶，全株枯死。

甘薯根腐病

病原 *Fusarium solani*（Mart.）Sacc. f. sp. *batatas* Mcclure，称腐皮镰孢甘薯专化型，属真菌界子囊菌门镰刀菌属。

传播途径和发病条件 本病是典型土传病害。但病残体和带菌有机肥也是重要初侵染源，带菌种苗是远距离传播的重要途径。该病发生和流行与品种、茬口、土质、气象密切相关，温度27℃左右，土壤含水量在10%以下时易诱发此病。连作地、沙土地发病重。

防治方法 ①选用徐薯2号、红心王、南薯88号、济薯10号、济薯11号、徐薯18号、烟薯3号、泰薯2号、海发5号、丰薯1号、南京92、郑州红4号、皖84-559等抗病品种。②适时早栽、栽无病壮苗、深翻改土、增施净肥、适时浇水。③建立三无留种地，培育无病种薯。④与花生、芝麻、棉花、玉米、高粱、谷子、绿肥等作物进行3年以上轮作。

甘薯紫纹羽病

症状 主要发生在大田期，为害块根或其他地下部位，病株表现萎黄，块根、茎基的外表生有病原菌的菌丝，白色或紫褐色，似蛛网状，病症明显，块根由下向上，从外向内腐烂，后仅残留外壳，须根染病的皮层易脱落。

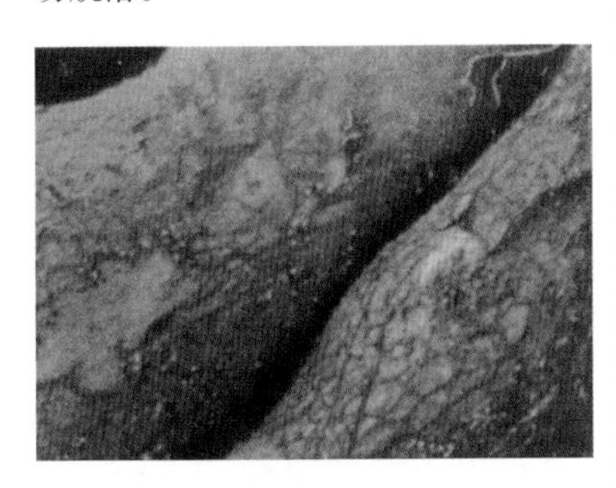

甘薯紫纹羽病

病原 *Helicobasidium purpureum* Pat.，称紫卷担菌，属真菌界担子菌门。子实层淡紫红色。担子圆筒形，无色，其上产生担孢子。担孢子长卵形，无色单胞，大小（10～25）μm×（6～7）μm。其菌核阶段为紫色丝核菌（*Rhizoctonia violacea*），菌丝生在寄主体内，紫红色。

传播途径和发病条件 病菌以附着在根表皮或薯块上或土壤中的菌丝体、菌索或菌核越冬。遇有适宜的温湿度条件，病、健根接触从伤口或直接侵入。

防治方法 ①及早清除病残体。②发病初期浇灌62.25%腈菌唑·代森锰锌可湿性粉剂600倍液或12.5%腈菌唑乳油1500倍液。

甘薯疮痂病

症状 又称缩芽病。主要为害幼叶、芽、蔓及薯块。叶片染病，叶变形卷曲。芽、薯块染病，芽卷缩，薯块表面产生暗褐色至灰褐色小点或干斑，干燥时疮痂易脱落，残留疹状斑或疤痕，造成病斑附近的根系生长受抑，健部继续生长致根变形，发病早的受害重，根变畸形。

病原 *Streptomyces ipomoeae*（Person et Martin）Waksman et Henrici，现报道的*S. scabies*、*S. acidiscabies*、*S. turgidiscabies* 3种为害马铃薯的链霉菌也可侵染甘薯。我国为害薯类的疮痂病菌的组成还是很复杂的，需进行深入研究。

传播途径和发病条件 病田中收获的病薯及残留在田里的病残体是下季甘薯田的主要发病来源，播种后病田内病菌先从侧根侵入，再向肉质根扩展。病薯调运是该病传播的主要途径。对此病很多地区了解不多，应引起人们重视，防止该病蔓延。

甘薯疮痂病缩芽症状

甘薯疮痂病病薯上的疮痂斑

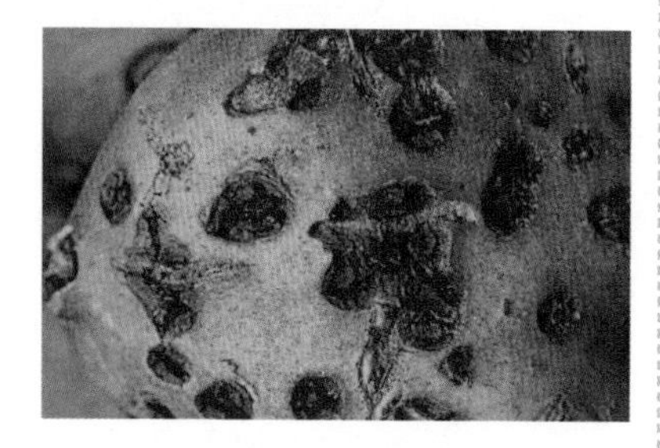

甘薯疮痂病病薯

防治方法 ①调种之前先到产地检验，对局部植株表现黄化、矮小的田块进行检疫、检查薯块是否有近圆形黑色病斑，对从病斑中心出现放射状开裂的病斑进行致病性测定和血清测定。②选用无病种薯，种植抗病品种，合理轮作，严防传入到无病田块。③安排在pH值5以下田块，酸性田块种植不发病。④播种前种薯用0.1%对苯二酚浸种30min，或用0.2%的甲醛溶液浸种10～15min。⑤甘薯储藏期用45%百菌清烟雾剂熏蒸进行防治，效果好。

甘薯软腐病

症状 甘薯软腐病俗称水烂。是采收及储藏期重要病害。薯块染病，初在薯块表面长出灰白色霉，后变暗色或黑色，病组织变淡褐色水浸状，后在病部表面长出大量灰黑色菌丝及孢子囊，黑色霉毛污染周围病薯，形成一大片霉毛，病情扩展迅速，约2～3天整个块根即呈软腐状，发出恶臭味。

病原 *Rhizopus stolonifer*（Ehr. ex Fr.）Vuill.，称匍枝根霉（黑根霉），属真菌界接合菌门根霉属。

甘薯软腐病病薯

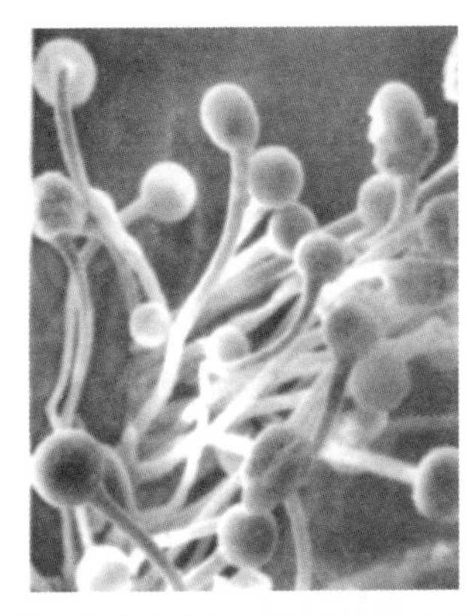

甘薯软腐病病菌（匍枝根霉）孢子囊梗和孢子囊电镜扫描图片

传播途径和发病条件 该菌存在于空气中或附着在被害薯块上或在储藏窖越冬。由伤口侵入，病部产生孢子囊借气流传播进行再侵染。薯块有伤口或受冻易发病。发病适温15～25℃、相对湿度76%～86%。气温29～33℃、相对湿度高于95%不利于孢子形成及萌发，且利于薯块愈伤组织形成，因此发病轻。

防治方法 ①适时收获，避免冻害，夏薯应在霜降前后收完，秋薯应在立冬前收完，收薯宜选晴天，小心从事，避免伤口。②入窖前精选健薯，剔除病薯，把水气晾干后适时入窖，提倡用新窖，旧窖要清理干净，或把窖内旧土铲除露出新土，必要时用硫黄熏蒸，每立方米用硫黄15g。③科学管理。对窖储甘薯应据甘薯生理反应及气温和窖温变化进行三个阶段管理。一是储藏初期，即甘薯发干期，甘薯入窖10～28天应打开窖门换气，待窖内薯堆温度降至12～14℃时可把窖门关上。二是储藏中期，即12月至翌年2月低温期，应注意保温防冻，窖温保持在10～14℃，不要低于10℃。三是储藏后期，即变温期，从3月起要经常检查窖温，及时放风或关门，使窖温保持在10～14℃之间。

甘薯枯萎病

症状 又称萎蔫病、蔓割病、蔓枯病、茎腐病等。主要为害茎蔓和薯块。苗期染病，主茎基部叶片先变黄，茎基部膨大纵向开裂，露出髓部，横剖可见维管束变为黑褐色，裂开处呈纤维状。薯块染病，薯蒂部呈腐烂状，横切病薯上部，维管束呈褐色斑点，病株叶片从下向上逐渐变黄后脱落，最后全蔓干枯而死，临近收获期病薯表面产生圆形或近圆形稍凹陷浅褐色斑，比黑疤病更浅，储藏期病部四周水分丧失，呈干瘪状。

病原 *Fusarium oxysporum* f. sp. *batatas*（Wollenweber）Snyder et Hansen，称尖镰孢菌甘薯专化型，属真菌界子囊菌门镰刀菌属。河南记载*F. bulbigenum* Cke. etmass.var. *batatas* Wollenw.，也是该病病原，称甘薯镰孢。大型分生孢子圆筒形，纤细；小型分生孢子单胞，卵圆形至椭圆形；厚垣孢子褐色，球形。

传播途径和发病条件 病菌以菌丝和厚垣孢子在病薯内或附着在土

甘薯枯萎病病薯

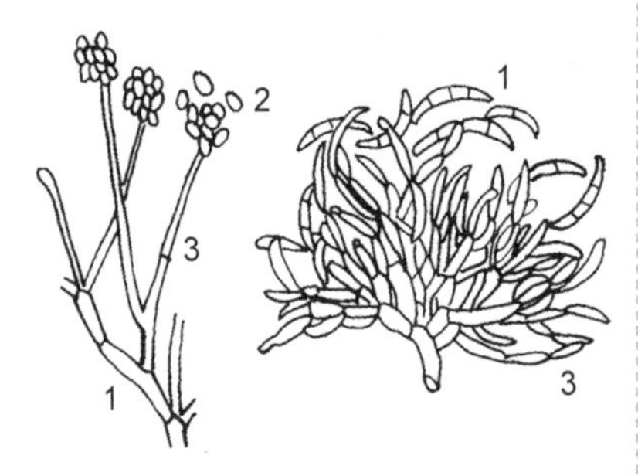

甘薯枯萎病病菌尖孢镰孢

1—大型分生孢子；2—小型分生孢子；

3—分生孢子梗

中病残体上越冬，成为翌年初侵染源。该菌在土中可存活3年，多从伤口侵入，沿导管蔓延。病薯、病苗能进行远距离传播，近距离传播主要靠流水和农具。土温27～30℃，降雨次数多，降雨量大利于该病流行。连作地、沙地或沙壤土发病重。

防治方法 ①选用抗病品种。如南京92、金山57、湘薯6号、福薯26、岩薯5号、潮汕白、台城薯、金山247、蓬尾、南薯88号、徐州18等较抗病。严禁从病区调运种子、种苗。②结合防治黑斑病进行温汤浸种，培养无病苗，也可用70%甲基硫菌灵可湿性粉剂700倍液浸种。③施用酵素菌沤制的堆肥或腐熟有机肥。④重病区或田块与水稻、大豆、玉米等进行3年以上轮作，发现病株及时拔除，集中深埋或烧毁。

甘薯瘟病

症状 又称细菌性枯萎病、青枯病，是国内检疫对象。在甘薯各生育期均可发病，表现不同症状。苗期染病，株高20cm左右顶端1～3片叶萎蔫，后整株枯萎褐变，基部黑烂。成株期染病，见于定植后，健苗栽后半月前后显症，维管束具黄褐色条纹，病株于晴天中午萎蔫呈青枯状，发病后期各节上的须根黑烂，易脱皮，纵切基部维管束具黄褐色条纹。薯块染病，轻者薯蒂、尾根呈水渍状变褐，重者薯皮现黄褐色斑，横切面生黄褐色斑块，纵切面有黄褐色条纹，严重时薯皮上现黑褐色水渍状斑块，薯肉变为黄褐色，维管束四周组织腐烂成空腔或全部烂掉。该病叶色不变黄萎垂、茎部不膨大、无纵裂，别于蔓割病。

甘薯瘟病病株

病原　*Ralstonia solanacearum*（Smith）Yabuuchi et al.1966，异名 *Pseudomonas solanacearum* pv. *batatae*（Smith）Smith，称茄劳尔氏菌，属细菌界薄壁菌门。菌体短杆状，单细胞，两端圆，单生或双生，极生1～4根鞭毛，小种1菌体大小（1.13～1.66）μm×（0.57～0.67）μm，多数单生，少数成对，革兰氏阴性，无芽胞和荚膜。肉汁胨琼脂平板上菌落污白色，圆形，生长温限20～40℃，适温27～34℃，53℃经10min死亡，最适pH值6.8～7.2。已发现2个菌群和4个亚群，其中1-B亚群是优势群。

传播途径和发病条件　病原细菌可在土中存活1～3年，是主要初侵染源，病苗、病薯、病土是远距离传播的主要途径，灌溉水、粪肥也可传病。生产上4～5月、气温22～28℃、湿度高易发病。低洼地、酸性土壤、连作地发病重。

防治方法　①选用潮汕白、台成薯、金山247、广薯88-70、湘薯75-55、南薯88号、华北48、湘农黄、广薯15、南京92、紫心、台农46、豆沙种、72选、普薯14号、湘薯5号等抗病品种。②认真执行检疫法规，按照《甘薯种苗产地检疫规程》（GB 7413—2009）建立无病留种基地，防止该病扩大。③实行轮作，有条件的实行水旱轮作，此外也可与高粱、甘蔗、大豆等轮作。④提倡使用酵素菌沤制的堆肥或有机复合肥。清除病薯、病苗，集中烧毁。⑤栽前可用68%或72%农用高效链霉素可溶粉剂3000倍液浸苗10min，结合栽后泼浇，对前期发病有一定抑制作用。

甘薯茎线虫病

症状　又称糠心病、空心病、糠梆子、糠裂皮等，是一种毁灭性病害。主要为害薯块、茎蔓和薯苗。致茎蔓、块根发育不良，短小或畸形，严重的枯死。苗期染病，出苗率低、矮小、发黄，纵剖茎基部，内见褐色空隙，剪断后不流白浆或很少。后期染病，表皮破裂成小口，髓部呈褐色干腐状，剪开无白浆。茎蔓染病，主蔓基部拐子上，表皮出现黄褐色裂纹，后渐成褐色，髓部呈白色干腐，严重的基蔓短，叶变黄或主蔓枯死。根部染病，表皮坏疽或开裂。块根染病，因侵染源不同，症状出现糠心型、裂皮型及混合型3种。糠心型，薯苗、种薯带有线虫，线虫从病秧拐子侵入到块根，从块根顶端发病，后逐渐向下部及四周扩展，先呈棉絮状白色糠道，后变为褐色，即称糠心，有时从外表看不出来，仅重量轻。裂皮型，主要由土壤传染，线虫用吻针刺破薯块外表皮，钻入内部为害，初外皮褪色，后变青，有的稍凹陷或生小裂口，皮下组织变褐发虚，最后皮层变为暗紫色多龟裂，内部呈褐白色干腐状。混合型，既发生糠心，也出现裂皮。

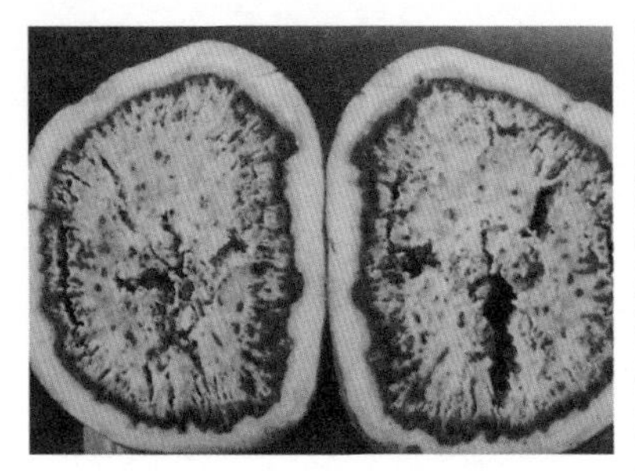

甘薯茎线虫病病薯后期症状

病原 *Ditylenchus destructor* Thorne，称马铃薯茎线虫，属动物界线虫门。

形态特征、传播途径和发病条件、防治方法参见马铃薯腐烂茎线虫病。提倡种植抗病品种徐紫薯1号。

甘薯病毒病

症状 我国甘薯病毒病症状与毒原种类、甘薯品种、生育阶段及环境条件有关。可分6种类型：一是叶片褪绿斑点型，苗期及发病初期叶片产生明脉或轻微褪绿半透明斑，生长后期，斑点四周变为紫褐色或形成紫环斑，多数品种沿叶脉形成紫色羽状纹；二是花叶型，苗期染病，初期叶脉呈网状透明，后沿叶脉形成黄绿相间的不规则花叶斑纹；三是卷叶型，叶片边缘上卷，严重时卷成杯状；四是叶片皱缩型，病苗叶片少，叶缘不整齐或扭曲，有与中脉平行的褪绿半透明斑；五是叶片黄化型，形成叶片黄色及网状黄脉；六是薯块龟裂型，薯块上产生黑褐色或黄褐色龟裂纹。排列成横带状或储藏后内部薯肉木栓化，剖开病薯可见肉质部具黄褐色斑块。

病原 国际上已报道有10余种，国内对江苏、四川、山东、北京、安徽、河南等地检测，明确了我国甘薯上主要毒原是甘薯病毒属 *Ipomovirus*。

甘薯病毒病

传播途径和发病条件 薯苗、薯块均可带毒，进行远距离传播，田间花叶型病毒由桃蚜、棉蚜传毒，皱缩型则由斑翅粉虱和甘薯粉虱传播，此外，嫁接、摩擦、剪苗也是传播途径之一。

防治方法 ①用组织培养法进行茎尖脱毒，培养无病种薯、种苗。②大田发现病株及时拔除后补栽健苗。③加强薯田管理，提高抗病力。④发病初期开始喷洒20%吗胍·乙酸铜可溶粉剂300～500倍液或5%菌毒清可湿性粉剂200倍液、5%盐酸吗啉胍悬浮剂（每667m^{2}用600～800g，对水30～45kg）或1%香菇多糖水剂80～120ml，对水30～60kg均匀喷雾，隔7～10天1

次，连用3次。

甘薯丛枝病

症状 主蔓萎缩变矮，侧枝丛生，叶色浅黄，叶片薄且细小，叶片上缺刻增多，侧根、须根细小、繁多。苗期染病，结薯小或不结薯；中后期染病，薯块小且干瘪，薯皮粗糙或生有突起状物，颜色变深，病薯块一般煮不烂，失去食用价值。目前福建、台湾早期染病可致绝收，中、后期染病致产量低、质量差。

甘薯丛枝病

病原 Sweet potato witches' broom，*Phytoplasma*，称植物菌原体，属细菌界软壁菌门。在病株叶脉韧皮细胞中可见菌原体，大小200～1000nm，病株新梢超薄切片在电镜下，可见三层单位膜，内部中央充满核质样的纤维状物质，可能是DNA基因组，其四周布有类似于核蛋白体的嗜锇颗粒。近年发现马铃薯Y病毒组的线状病毒和植原体复合侵染也可引起甘薯丛枝病。

传播途径和发病条件 病藤、病薯上的病菌是初侵染源。干旱瘠薄地、连作地、早栽地发病重。

防治方法 ①加强检疫，堵住病原，控制疫区，严防该病传播蔓延。②选用汕头红、同薯8号、禺北白、湖北种、红心新瓜湾、东良1号、漳浦1号、沙涝越等较抗病的品种。在此基础上，建立无病留种地，培育栽植无病种薯、种苗，发现病株及时拔除，补栽无病壮苗。③及时防治粉虱、蚜虫、叶蝉等传毒昆虫，以利于灭虫防病。④实行轮作，施用酵素菌沤制的堆肥或腐熟有机肥，增施钾肥，适时灌水，促进植株健壮生长增强抗病力。⑤甘薯与大豆、花生套种防效明显。

甘薯缺钾

症状 老叶上易显症，初发病时，叶尖开始褪绿，逐渐扩展到脉间区，只有叶子的基部一直保持着绿色。后期沿叶缘或在叶脉间出现坏死斑点，致叶片干枯或死亡。

病因 土壤中缺钾。

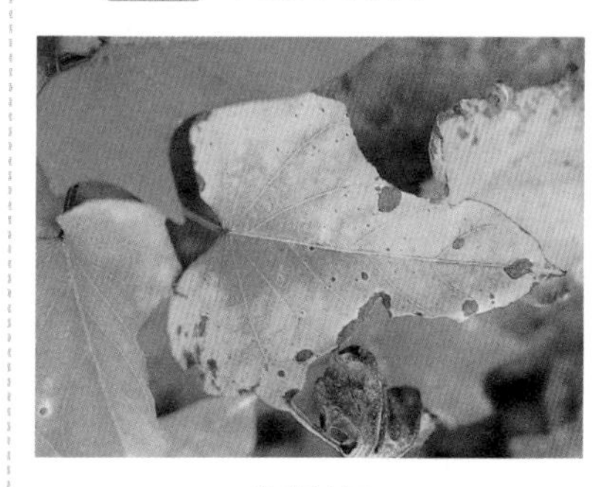

甘薯缺钾

防治方法 ①采用配方施肥技术，施用充分腐熟有机肥，生产上要根据施肥数量和土壤供钾情况，考虑钾肥施用量，确定合理施用方法和时间。计算方法：基础产量400kg以上，每增加65kg，施氧化钾（K_2O）0.8kg。②补施草木灰、喷施过磷酸钙等。③施用惠满丰多元复合有机活性液肥，每667m^2 480ml，稀释400～500倍或促丰宝Ⅱ号800～1000倍液，喷2～3次。

3. 山药病害

山药 学名 *Dioscorea batatas* Decne.，别名大薯、薯蓣、佛掌薯等，薯蓣科薯蓣属能形成地下肉质块茎的栽培种，一年生或多年生缠绕性藤本植物。产品为块茎。山药是我国最古老的蔬菜，是目前我国出口的 7 种畅销特菜中的佼佼者。

山药斑纹病

症状 又称山药白涩病、褐斑病。主要为害叶片、叶柄、茎蔓。发病初期叶面褪绿变黄，叶背病斑呈多角形或不规则状，直径 2 ～ 5mm，浅黄色，边缘不明显，病斑上现白色至黄白色小黑点，即病原菌分生孢子盘上聚集的分生孢子。进入后期病斑扩展成褐色，致叶片枯黄脱落，为害较重。

山药（大薯、薯蓣）斑纹病病叶

病原 *Cylindrosporium dioscoreae* Miyabe et Ito，称薯蓣柱盘孢，属真菌界子囊菌门柱盘孢属。

传播途径和发病条件 在病残组织上越冬的病原菌遇有适宜发病条件时，产生大量分生孢子，借风雨溅射传播蔓延，进行初侵染和多次再侵染，进入 8 月雨日多、湿度大易发病。

防治方法 ①秋末冬初注意清除病残体，以减少菌源。②发病初期及时喷洒 20% 噻菌铜悬浮剂 500 倍液、50% 多菌灵可湿性粉剂 600 倍液，隔 10 天 1 次，防治 2 ～ 3 次。

山药炭疽病

症状 主要为害叶片和茎。叶片染病，病斑圆形至椭圆形，中间灰白色至暗灰色，边缘深褐色，病健部界限明显，后期病部两面生出小黑点，即病菌的分生孢子盘。茎部染病，初生梭状不规则斑，中间灰白色、四周黑色，严重的上、下病斑融合成片，致全株变黑而干枯，病部长满黑色小粒点。

病原 *Glomerella cingulata*（Stonem.）Spauld. et Schrenk， 称葫芦小丛壳，属真菌界子囊菌门小丛壳属。无性态为 *Colletotrichum gloeosporioides*（Penz.）Sacc=*C. dioscoreae* Tehon，称胶孢炭疽菌，属

真菌界子囊菌门炭疽菌属。

山药炭疽病病叶上的炭疽斑

传播途径和发病条件 以菌丝体和分生孢子盘在病部或随病残体遗落土中越冬。翌年6月产生大量分生孢子，借风雨传播，进行初侵染和多次再侵染，不断扩大蔓延，一直延续到收获。气温25～30℃、相对湿度80%易发病。天气温暖多湿或雾大露重有利于发病。偏施、过施氮肥或植地郁闭、通风透光不良会使病害加重。

防治方法 ①选用早白薯、鹤颈薯、黎洞薯、红肉薯等耐涝品种，可减轻发病。②常发地或重病地避免连作，注意加强水肥管理。施用酵素菌沤制的堆肥或腐熟的有机肥，采用配方施肥技术，适当增施磷钾肥，避免偏施、过施氮肥，做到高畦深沟，清沟排渍，改善植地通透性。③发病初期开始喷洒32.5%苯甲·嘧菌酯悬浮剂1500倍液或250g/L嘧菌酯悬浮剂1000倍液或40%多·福·溴菌可湿性粉剂600倍液、25%咪鲜胺乳油1000倍液、2.5%咯菌腈悬浮剂1200倍液、30%苯醚甲环唑·丙环唑乳油2000倍液，隔10～15天1次，连续防治2～3次。

山药斑枯病

症状 主要为害叶片。发病初期叶面上生褐色小点，后病斑呈多角形或不规则形，直径6～10mm，中央褐色，边缘暗褐色，上生黑色小粒点，即病菌分生孢子器。病情严重的，病叶干枯，全株枯死。该病秋季发生较普遍。

病原 *Septoria dioscoreae* J.K.Bai & Lu，称薯蓣壳针孢，属真菌界子囊菌门壳针孢属。

传播途径和发病条件 病菌以分生孢子器在病叶上越冬。翌春温湿度条件适宜时，分生孢子器释放出的分生孢子借风雨传播，进行初侵染和多次再侵染，使病害不断扩展。该病苗期和秋季发生较普遍。

防治方法 参见山药炭疽病。

山药斑枯病病叶

山药红斑病

症状 薯蓣红斑病是由线虫引起的病害。生长期间染病，影响块茎发育，块茎小、重量轻。线虫主要侵染地下块茎，初在块茎上形成红褐色近圆形至不规则形稍凹陷的斑点，单个病斑小，直径 2 ～ 4mm，发病重的块茎上，病斑密集，互相融合，形成大片暗褐色斑块，表面具细龟纹，病斑深约 2 ～ 3mm，最深为 1cm 以上，致病组织呈褐色干腐状。

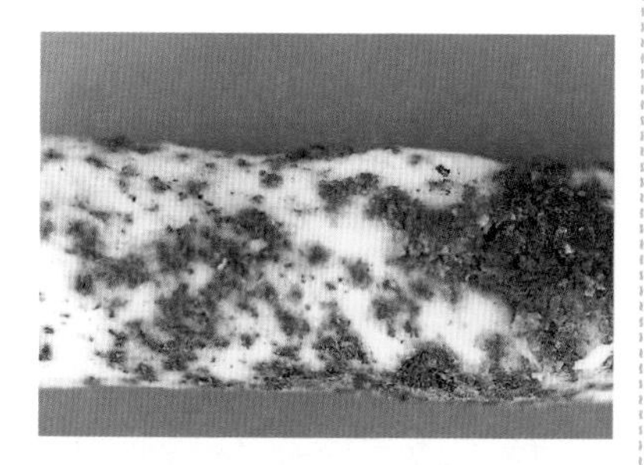

山药红斑病根状茎受线虫为害状

病原 *Pratylenchus dioscoreae* sp. nov.，称薯蓣短体线虫，是短体属一新种，属动物界线虫门。薯蓣短体线虫头部具两个环纹，侧带处有 6～8 条侧线，雌虫受精囊大而圆，身体平均长度为 695.5μm，口针平均长度为 18.3μm，尾部指状，尾端通常平滑。因此，不同于短体属现有的其他种。

传播途径和发病条件 薯蓣短体线虫可在土壤中存活 3 年以上，种秧（病芦头）、病残体、病田土壤是传病的主要途径，圆豆不传病。薯蓣短体线虫生活史极不整齐，经常可查到各个虫态，年约生 2 代，只侵染薯蓣，当 6 月上旬新块茎开始形成，线虫即可侵染，随后，侵染陆续增加，直至收获。块茎从芦头至 40cm 以上处均可受害，以 0 ～ 20cm 处病斑较多。

防治方法 ①与小麦、玉米、甘薯、马铃薯、棉花、烟草、辣椒、茄子、番茄、芥菜、萝卜、胡萝卜、西瓜、板蓝根、紫菀、黄芪、北沙参、白术、苋菜、马齿苋等不被侵染的作物实行 3 年以上轮作。②对山药红斑病可施用土壤净化剂（微粒氰氨化钙）与有机肥混合施在沟内或撒施在耕作层内，每 667m^2 用量 50 ～ 100kg，在种植前 7 ～ 10 天旋耕，做垄并压土盖膜，密闭 5 ～ 7 天，揭膜后晾 2 ～ 4 天，即可种植山药，对于没有催出芽的山药块，可不用晾地直接种植，具有打破休眠的作用。③用 80% 二氯异丙醚乳油，于播前 7 ～ 20 天处理土壤，也可于山药生长期，每 667m^2 用药 4 ～ 6kg（有效成分），于植株两侧距根部 15cm 处开沟施药，沟深 10 ～ 15cm，施药后覆土。④浇灌 1.8% 阿维菌素乳油 1500 ～ 2000 倍液或每平方米施硫酰胺 25～50g，可杀死深土层中的线虫。

山药镰孢枯萎病

症状 山药镰孢枯萎病俗称死藤。主要为害茎基部和地下块根。初在茎基部出现梭形湿腐状的褐色斑块，后病斑向四周扩展，茎基部整个表皮腐烂，致地上部叶片逐渐黄化、脱落，藤蔓迅速枯死，剖开茎基，病部变褐。块根染病，在皮孔四周产生圆形至不规则形暗褐色病斑，皮孔上的细根及山药块根内部也变褐色，干腐，严重的整个山药变细变褐。储藏期该病可继续扩展。

病原 *Fusarium oxysporum* Schl. f. sp. *dioscoreae* Wellman，称山药尖镰孢，属真菌界子囊菌门镰刀菌属。

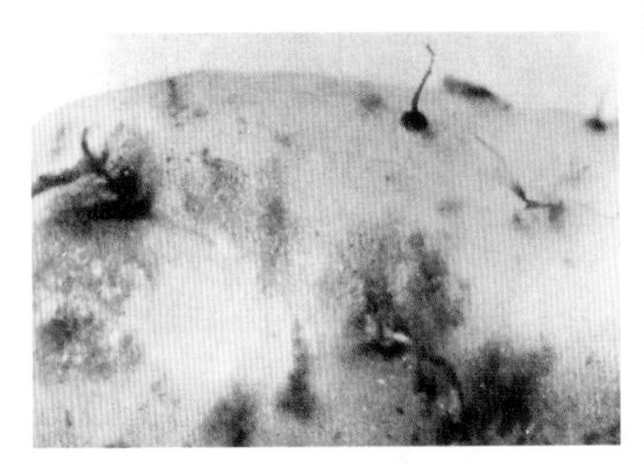

山药镰孢枯萎病病薯

传播途径和发病条件 病菌在土壤中存活，条件适宜即有发病可能。湖北6月开始发生，广东、云南7～9月发生，收获后带有病菌的山药及繁殖用的山药尾子，仍可继续发病一直延续到翌年4月下种。高温阴雨、地势低洼、排水不良、施氮过多、土壤偏酸均有利于发病。该病为害日趋严重，是个潜在的威胁，生产上应予重视。

防治方法 ①选择无病的山药尾子作种。必要时在栽种前用70%代森锰锌可湿性粉剂1000倍液浸泡山药尾子10～20min后下种。②入窖前在山药尾子的切口处涂1：50倍式石灰浆预防腐烂。③施用酵素菌沤制的堆肥或有机复合肥。④6月中旬开始用70%甲基硫菌灵可湿性粉剂600～700倍液或50%氯溴异氰尿酸可溶粉剂1000倍液、54.5%噁霉·福可湿性粉剂700倍液，浇灌茎基部，隔15天左右1次，共防治5～6次。

山药薯蓣色链隔孢褐斑病

症状 又称灰斑病。主要为害叶片。叶斑出现在叶片两面，近圆形至不规则形，大小因寄主品种不同而异，一般2～21mm，叶面中心灰白色至褐色，常有1～2个黑褐色细线轮纹圈，有的四周具黄色至暗褐色水浸状晕圈，湿度大时病斑上生有灰黑色霉层。叶背色较浅，为害重。

山药薯蓣色链隔孢褐斑病

病原 *Phaeoramularia dioscorecae*（Ellis et Martin）Deighton，称薯蓣色链隔孢，异名 *Cercospora dioscoreae* Ellis et Martin，称薯蓣尾孢，属真菌界子囊菌门色链格孢属。

传播途径和发病条件 病菌以菌丝体在病残体上越冬。翌年春季，温、湿度适宜时，分生孢子借气流传播，进行初侵染，后病部又产生分生孢子，进行再侵染。该病在河南郑州8～9月发生，严重的病斑布满叶面，致叶片干枯。

防治方法 ①秋收后及时清洁田园，把病残体集中深埋或烧毁。②雨季到来时喷洒75%百菌清可湿性粉剂600倍液或50%甲基硫菌灵悬浮剂600倍液、50%多菌灵可湿性粉剂600倍液、50%乙霉·多菌灵可湿性粉剂800～900倍液。

山药镰孢褐腐病

症状 薯蓣镰孢褐腐病又称褐色腐败病，是薯蓣生产上的重要病害。初地下部不表现明显的症状，收获时常可见到。幼薯染病，现腐坏状不规则褐色斑或出现畸形，稍有腐烂后病部变软，切开后可见薯块褐变的部分常较外部病斑大且深。

病原 *Fusarium solani*（Mart.）App. et Wollenw.，称腐皮镰孢，属真菌界子囊菌门镰刀菌属。

传播途径和发病条件 以菌丝体或厚垣孢子或分生孢子在土壤或种子上越冬，带菌的肥料、种子和病土成为翌年主要初侵染源。病部上产出分生孢子进行再侵染，借雨水溅射传播蔓延。植地连作或低洼、排水不良、土质过于黏重、施用未充分腐熟的土杂肥，皆易诱发本病。

防治方法 ①收获时彻底收集病残物及早烧毁，并深翻晒土或利用太阳热和薄膜密封消毒土壤，并实行轮作，可减轻发病。②选用健全种薯，不用带病种薯作种，必要时把种薯切面阴干20～25天。③药剂防治。发病初期开始浇灌70%甲基硫菌灵可湿性粉剂600倍液或2.5%咯菌腈悬浮剂1200倍液、1.5%噻霉酮水乳剂600倍液、50%多菌灵可湿性粉剂800倍液，隔10天左右1次，防治1次或2次。

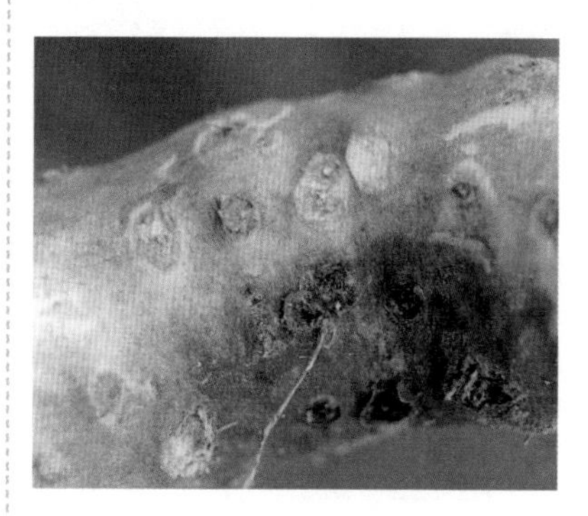

山药镰孢褐腐病病薯

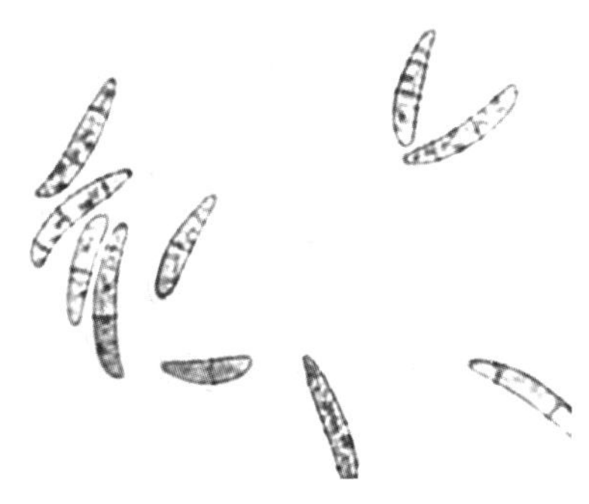

山药镰孢褐腐病病菌腐皮镰孢大型分生孢子

山药薯蓣链格孢叶斑病

症状 主要为害叶片。发生在中央或叶缘，产生近圆形黑褐色病斑，四周具褐色晕圈，直径

3～6mm，子实体分生孢子梗、分生孢子生在叶面和叶背。

山药薯蓣链格孢叶斑病病叶上的黑斑

病原 *Alternaria dioscoreae* Vasant Rao，称薯蓣链格孢，属真菌界子囊菌门链格孢属。

传播途径和发病条件 以菌丝体或分生孢子在寄主上或病残体上越冬。条件适宜时，产生分生孢子，借风雨传播，进行初侵染和多次再侵染。雨天多、湿度大易发病。

防治方法 ①增施基肥，氮、磷、钾配合施用，增强抗病力。②发现病叶及时摘除，减少菌源。③发病前喷洒64%百·锰锌可湿性粉剂或40%百菌清悬浮剂600倍液、50%异菌脲可湿性粉剂1000倍液，隔10天1次，防治1次或2次。

山药褐斑病

症状 主要为害叶片。叶面病斑近圆形或椭圆形至不定形，大小不等，边缘褐色，中部灰褐色至灰白色。斑面上现针尖状小黑粒即病原菌的分生孢子器。

山药褐斑病典型症状

病原 *Phyllosticta dioscoreae* Cooke，称薯蓣叶点霉，属真菌界子囊菌门叶点霉属。分生孢子器近球形，黑褐色。分生孢子卵形，单胞，无色。

传播途径和发病条件 以菌丝体和分生孢子器在病叶上或随病残体遗落土中越冬。以分生孢子进行初侵染和再侵染，借雨水溅射传播。温暖多湿的季节，特别是生长期间风雨频繁或植地郁闭高湿，利其发生。

防治方法 ①因地制宜设计畦向，增加植地通透性，避免株行间郁闭高湿。②连阴雨天注意清沟排渍。③收获后及时清除病残体集中烧毁。④发病初期开始喷洒75%百菌清可湿性粉剂600倍液、50%多菌灵可湿性粉剂600倍液、50%异菌脲可湿性粉剂900倍液、20%噻菌铜悬浮剂500倍液，隔10天左右1次，防治1次或2次。

山药褐色腐败病

症状 主要为害地下根部和细根及当年形成的块茎。病部现褐色坏死斑，初期为局部坏死，扩展后波及整个根系和块茎。发病重的地上部叶片干枯早落。

山药褐色腐败病畸形块茎

病原 *Rhizoctonia solani* Kühn，称立枯丝核菌，属真菌界担子菌门无性型丝核菌属。

传播途径和发病条件 病菌在土壤中和带菌块茎内越冬。翌春条件适宜时，菌丝萌发直接侵入薯蓣根部，进行初侵染和多次再侵染。病菌也可借种子、粪肥及苗木进行远距离传播。在田间主要借雨水、灌溉水及人工操作传播，由块茎伤口侵入。土温20～24℃、土壤湿度大易发病。植地连作、排水不良、土质黏重发病重。

防治方法 ①选用无病块茎作种薯。催芽播种前，每平方米苗床用35%福·甲可湿性粉剂2～3g，对水900倍液喷洒床土，待土面干后，按常规播种。②发现病苗喷洒35%福·甲可湿性粉剂800倍液或30%苯醚甲环唑·丙环唑乳油2000倍液或23%噻氟菌胺悬浮剂每667m^2用量14～20ml，加水40～60L喷雾，具有预防和治疗效果。

山药根腐病

症状 主要为害地下块茎。地下块茎染病，初生水渍状小斑点，有的出现黄褐色坏死或扩展成黄褐色大斑块，病组织内部开始变褐腐烂，后致整个块茎腐烂。土壤含水量高该病害扩展快，有的病部生出白色至粉红色菌丝。地上部出现黄化或叶脉附近产生褪绿，叶缘坏死干枯，最后全株枯死。

山药根腐病病根上的症状

病原 *Fusarium* sp.，称一种镰刀菌，属真菌界子囊菌门镰刀菌属。该菌常产生大型分生孢子和小型分生孢子两种，前者镰刀形，无色，多细胞。小型分生孢子长椭圆形，单胞无色，个别有1隔膜。

传播途径和发病条件 病原真菌以菌丝体、分生孢子在土壤中或随病残体越冬，病土和带菌有机肥是主要初侵染源。雨天多、湿度大、土壤黏重、地下害虫多易发病。

防治方法 ①选择排水良好地

块种植山药，收获后及时清除病残体，适时耕翻晒田，以减少田间菌源。②施用腐熟有机肥或生物活性肥料。③发病重的地区或田块，每667m^{2}用70%噁霉灵或70%多菌灵可湿性粉剂3～4kg拌入50kg细土均匀撒施在播种沟内，效果好。④浇甲壳素1000倍液，效果好。

山药青霉病

症状 是山药储藏期病害，造成山药大批腐烂，损失严重。主要危害块茎，初期多发生在块茎截口面或块茎表面，产生大小不一的棉絮状菌丝团，后随病害扩展逐渐变成绿蓝色或绿色霉层或霉团，病部逐渐软化腐烂，后干缩不能食用。

山药青霉病

病原 *Penicillium chrysogenum*，称产黄青霉，属真菌界子囊菌门青霉属。

传播途径和发病条件 该菌广泛存在于土壤或储藏场所，条件适宜时引起发病，主要借空气流动或储运时传播蔓延。储存地湿度大，空气潮湿或温度偏高发病重。

防治方法 ①选择地势较高田块种植，生长期加强管理，适时浇水追肥，及时防治地下害虫，减少伤口。②适时收获，收获时尽量减少受伤，凡受伤薯块不要混在健薯中储藏，储藏期温度不要过高，湿度不要过大。有条件的可用20%百•腐烟剂熏烟灭菌。

山药根结线虫病

症状 主要侵染山药的根状块茎。块茎染病后，表面呈暗褐色无光泽且多畸形。多在线虫侵入点四周出现突起或肿胀，产生很多2～7mm的虫瘿状根结，严重的多个根结融合在一起。山药块根上的毛根上也长有米粒大小的根结。块茎组织表面向内变褐或腐烂。剖开根结可见乳白色的线虫，致地上部生长差，茎蔓生长不良。地下根茎受害重，多失去商品价值。

山药根结线虫病根结

病原 *Meloidogyne incognita* Chitwood，称南方根结线虫；*Pratylenchus dioscoreae* Yang et Zhao，称薯蓣短体线虫。南方根结线虫2龄幼

虫在土中移动寻找寄主根尖，由根冠上方侵入，定居在生长锥内，形成初侵染。线虫分泌物刺激导管膨胀，使根产生巨型细胞或根结，生产上受害早的块茎，发杈多，严重畸形。

传播途径和发病条件 传播途径有三种，一是带线虫土壤及病残体，二是带病山药种块，三是带病肥、水、农具等，主要是通过开沟机、带菌肥料和灌溉水传播的。每年 5 月上中旬，当山药种块隐芽基部分化形成根，幼苗破土钻出时，线虫开始侵染幼根，6 ～ 9 月上旬，10cm 土均温 25 ～ 28℃是线虫活动盛期，处在山药地下基膨大生长盛期，10 月中旬 10cm 地温低于 15℃时，根结线虫活动停滞下来。

防治方法 ①提倡与蒜、韭菜、大葱、洋葱等耐线虫病的作物进行轮作。②严把下种关、杜绝有线虫病的山药作为繁殖材料，不能用病田土壤沤制的有机肥。病田用过的开沟机，要求清洗干净，防止线虫通过农事操作传播。③清洁田园，大水漫灌。使土壤水分饱和保持 20 天以上。④增施有机肥。⑤提倡在整地前，每 667m^2 用 24% 欧杀灭杀虫杀线剂 500 倍液喷淋根部或茎叶。⑥山药根结线虫严重的地块利采用氰氨化钙全面消毒，氰氨化钙与有机肥混合撒在耕作层，种植前 10 天旋耕后压土盖膜，密闭 5 ～ 7 天，揭开地膜后晾 2 ～ 4 天，即可种上山药。

山药花叶病毒病

症状 山药染上病毒后植株瘦弱，生长缓慢，严重的生长停滞，叶片小，叶缘略呈波状或畸形。叶面现轻微花叶，叶脉常出现绿带。发病重的叶片现黄绿、淡绿与浓绿相间的斑驳，致叶面凹凸不平，生长中后期常产生坏死斑点。

山药花叶病毒病

病原 *Yam mosaic virus*（YMV），称薯蓣花叶病毒，属马铃薯 Y 病毒科马铃薯 Y 病毒属。病毒粒体线状，大小 785nm×13nm。25℃时体外存活期 12 ～ 24h，稀释限点 100 ～ 1000 倍，失毒温度 55 ～ 60℃。

传播途径和发病条件 病毒随种山药在储藏窖内越冬。带毒种山药是翌年田间病毒的主要来源。只要栽植带毒山药，出苗后就会发病。桃蚜、棉蚜等传毒蚜虫进行非持久性传毒，且传毒效率高。该病发生轻重与种山药带毒率相关，带毒率高、传毒蚜虫多、植株长势差发病重。

防治方法 ①建立无病留种田，选用无病种山药。②适期早栽，使山药苗期尽可能与蚜虫盛发期错开，减少蚜虫传毒。③加强肥水管理，提高植株抗病力，发现蚜虫要及早喷洒高效杀蚜剂灭蚜。④发病初期喷洒2% 宁南霉素水剂 500 倍液或 1% 香菇多糖水剂 500 倍液。

山药死棵

造成山药死棵的病害主要有炭疽病、褐腐病及枯萎病。

症状 山药炭疽病主要发生在叶片或茎蔓上，枯萎病、褐腐病主要发生在根部及茎块上，这三种病害都是真菌引起的，都能通过水流传播蔓延。炭疽病叶片上产生圆形至椭圆形病斑，病斑中央灰白色至暗灰色，边缘深褐色。茎部染病，产生中央灰白色、四周黑褐色病斑，严重时病斑融合变黑枯死。褐腐病主要危害块茎，产生坏腐状不规则褐斑，略凹陷，严重的病部周围全部腐烂。枯萎病多发生在重茬地块上，初发病时茎基部产生梭形褐色斑块，向四周扩展，造成茎基部表皮腐烂，上位叶变黄干枯，藤蔓枯死。

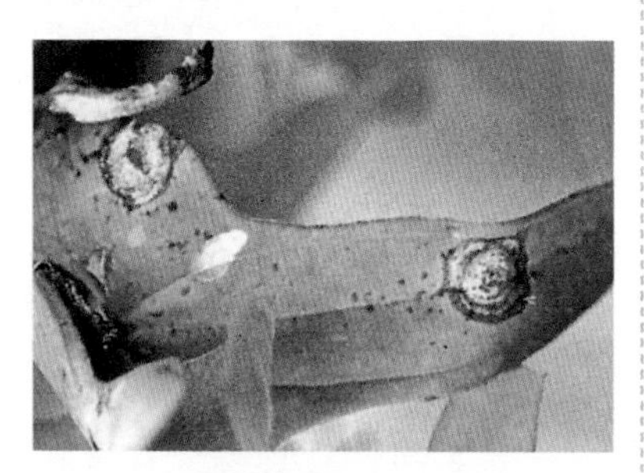

山药炭疽病引起山药死棵

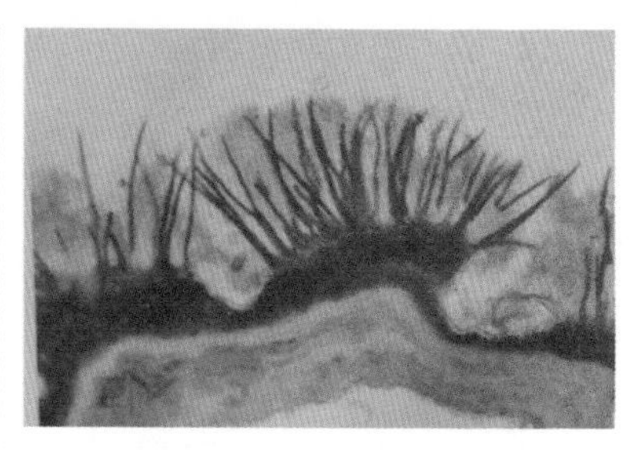

山药炭疽病病菌胶孢炭疽菌分生孢子盘

病原 炭疽病病原是围小丛壳，无性态是胶孢炭疽菌。褐腐病由腐皮镰孢引起。枯萎病是由山药尖镰孢侵染引起的。

防治方法 ①加强管理。雨季及时排水，中耕划锄，叶面喷施全营养叶面肥、甲壳素等，出现叶片黄化，可加入 1.4% 复硝酚钠水剂 4500 倍液增强抗病力。②防止山药早衰可喷洒 25% 嘧菌酯 1500 倍液、甲壳素 1000 倍液。炭疽病发生后喷洒 25% 咪鲜胺乳油 1000 倍液或 32.5% 苯甲 • 嘧菌酯悬浮剂 1500 倍液。③防治褐腐病和枯萎病可浇灌 70% 甲基硫菌灵可湿性粉剂 600 倍液或 50% 氯溴异氰尿酸 1000 倍液、70% 噁霉灵可湿性粉剂 1500 倍液、41% 乙蒜素乳油 600倍液，隔 10 天左右再灌 1 次。

山药烂种死苗

症状 种植山药经常出现烂种死苗的现象，有的相当严重。

病因 主要原因有三个：一是山药的嘴子质量不够好，山药嘴子优劣是决定山药苗子是否健壮的重要指标，也是影响产量高低的关键，生产上用了破损或未晾晒的山药作种，就会出现出苗慢及苗弱的情况，严重的就会产生烂种死苗；二是遇有寡照低温持续时间长或阴雨天气多，土壤、空气湿度大，气温低都会造成烂种死苗，生产上气温越低降雨越大、持续时间越长，烂种死苗发生越严重；三是播种过深或过浅，一般播种越深，在低温高湿的情况下产生烂种死苗越严重。

山药烂种死苗

防治方法 ①山药忌连作；翻地深度 0.6m 为宜；第 2 年下种前每 $667m^2$ 施入堆肥、栏肥 4000kg，撒施后细翻土做成高畦 17cm 高、宽 1.3m，沟深 17cm、宽 26cm，下种期清明前后地温高于 13℃，按株行距 20 ～ 26cm、30 ～ 45cm 开沟条播，沟深 7cm，把选好的山药嘴子朝 1 个方向平放在沟中，每个芽口相距 23cm，每 $667m^2$ 再施 2000kg 有机肥覆土平畦面。②选种浸种是关键。选冬前预留的直径大于 3cm 块茎上端或上端嘴子作种茎，种茎长 13 ～ 40cm，无病斑，无霉点、无腐烂。于 3 月中旬切段，段长 15 ～ 20cm，并在切口处蘸生石灰或多菌灵粉，晒 3 ～ 5 个晴天，再晾晒 5 ～ 7 天促进产生愈伤组织，栽前再用 40% 多菌灵悬浮剂 300 倍液浸泡种茎 15min，捞出晾干后种植。③播种前 10 天早打沟早晒田，可提高地温，当 10cm 地温稳定在 10℃以上时可播种，播种深度 8 ～ 10cm，播后天气好是最佳选择，可大大减少烂种死苗。

山药畸形

症状 山药块茎下端或上端产生扁头形或分杈等奇形怪状，都叫山药畸形，影响商品价值。

山药畸形

病因 一是整地质量不过关，山药在生长过程中遇有石块等硬物，生长点生长受抑改变生长方向产生分杈、扁平等症状。二是有机肥没有与土壤均匀混合，有的地方多，山药生长点遇到肥料多的会把生长点烧坏，产生了畸形山药。三是地下害虫危害，如蛴螬、蝼蛄咬伤山药块茎或基端分生组织，出现分杈或虫眼。

防治方法 ①山药须根细，水位在4m以下、耕作层厚在20cm以上、土壤有机质2%、全氮0.15%的沙质壤土，产量最高。整地时把土壤中的石头、瓦块、砖块等硬物彻底清除。②底肥应施入10～20cm较浅土层，利于山药根系吸收，追肥要少量多次。山药怕涝，也不宜太旱，过涝易出现沤根，过旱影响山药膨大，合理匹配水肥可减少畸形。③提早防治地下害虫，可选用90%敌百虫可溶粉剂30倍液与土拌湿，撒在播种沟内，能有效防治地下害虫。

4. 姜病害

姜 学名 *Zingiber officinale* Rosc.，别名生姜、黄姜，是姜科姜属能形成地下肉质根茎多年生草本植物，可作一年生栽培。除调味外，现有人将姜与肉桂一起制成“辣饮”用于预防感冒、治疗寒性感冒病、祛寒，发挥其保健功能。

姜立枯病

症状 又称纹枯病。主要为害幼苗。初病苗茎基部靠地际处褐变，引致立枯。叶片染病，初生椭圆形至不规则形病斑，扩展后常相互融合成云状，故称纹枯病。茎秆上染病，湿度大时可见微细的褐色丝状物，即病原菌菌丝。根状茎染病，局部变褐，但一般不引致根腐。

病原 *Rhizoctonia solani* Kühn，称丝核菌，属真菌界担子菌门丝核菌属。

传播途径和发病条件 病菌主要以菌核遗落土中或以菌丝体、菌核在杂草和田间其他寄主上越冬。翌年条件适宜时，菌核萌发产生菌丝进行初侵染，病部产生的菌丝又借攀援接触进行再侵染，病害得以传播蔓延。高温多湿的天气或植地郁闭高湿或偏施氮肥，皆易诱发本病。前作稻纹枯病严重、遗落菌核多或用纹枯病重的稻草覆盖的植地，往往发病更重。

姜立枯病病株

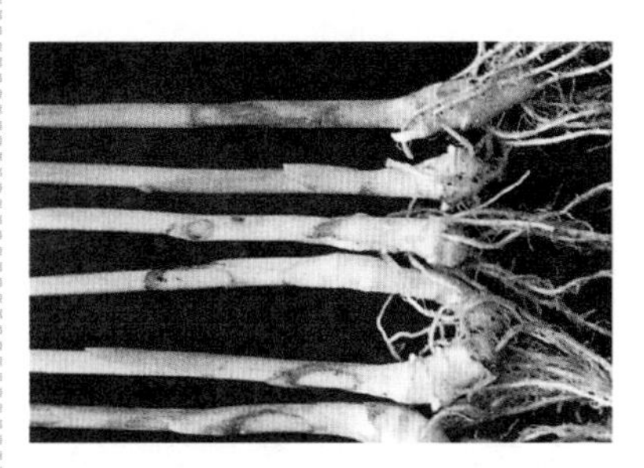

姜立枯病茎基部的病斑

防治方法 ①前作稻纹枯病严重的田块勿选作姜地。②勿用稻纹枯病重的稻秆作姜地覆盖物。③施用酵素菌沤制的堆肥或腐熟有机肥。④选择高燥地块种姜，及时清沟排渍降低田间湿度；发病初期喷淋或浇灌 30% 苯醚甲・丙环乳油 3000 倍液、430g/L 戊唑醇悬浮剂 3500 倍液或 1% 申嗪霉素悬浮剂，每 $667m^2$ 用

80ml 或 6% 井冈·蛇床素可湿性粉剂 40 ～ 60g，防效好。

姜枯萎病

症状 又称姜块茎腐烂病。主要为害地下块茎部。块茎变褐腐烂，地上部植株呈枯萎状。该病与细菌性姜瘟病外观症状常易混淆，但细加比较仍不难把两病区分开来：姜瘟病块茎多呈半透明水渍状，挤压患部溢出洗米水状乳白色菌脓，镜检则见大量细菌涌出；姜枯萎病块茎变褐而不呈水渍状半透明，挤压患部虽渗出清液但不呈乳白色混浊状，镜检病部可见菌丝或孢子，保湿后患部多长出黄白色菌丝，挖检块茎表面长有菌丝体。

姜枯萎病病株

病原 包括 *Fusarium oxysporum* f.sp. *zingiberi* 和 *Fusarium solani* (Martius) Apple et Wollenweber，称尖镰孢菌和茄病镰孢，均属真菌界子囊菌门镰刀菌属。

传播途径和发病条件 两菌均以菌丝体和厚垣孢子随病残体遗落土中越冬。带菌的肥料、姜种块和病土成为翌年初侵染源。病部产生的分生孢子，借雨水溅射传播，进行再侵染。植地连作、低洼排水不良或土质过于黏重或施用未充分腐熟的土杂肥易发病。

防治方法 ①选用密轮细肉姜、疏轮大肉姜等耐涝品种。②常发地或重病地宜实行轮作，有条件最好实行水旱轮作。③选高燥地块或高厢深沟种植。④提倡施用酵素菌沤制的堆肥和腐熟的有机肥。适当增施磷钾肥。⑤注意田间卫生，及时收集病残株烧毁。⑥常发地植前注意精选姜种块，并用 50% 多菌灵可湿性粉剂 300 ～ 500 倍液浸姜种块 1 ～ 2h，捞起拌草木灰下种。⑦发病初期于病穴及其四周植穴淋施 3% 噁霉·甲霜水剂 600 倍液或 70% 噁霉灵可湿性粉剂 1500 倍液、54.5% 噁霉·福可湿性粉剂 700 倍液。

姜眼斑病

症状 主要为害叶片。叶斑初为褐色小点，后叶两面病斑扩为梭形，形似眼睛，故称眼斑或眼点病。病斑灰白色，边缘浅褐色，大小（5 ～ 10）mm×（3 ～ 4）mm，病部四周黄晕明显或不明显，湿度大时，病斑两面生暗灰色至黑色霉状物，即病菌的分生孢子梗和分生孢子。

病原 *Drechslera spicifera* (Bain.) v. Arx，称德斯霉，属真菌

界子囊菌门内脐蠕孢属，也称德斯霉属。分生孢子梗多单生，榄黄色，正直不分枝，基部细胞膨大，顶端色浅，产孢细胞多茁芽殖，合轴式伸长；分生孢子长椭圆形，两端钝圆，单生或顶侧生，正直，浅榄黄色，具2～7个隔膜，大小（22～53）μm×（8～14）μm。

姜眼斑病病叶上的眼状斑

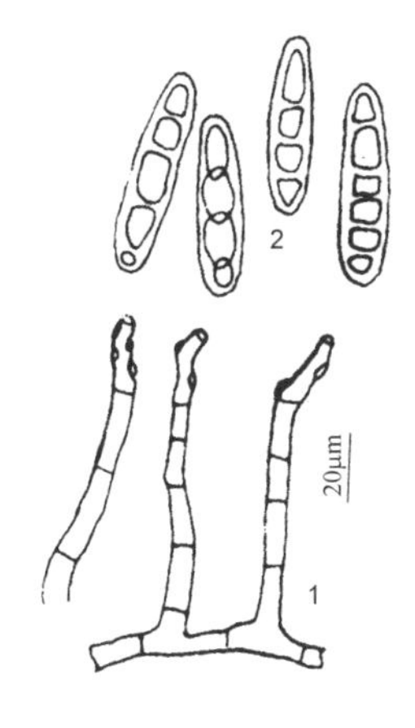

姜眼斑病病菌（德斯霉）
1—分生孢子梗；2—分生孢子

传播途径和发病条件 病菌以分生孢子丛随病残体在土中存活越冬。以分生孢子借风雨传播，进行初侵染和再侵染。温暖多湿的天气有利于本病发生。植地低洼高湿、肥料不足，特别是钾肥偏少、植株生长不良发病重。

防治方法 ①加强肥水管理。施用酵素菌沤制的堆肥或腐熟的有机肥，增施磷钾肥特别是钾肥，清沟排渍降低田间湿度，提高植株抵抗力。②药剂防治。可结合防治姜其他叶斑病进行。重病地或田块可喷20%噻菌灵悬浮剂600倍液或2.5%咯菌腈悬浮剂1200倍液、70%甲基硫菌灵可湿性粉剂700倍液。

姜叶枯病

症状 姜叶枯病主要为害叶片。病叶上初生黄褐色枯斑，逐渐向整个叶面扩展，病部生出黑色小粒点，即病菌子囊座，严重时全叶变褐枯萎。

病原 *Mycosphaerella zingiberi* Shirai et Hara，称姜球腔菌，属真菌界子囊菌门球腔菌属。子囊座黑色，球形至扁球形，直径60～120μm。

传播途径和发病条件 病菌以

姜叶枯病病叶

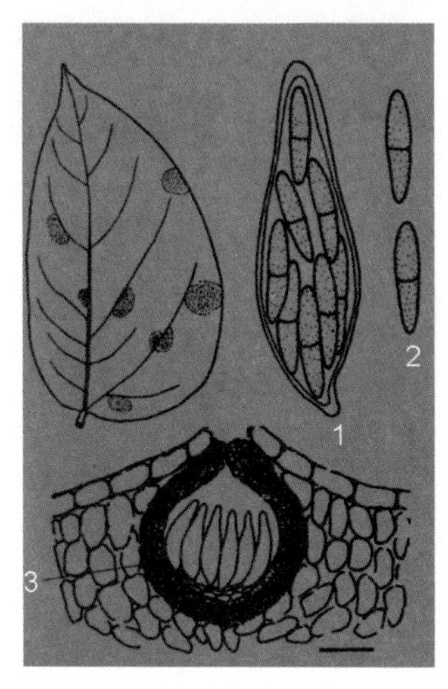

姜叶枯病菌球腔菌属
1—子囊；2—子囊孢子；3—假囊壳

子囊座或菌丝在病叶上越冬。翌春产生子囊孢子，借风雨、昆虫或农事操作传播蔓延。高温、高湿利于发病。连作地、植株长势过密、通风不良、氮肥过量、植株徒长发病重。

防治方法 ①选用莱芜生姜、密轮细肉姜、疏轮大肉姜等优良品种。②重病地要与禾本科或豆科作物进行3年以上轮作，提倡施用酵素菌沤制的堆肥或生物有机复合肥。采用配方施肥技术，适量浇水，注意降低田间湿度。③秋冬要彻底清除病残体，田间发病后及时摘除病叶集中深埋或烧毁。④发病初期开始喷洒40%百菌清悬浮剂600倍液或40%嘧霉·百菌清悬浮剂400倍液、50%福·异菌可湿性粉剂700倍液，隔7～10天1次，连续防治2～3次。

姜根茎腐烂病

山东省莱芜、安丘等地该病逐年加重，田间发病率5%～80%，减产20%～30%，重病田甚至绝产，给姜农带来巨大损失。其危害已经超过姜瘟病，严重妨碍生姜生产的发展。

症状 又称烂脖子病。染病株地上部茎叶变黄，初近地面叶片尖端或叶缘褪绿变黄，后扩展到整个叶片，终致全株叶片黄枯、凋萎或倒伏。茎发病先从茎基或叶鞘褪绿，无光泽，有的产生水渍状褐色病斑，茎基部缢缩变细。土面以下茎表皮产生浅褐色病变，表皮或部分块茎变软，但不腐烂发臭，别于姜瘟病和镰孢引起的黄姜茎基腐病。

姜根茎腐烂病地下块茎发病症状（李林摄）

病原 *Pythium aphanidermatum*，称瓜果腐霉；*P.rostratum* Butler，称喙腐霉；*P. periilum* Drechsler，称周雄腐霉等，属假菌界卵菌门腐霉属。

传播途径和发病条件 病菌在病残体上、土壤中或种姜上越冬。土壤中的腐霉菌先侵入近地面的根茎，后向下扩展，侵入地下茎和刚萌发的芽，后软化，在土壤中借姜及流水传播。土壤湿度大、排水不良的低洼处易发病。据李林等调查，山东5月上中旬开始发病，5月下～6月上旬进入发病高峰期。比姜瘟病发生早1个月。

防治方法 ①用68%精甲霜•锰锌水分散粒剂700倍液或3g/L在催芽前30min浸种后播种。②药剂处理土壤，播种前1个月每667m^{2}用氰氨化钙50kg撒在地表，然后翻耕，深度为20cm，后土表覆膜压实，20天后揭膜通风2～3天，旋耕松土1次或2次，7天后播种，防效93%左右，增产明显。如能在上述土壤处理基础上定植时再加3%中生菌素可湿性粉剂800倍液或用3g/L 68%精甲霜•锰锌连续进行至少3次的灌根处理，间隔7～10天，防效高达81.45%。③发病初期用3%中生菌素可湿性粉剂600倍液或20%叶枯唑可湿性粉剂500倍液混加25%咪鲜胺乳油1500倍液或20%叶枯唑600倍液混加10%苯醚甲环唑水分散粒剂1500倍液喷淋大姜茎秆，湿透为止，隔7天1次，连喷2～3次。撤膜后大姜进入小培期应适量追施甲壳阿维有机肥80kg、氮磷钾复合肥25kg及多元素复合钙25kg混用。

姜群结腐霉根腐病

症状 又称软腐病。发病初期地际部茎叶处现黄褐色病斑，继而软腐，致地上部茎叶黄化萎凋后枯死。地下部块茎染病，呈软腐状，失去食用价值。一般结群腐霉引起的根腐病先引起植株下部叶片尖端及叶缘褪绿变黄，后蔓延至整个叶片，并逐渐向上部叶片扩展，致整株黄化倒伏，根茎腐烂，散发出臭味。

姜群结腐霉根腐病病株

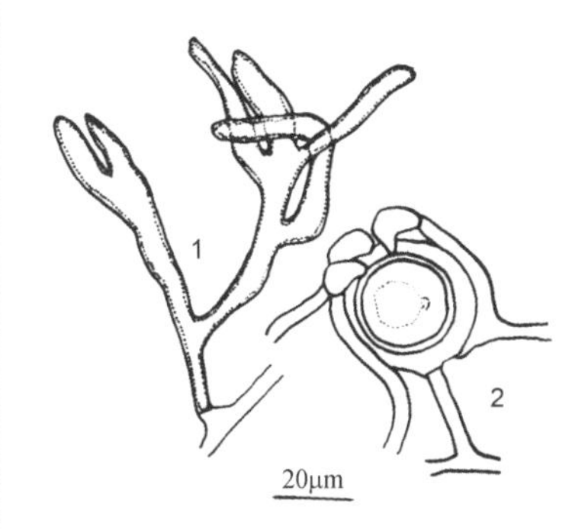

姜群结腐霉根腐病病菌

1—游动孢子囊；2—藏卵器和卵孢子

病原 *Pythium myriotylum* Drechsler，称群结腐霉，属假菌界卵菌门腐霉属。

传播途径和发病条件 病菌以菌丝体在种姜或以菌丝体和卵孢子在遗落土中的病残体上越冬。病姜种、病残体和病肥成为本病的初侵染源。

在温暖地区，游动孢子囊及其萌发产生的游动孢子借雨水溅射和灌溉水传播，进行初侵染和再侵染。通常日暖夜凉的天气和植地低洼积水、土壤含水量大、土质黏重有利于该病发生。种植带菌的种姜和连作，发病重。

防治方法 ①防治策略及措施跟姜瘟病的基本相同，都要强调预防为主，综合防治。强调抓好选留健种、种姜消毒，实行轮作和改进栽培技术等环节。②姜田需全面消毒时每667m^{2}撒施氰氨化钙50～100kg，于播种前10天旋耕，并压土盖膜，密闭5～7天，揭膜后晾2～4天即可种姜。③定植前用25%烯肟菌酯乳油900倍液或20%唑菌酯悬浮剂900倍液、85%波尔·甲霜灵可湿性粉剂600倍液或60%锰锌·氟吗啉或60%丙森·霜脲氰或72%霜脲·锰锌可湿性粉剂600～800倍液浸种或闷种姜，用尼龙膜密封1h，然后晾干下种；在出苗后至始病期，浇水时随水冲施77%硫酸铜钙可湿性粉剂600倍液混加50%甲基硫菌灵悬浮剂600倍液，10天后再浇灌甲壳素500倍液促姜根系生长。

姜白绢病

症状 主要为害姜的茎基部和姜根。发病初期地上部茎叶正常，茎基部出现水渍状褐色病斑，病斑上长有白色菌丝体。进入发病中期地上部叶片开始萎蔫，茎基部大部分变成褐色，表土上出现白色菌丝。发病后期，地上部叶片枯黄，茎基部和表土上出现白色至黄色后变褐色油菜籽状小菌核，这时地下茎部腐解成褐色纤维，散出霉味。收姜时常可见到姜块上的白色菌丝。每年7～8月发病，严重的病株率达100%，减产40%。

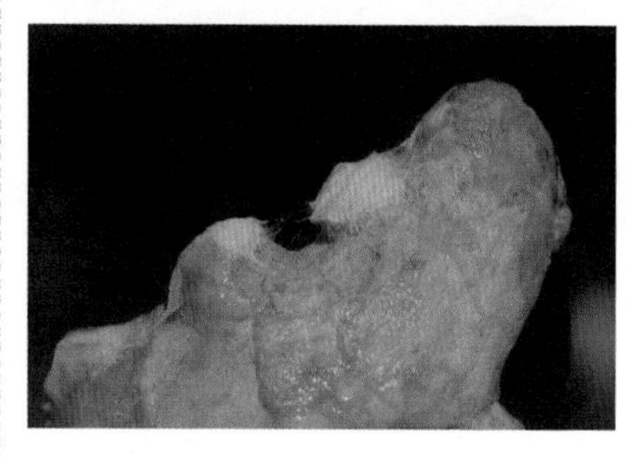

姜白绢病病姜上的白色菌丝

病原 *Sclerotium rolfsii* Sacc.，称齐整小核菌，属真菌界子囊菌门小核菌属。菌核油菜籽状，初生白色菌丝，后纠结成茶褐色小菌核，切开成灰色，直径0.5～2mm。有性态为*Athelia rolfsii*，称罗耳阿太菌，属担子菌门阿太菌属。

传播途径和发病条件 病菌以菌丝体和菌核在病残体或土壤中越冬。多分布在1～2cm表土层中，在土下2.5cm以下的菌核很少萌发，7cm深处几乎不萌发。翌春气温20℃以上时，菌核萌发，常随温度升高，萌发速度加快，是下一季的初侵染源。病株上的菌丝不断产生菌核，随水流、病土传播进行再侵染。该菌喜高温高湿，气温30～35℃，加上潮湿环境，病菌生长速度快。南方进入6～7月梅雨季节，天气时晴时雨易发病，生产上与茄科、葫芦科蔬菜连作，带病种姜多，湿气滞留，封行荫蔽姜田发病重。

防治方法 ①提倡与十字花科、水稻、葱蒜等作物轮作，可减少发病。②选用无病种姜，选用抗白绢病的品种。

姜曲霉病

症状 姜曲霉病田间或储运过程中均可发病，主要为害姜块茎。田间染病，常从露出地面的姜块有伤口处侵入，发病初期出现水渍状软化，后向里扩展，致姜肉腐烂，仅残留干皮。内部充满黑霉，即病菌分生孢子梗和分生孢子。

姜曲霉病病姜上生黑斑

病原 *Aspergillus niger* Tiegh，称黑曲霉，属真菌界子囊菌门曲霉属。

传播途径和发病条件 该菌能侵染多种蔬菜，广泛分布，条件适宜时，分生孢子从伤口侵入，发病后，产生众多分生孢子借气流传播，造成一定为害。姜生长弱、伤口多易发病。

防治方法 ①采用测土施肥技术，施足腐熟有机肥。生长期适时浇水追肥，千方百计减少伤口、生理裂口、虫伤等，可减少发病。②发病初期喷洒60%多菌灵盐酸盐可溶粉剂600倍液或55%硅唑·多菌灵可湿性粉剂1100倍液，用45%噻菌灵悬浮剂1kg对细土50kg，充分混匀后撒在病姜基部。

姜链格孢叶斑病

症状 叶上病斑形状不规则，中央灰白色，边缘褐色，直径3～10mm，严重时常互相融合成大斑，菌丝、分生孢子梗及分生孢子主要生在叶面。

病原 *Alternaria* sp.，称姜链格孢，属真菌界子囊菌门链格孢属。分生孢子梗单生或簇生，浅青褐色，直立，多数屈曲，基部略膨大，大小（13.5～60.5）μm×（3～5）μm。分生孢子单生或短链生，青褐色，倒棒状或倒梨形，具横隔膜3～8个，纵、斜隔膜1～5个，主分隔处缢缩，孢身大小（19.5～34.5）μm×（7～14）μm。有喙，喙及假喙柱状，有分隔，浅青褐色，大小（7.5～75）μm×（2.5～4）μm。

传播途径和发病条件 病原菌在病部或病残体中越冬。条件适宜时，病菌借助气流或雨水溅射传播，进行初侵染和多次再侵染。温暖多湿或雨天多、栽植过密利于该病发生和蔓延。

姜链格孢叶斑病

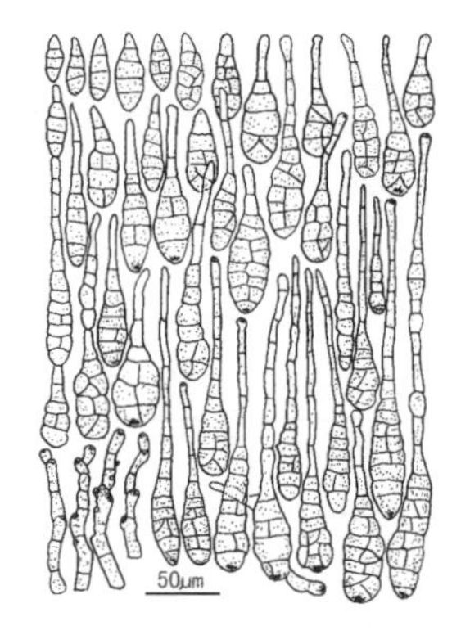

姜链格孢菌分生孢子梗和分生孢子（张天宇）

防治方法　①采用测土施肥技术，施足腐熟有机肥增强抗病力。②加强姜田管理，雨后及时排水，防止湿气滞留，改善姜田小气候，有利于增强抗病力。③发病前，雨季到来之前喷洒50%异菌脲可湿性粉剂1000倍液或40%百菌清悬浮剂800倍液、21%硅唑·多菌灵悬浮剂900倍液，隔10天左右1次，防治3～4次。

姜壳针孢斑枯病

症状　叶上病斑近梭形，浅褐色，后中央变成白色，后病斑向上下扩展成长条状，后期病斑上长出许多赤色小粒点，即病原菌的分生孢子器。病情严重的致叶片干枯。

病原　*Septoria zingiberis* Sund.，称姜壳针孢，属真菌界子囊菌门壳针孢属。

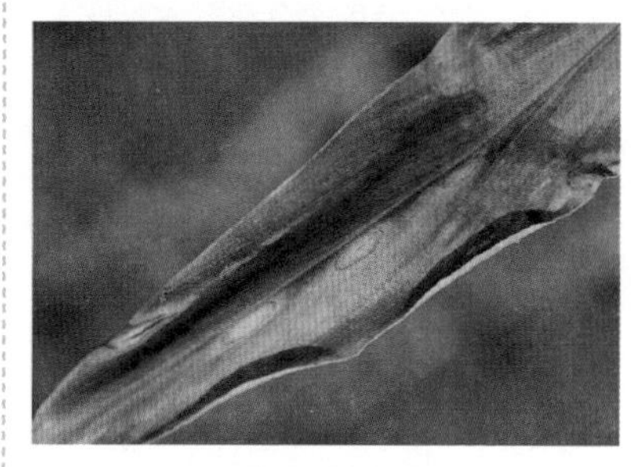

姜壳针孢斑枯病

传播途径和发病条件、防治方法参见姜斑点病。

姜斑点病

症状　主要为害叶片。叶斑黄白色，梭形或长圆形，细小，长2～5mm，斑中部变薄，易破裂或穿孔。严重时，病斑密布，全叶似星星

姜斑点病病叶

点点，故又名白星病。病部可见针尖小点，即分生孢子器。

病原 *Phyllosticta zingiberi* Hori，称姜叶点霉菌，属真菌界子囊菌门叶点霉属。

传播途径和发病条件 病菌以菌丝体和分生孢子器随病残体遗落在土壤中越冬，也可以子囊座在病残体上越冬。条件适宜时，以分生孢子或子囊孢子进行初侵染，发病后又产生分生孢子，借雨水或灌溉水传播，进行重复侵染，致该病扩大蔓延。温暖潮湿或田间郁闭、植株长势弱易发病。雨天多、持续时间长发病重。

防治方法 ①及时清除病残体，携出田外销毁。②雨后及时排水，防止湿气滞留，改善田间小气候，增强植株抗病力。③发病初期喷洒70%代森联水分散粒剂600倍液或50%异菌脲可湿性粉剂1000倍液、70%甲基硫菌灵可湿性粉剂800倍液，隔7～10天1次，连喷3～5次。

姜炭疽病

症状 为害叶片。多先自叶尖或叶缘现病斑，初为水渍状褐色小斑，后向下、向内扩展成椭圆形或梭形至不定形褐斑。斑面云纹明显或不明显。数个病斑连合成斑块，叶片变褐干枯。潮湿时斑面现小黑点，即病菌分生孢子盘。

病原 包括*Colletotrichum capsici*（Syd.）Butler et Bisby，称辣椒刺盘孢；*C.gloeosporioides*（Penz.）Sacc.，称胶孢炭疽菌，均属真菌界子囊菌门炭疽菌属。

姜炭疽病病叶

传播途径和发病条件 两菌以菌丝体和分生孢子盘在病部或随病残体遗落土中越冬。分生孢子借雨水溅射或小昆虫活动传播，成为本病初侵染源和再侵染源。病菌除为害姜外，尚可侵染多种姜科或茄科作物。在南方，病菌在田间寄主作物上辗转传播为害，无明显的越冬期。植地连作、田间湿度大或偏施氮肥植株生长势过旺有利于发病。

防治方法 ①避免姜地连作。②收获时彻底收集病残物烧毁。③施用有机活性肥或生物有机复合肥，抓好以肥水管理为中心的栽培防病。增施磷钾肥和有机肥，避免偏施、过施氮肥，高畦深沟，清沟排渍，定期喷施植宝素等生长促进剂，使植株壮而不旺，稳生稳长。④及时喷洒32.5%苯甲·嘧菌酯悬浮剂1500倍液或250g/L咪鲜胺乳油1000倍液或66%二氰蒽醌水分散粒剂1800倍液或250g/L嘧菌酯悬浮剂1000倍液，10～15天1次，防治2～3次，注意喷匀喷足。

姜瘟病

症状 又称青枯病、腐败病，是全株性病害。先是发生在根茎上，也为害叶、茎。多从靠近地面的茎基部和地下块茎的上半部母姜先发病，而后向子姜、孙姜和抽生的茎上扩展。病株茎基部呈水渍状，淡黄褐色，叶片青枯反卷，2～3天后清晨可见叶片由下向上叶缘叶尖发黄凋萎卷缩，叶片由黄变褐，以后渐干枯，茎基部腐烂后植株倒伏，由于根茎腐烂，失去吸收水分和养分的能力，最后全株枯死。病株基部和病姜初呈暗紫色，后变黄褐色水渍状，似开水烫过，横切或纵剖病茎基部或根茎部可见维管束变成褐色，俗称"黑眼圈"，用手挤压有污白色黏液从维管束中溢出，这是诊断该病的重要特征。发病后期病组织呈褐色腐烂，流出灰白色汁液，留下完整的表皮，并伴生其他病菌，散出臭味，别于姜绵腐病、根茎腐病。姜瘟病多在6～9月发病，发病早的不能生成子姜，就连种姜也会烂掉。7月发病防治后可收回种姜及部分子姜，8月发病子姜可收获，损失小。

姜瘟病病株

姜瘟病病块茎切面

病原 *Ralstonia solanacearum* (Smith) Yabuuchi et al.，称茄青枯劳尔菌，异名*Pseudomonas solanacearum* (Smith) Smith，属细菌界薄壁菌门。

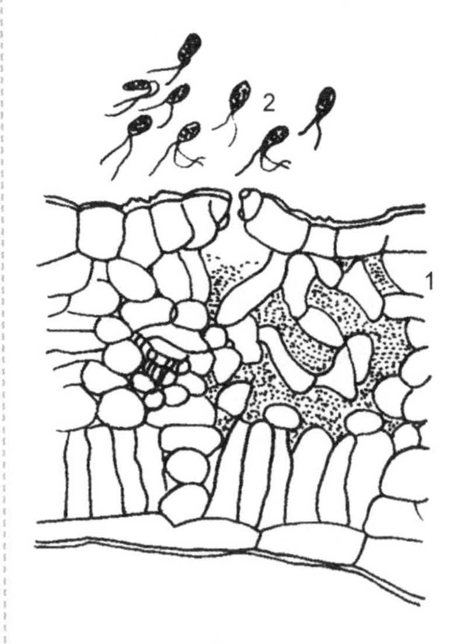

姜瘟病病菌茄青枯劳尔菌

1—病组织内的细菌；2—菌体

传播途径和发病条件 病菌在种姜或随病残体在土壤中越冬，一般在土中存活2年以上。种姜带菌是主要初侵染源，并可借助种姜调运进行远距离传播。在发病姜田里的土壤，用病残体、病土沤制的堆肥，也会把病菌带入田间引起发病。灌溉水、雨水、地下害虫也是传播病原细菌的媒介。病菌由根茎部伤口侵入，从薄壁组织进入维管束，迅速扩展，终致全株枯萎。姜瘟病的发生与蔓延受温度、湿度等多种因素的影响，病菌发育的适宜温度为26～31℃，高温高湿、时晴时雨的天气，特别是土温变化激烈利于该病发生、流行。在降雨量少而气温低的年份一般病情较轻，连作、低洼、土质黏重、无覆盖物、多中耕除草和偏施氮肥的地块发病重。

防治方法 实践证明，姜瘟病的防治要实行综合防治措施，以农业防治为主，辅之以药剂防治，以切断传播途径，尽可能控制病害发生和蔓延。①农业防治。a. 轮作换茬。姜瘟病病菌可在土中存活2年以上，轮作换茬是切断土壤传菌的主要途径，尤其是对已发病的地块，如有条件要间隔3～4年以上才可种姜，要与粮食作物或葱、蒜轮作。因病原可侵染茄科作物，故不能与番茄、茄子、辣椒、马铃薯等茄科作物轮作。提倡用转基因姜的新品种，使用无病姜种，切断病菌随种姜传播的途径。史秀娟等从58个生姜品种中选出3个中抗姜瘟病的品种：安徽阜阳大姜、四川犍为黄口姜、厦门同安土姜。可作为姜瘟病重发区推广的首选品种。其他品种多为感病或高感品种。b. 选用无病种姜，药剂浸种。在生姜收获前，可在无病姜田严格选种，单收单藏，姜窖及时消毒。姜瘟病发生区应从无病区调运姜种。催芽前用20%噻菌铜悬浮剂300倍液浸姜种15～30min，也可用3%中生菌素800倍液浸姜种1～2h。还可用每克8亿活芽胞蜡质芽胞杆菌可湿性粉剂100～150倍液浸泡姜种30min而后种植，预防发病效果明显。c. 全面消毒时可在姜田耕作层与有机肥混合撒施氰氨化钙50～100kg或沟施30～50kg，病害轻的地块可用液体氰氨化钙。方法是在种植前7～10天旋地，撒施或开沟浇施，并压土盖膜，密闭5～7天，揭开地膜后晾2～4天即可种姜。d. 施净肥。姜田所用肥料应保证无病菌，不能用病姜、病株及带菌土壤沤制土杂肥，要选用生物有机肥，播种前1周沟施生物菌有机肥多菌宝或宝地生100kg，补充土壤中有益菌数量。基施有机肥2500kg，配施过磷酸钙50kg、硫酸钾20kg、硼砂1kg、硫酸锌1kg，深翻土壤，出苗后适量冲施高氮肥料保发棵，可选用顺欣、顺藤A+B水溶肥每667m^{2}用3～5kg配施甲壳素、海藻酸、氨基酸等生根性肥料，增强抗病力。e. 浇净水。姜田采用无污染井水灌溉，应采用塑料管灌溉或滴灌，使水绕过发病地带。f. 及时铲除中心病株。田间发现病株后，应及时排除中心病株及四周0.5m以内的健株，挖去带菌土壤，在病穴内撒施石灰，然后用干净的无菌土掩埋，并将烂姜苗、烂姜块、烂姜土集中深埋或药物处理，必要时喷洒50%氯溴异氰尿酸水溶性粉剂1000倍液。g. 减少伤口发生。由于姜瘟病主要是从伤口侵入，除农事操作造成机械损伤外，地下害虫是造成伤口的一个重要方面，如发现有地下害虫为害，除使用杀虫剂外，还要用保护性杀菌剂灌根。②生长期田间初显病株时马上用每克8亿活芽胞蜡质芽孢杆菌可湿性粉剂100～150倍液顺垄灌根，15天左右1次，连灌2～3次。面积大的姜田，每$667m^2$也可用每克20亿活芽胞可湿性粉剂200～400g顺垄随水漫灌。也可在发病初期用生物制剂3%中生菌素可湿性粉剂600～800倍液每株灌0.5kg，连续灌3～5次，大雨过后最好补灌1次。此外还可选用20%噻森铜悬浮剂300～500倍液或20%叶枯唑可湿性粉剂400倍液或50%氯溴异氰尿酸水溶性粉剂1000倍液，首次灌药应在发病前10天，以后隔10天1次，共灌4～5次。提倡用姜瘟净水剂500倍液进行浸种处理，并在出苗、三股权大培土时期灌姜根，处理的发病率仅2.6%，防效达92.6%，防效最高。也可用3%中生菌素（克菌康）可湿性粉剂600倍液，防效为90.5%。③种姜收获后先晒几天，促进伤口愈合，剔除病姜，窖温12～15℃。

姜细菌性叶枯病

症状 又称姜细菌叶枯病或烂姜。主要为害根茎。初在茎基部或根茎上半部现黄褐色水渍状病变，逐渐失去光泽，姜从外部逐渐向内软化腐败，仅留表皮，内部充满灰白色具硫化氢臭味的汁液。病茎、病根染病，初呈浅黄褐色至暗紫色病变，后亦变成黄褐色腐烂，致叶尖或叶脉呈鲜黄色至黄褐色，叶缘上卷，病叶凋萎早落。

姜细菌性叶枯病

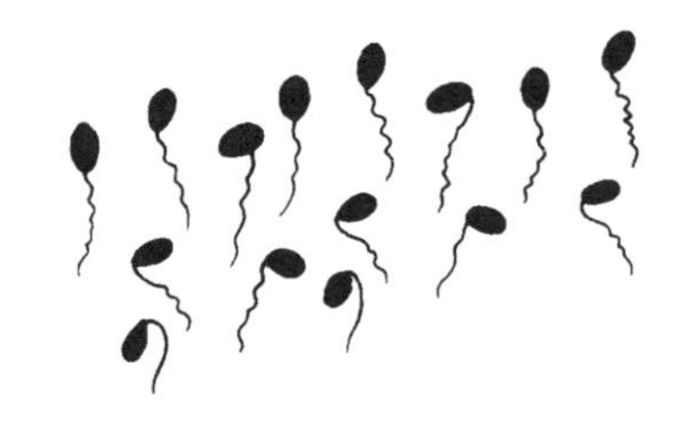

姜细菌性叶枯病油菜黄单胞杆菌

病原 *Xanthomonas campestris* pv. *zingibericola*（Ren et Fang）Bradbury.，异名*X.zingibericola* Ren et Fang，称油菜黄单胞杆菌姜致病变种（姜细菌叶枯病黄单胞菌），属细菌界薄壁菌门。

传播途径和发病条件 病原细菌主要在储藏的根茎里或随病残体留在土壤中越冬或越夏。带菌根茎成为田间主要初侵染源，并可通过根茎进行远距离传播，在田间病菌靠灌溉水及地下害虫传播蔓延。在地上借风雨、人为等因素接触传播，病原细菌从伤口或叶片上的水孔侵入，沿维管束向上、下蔓延，引致根茎腐烂或植株枯死。土温28～30℃、土壤湿度高易发病。

防治方法 ①选用密轮细肉姜、疏轮大肉姜等耐涝品种和无病种姜，播种前用3%中生菌素800倍液和阿波罗963养根素1000倍液进行药剂浸种。必要时切开种姜用1∶1∶100倍式波尔多液浸20min，也可用草木灰封住伤面，以避免病原菌从伤口侵入。②土壤用维康等土壤处理剂22～30kg随水冲施浸灌，7～10天后播种。于播种前1周沟施生物菌有机肥多菌宝或宝地生100kg补充土壤有益菌。发现病株马上拔除，集中深埋或烧毁，病穴撒施石灰消毒，严防病田的灌溉水流入无病田中。③有条件的应与水稻等禾本科作物实行2～3年轮作。④发病初期浇灌20%叶枯唑可湿性粉剂600倍液或20%喹菌酮可湿性粉剂1500倍液。此外，要注意防治地下害虫。⑤种姜收获后，先晾晒几天，后放在20～33℃温度条件下热处理7～8天，促其伤口愈合，同时发现病姜及时剔除后进行储藏，窖温控制在12～15℃为宜。

姜细菌软腐病

症状 主要侵染根茎部。初呈水渍状溃疡，用手压挤，可见乳白色浆液溢出，因地下部腐烂，致地上部迅速湿腐，病情严重的根、茎呈糊状软腐，散发出臭味，致全株枯死。

病原 *Pectebacterium carotovorum* subsp. *carotovorum*（Jones）Bergey et al.，称胡萝卜果胶杆菌胡萝卜变种，属细菌界薄壁菌门。

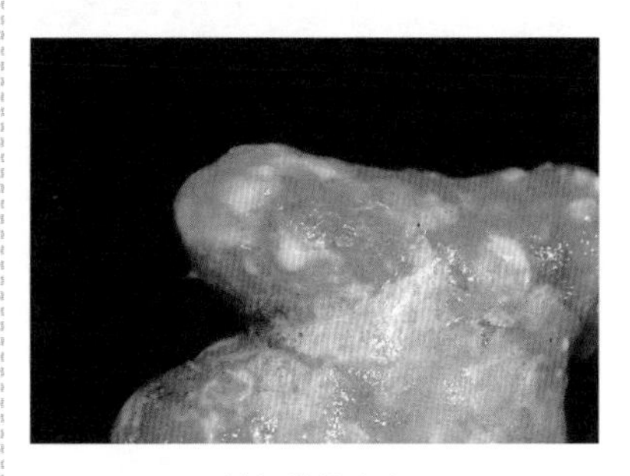

姜细菌软腐病

传播途径和发病条件 病原细菌主要在土壤中生存，经伤口侵入发病。该菌发育温度范围2～41℃，适温25～30℃，50℃经10min死亡，耐酸碱度范围5.3～9.2，适宜pH值7.2。

防治方法 ①雨后及时排除姜田的积水，降低田间湿度，减少发病。②储藏姜时要选择高燥地块，免腐烂。③发病初期喷洒20%噻菌铜悬浮剂500倍液或30%王铜悬浮剂600倍液或50%氯溴异氰尿酸可溶粉剂1000倍液或1∶1∶120倍式波尔多液，隔10天1次，连续防治2～3次。

姜花叶病毒病

症状 主要为害叶片。在叶面上出现淡黄色线状条斑，引起系统花叶。

病原 *Cucumber mosaic virus*（CMV），称黄瓜花叶病毒，属雀麦花叶病毒科黄瓜花叶病毒属。

姜花叶病毒病病叶

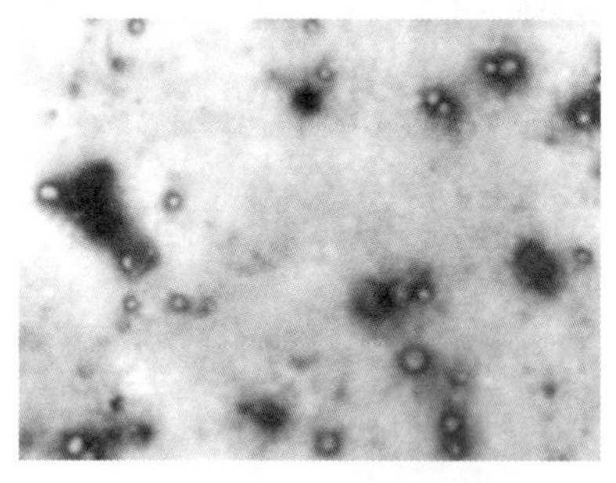
黄瓜花叶病毒（CMV）病毒粒体

传播途径和发病条件 病毒在多年生宿根植物上越冬，靠蚜虫进行传毒。

防治方法 ①因地制宜选育和换种抗病高产良种。②加强检查，于当地蚜虫迁飞高峰期及时杀蚜防病，同时挖除病株，以防扩大传染。③发病初期开始喷洒20%吗胍·乙酸铜可湿性粉剂500倍液或5%菌毒清可湿性粉剂200倍液、0.5%香菇多糖水剂250倍液，隔10天左右1次，视病情连续防治2～3次。进入新一年病毒病发病重的地块，可在发病前或发病初期，喷洒防治病毒病的纯合剂抗病型的绿地康100倍液，病毒病严重时可加大到50倍液，隔5～7天1次，可与姜株细胞膜的受体蛋白结合，激发多种酶的活性，提高免疫力。

5. 魔芋病害

魔芋 学名 *Amorphophallus* sp.，别名麻芋子蒟蒻，天南星科魔芋属中的栽培类群，是多年生草本植物。

魔芋（蒟蒻）轮纹斑病

症状 主要为害叶片。初发病时叶缘或叶尖产生浅褐色小斑点，后扩展到近圆形至不规则形黄褐色斑，直径 0.5 ～ 2.5cm，病斑上具轮纹，湿度大时，病部生稀疏霉层，后期有些病斑穿孔，病斑上长出黑色小粒点，埋生在叶表皮下。

魔芋轮纹斑病病叶

病原 *Ascochyta amorphophalli*，称魔芋壳二孢，属真菌界子囊菌门壳二孢属。分生孢子器椭圆形，器壁褐色，直径 56 ～ 61μm；分生孢子无色，双细胞两端尖，略缢缩，大小 12.3μm×1.9μm。

传播途径和发病条件 病菌以分生孢子器随病叶遗留在土壤中越冬，成为翌年初侵染源。生长期产生分生孢子，借风雨传播。该病多发生在生长后期，倒苗前进入发病高峰，湖南 8 月下旬发病。一般 8 ～ 9 月流行。

防治方法 ①收获后注意清除病残体，以减少菌源。②必要时喷洒 78% 波尔·锰锌可湿性粉剂 500 倍液或 50% 多菌灵可湿性粉剂 800 倍液、50% 异菌脲可湿性粉剂 1000 倍液。

魔芋炭疽病

症状 主要为害叶片。初现近圆形褐色小斑，后扩大为圆形至不定形褐色大斑，中部淡褐色至灰褐色，边缘深褐色，周围叶面组织褪黄，斑面上生小粒点。病斑多自叶尖、叶缘开始，向下向内扩展，融合成大斑块，病部易裂，严重时叶片局部或大部分变褐干枯。

魔芋炭疽病病叶

病原 *Colletotrichum* sp.，称一种刺盘孢，属真菌界子囊菌门炭疽菌属。病菌的分生孢子盘为浅盘状，埋生于寄主表皮下，成熟时突破表皮外露。分生孢子盘周生黑褐色刺状刚毛或不长刚毛。分生孢子新月形，单胞，无色，中央有一透明油点。

传播途径和发病条件 病菌以菌丝体和分生孢子盘在病株上或随病残体遗落土中越冬。翌年产生分生孢子，借雨水溅射传播，进行初侵染引致发病，以后病部不断产生分生孢子进行再侵染，病害得以蔓延扩大。温暖多湿的天气、植地低洼积水、过度密植、田间湿度大或偏施氮肥植株长势过旺，都会诱发或加重发病。

防治方法 ①种芋选择地势高燥的地方，用1：1草木灰细干土与种芋层叠堆放，雨天覆盖塑料膜，晴天揭开，使种芋完好。②选择高燥不积水地块种植魔芋，做到二犁二耙，深沟高厢或起垄种植。③精选种芋。摊晒1～2天，下种前用72%农用硫酸链霉素或医用硫酸链霉素2000倍液浸泡种芋30～60min，晾干后播种。④加强管理，注意合理密植，清沟排渍，降低田间湿度，增加株间通透性，施用酵素菌沤制的堆肥或腐熟有机肥，采用配方施肥技术，避免过施氮肥，提高抗病力。⑤注重清洁田园，结合农事操作及时收集病残物带出田外烧却，以减少菌源。⑥及时防治铜绿金龟子等害虫，减少幼虫为害伤口。⑦田间发现中心病株要马上挖除，并在病穴撒石灰消毒。⑧发病初期开始喷洒32.5%苯甲•嘧菌酯悬浮剂1500倍液或75%肟菌•戊唑醇水分散粒剂3000倍液、25%咪鲜胺乳油1000倍液。

魔芋白绢病

症状 主要为害茎或叶柄基部及球茎。叶柄基部或茎基染病，初呈暗褐色不规则形斑，后软化，致叶柄呈湿腐状。湿度大时，病部或茎基附近长出一层白色绢丝状菌丝体和菜籽粒状的小菌核。菌核初白色，后变黄褐色或棕色。

魔芋白绢病典型症状（赵纯森原图）

病原 *Sclerotium rolfsii* Sacc.，称齐整小核菌，属真菌界子囊菌门小核菌属。有性态为 *Athelia rolfsii*（Curzi）C. C. Tu et Kimbrough，称罗耳阿太菌，属担子菌门阿太属。

传播途径和发病条件 以菌丝体在病残体及种芋中或以菌核在土壤或病球茎里越冬。菌核萌发17h即可侵入植株。2～4天后病菌分泌大量毒素及分解酶，使基部腐烂。该病借灌溉水传播蔓延，带菌种芋可做远距离传播。土壤湿度大、高温高湿发病重。平均气温 25 ～ 28℃、雨后转晴易流行。

防治方法 ①实行 2 年以上轮作。②选择干燥、不积水地块种植。③挑选健康种芋晒 1 ～ 2 天后用硫酸链霉素 500mg/kg 浸种 1h，晾干后播种。④发病初期喷洒 50% 异菌脲可湿性粉剂 1000 倍液或 25% 三唑酮乳油 2000 倍液，或 30% 苯醚甲环唑 • 丙环唑乳油 2000 倍液、430g/L 戊唑醇悬浮剂 3500 倍液。

魔芋软腐病

症状 主要为害叶片、叶柄及球茎。出苗期芋尖弯曲或叶柄、种芋腐烂。叶片展开后染病，初生湿润状暗绿色小斑，扩大后组织腐烂；病菌沿导管侵染叶脉、叶柄，出现水渍状条斑，有汁液流出或致叶柄基部溃烂离解。球茎染病，全株或半边发黄，叶片萎蔫，球茎表面现出水渍状暗褐色病斑，向内扩展，呈灰色或灰褐色黏液状腐烂，并散发恶臭。植株基部染病，呈软腐倒伏，早期叶片尚可保持绿色，后变黄褐干枯。

病原 有两种病原细菌：*Erwinia carotovora*（Jones）Holland，称胡萝卜软腐欧文氏菌；另一种 *Erwinia aroideae*（Towsend）Holland。细菌单胞，短杆状，周生 2 ～ 8 根鞭毛，除为害魔芋外，还为害茄科、葫芦科、十字花科蔬菜。

魔芋软腐病茎基部变黑腐烂

传播途径和发病条件 每年 6 月下旬开始发病，7 月中旬迅速扩展，8 月上中旬进入盛发期，9 月中旬逐渐停滞。病原菌随病根、块茎等病残体在土壤或种芋中越冬。翌年播种后从伤口侵入，随雨水、灌溉水传播。带病球茎能进行远距离传播。地势低洼、阴雨连绵易发病。

防治方法 ①种植耐病品种，如渝魔 1 号、魔花 9 号、魔花 12 号、魔花 37 号、魔白 36 号、魔白 24 号。播前进行精选。播前晒种 1 ～ 2 天，用链霉素 2000 倍液或 50% 代森铵 1000 倍液浸种 30min，晾干后播种。②土壤消毒，开沟播种时，结合施肥在播种沟内撒生石灰粉：草木灰：硫黄粉 50 ： 50 ： 2 的三元消毒粉 50kg/667m^2。也可用氰氨化钙全面消毒，在耕作层用氰氨化钙 50 ～ 100kg 与有机肥混合撒施，也可沟施 30 ～ 50kg，于种植前 7 ～ 10 天旋耕后浇水，并压土盖膜，密闭 5 ～ 7 天，揭开地膜后晾 2 ～ 4 天即可种魔芋。③提倡魔芋与玉米间作，进行遮阴，提高抗病力。病穴撒生石灰消毒。

④加强检查，及时施药控制。发现中心病株立即挖除，或用20%叶枯唑可湿性粉剂600倍液或20%噻菌铜悬乳剂500倍液、86.2%氧化亚铜可湿性粉剂800倍液，灌淋病穴及周围植株2次，每株每次0.5L药液或用链霉素10000mg/kg注射植株，每株每次注入3～4ml药液。也可浇灌4%嘧啶核苷类抗菌素200～400倍液或64%噁霜·锰锌可湿性粉剂500～600倍液、78%波尔·锰锌可湿性粉剂600倍液对软腐病有效，同时兼治白绢病。

魔芋细菌性叶枯病

症状 魔芋细菌性叶枯病主要为害叶片。初在叶片上生黑褐色不规则形枯斑，致叶片扭曲，发病后期病斑融合成片，致叶片大量干枯，植株倒伏。

魔芋细菌性叶枯病病株

病原 *Xanthomonas campestris* pv. *amorphophalli*（Jindal，Patel et Singh）Dye，称油菜黄单胞菌魔芋致病变种，属细菌界薄壁菌门。

传播途径和发病条件 病菌主要在土壤中的病残体上越冬。借风雨传播。高温多雨及连作地易发病。

魔芋细菌性叶枯病病叶症状

防治方法 ①抓好种芋储藏。储窖选高燥地块，采用“室外覆土盖膜”储藏法。②选择不积水地栽植，并做到深耕细耙，高垄深沟，小块种植。③做好选种、晒种和浸种，精选健芋晒1～2天后用。

魔芋病毒病

症状 全株发病。病株叶片表现典型花叶或叶片缩小、扭曲、畸形，有的病株叶脉附近出现褪绿环斑或条斑，现羽毛状花纹或叶片扭曲。

魔芋病毒病病株上的病叶

病原 由芋花叶病毒 *Dasheen mosaic virus*（DsMV）、番茄斑萎病毒（TSWV）、黄瓜花叶病毒（CMV）单独或复合侵染引起。芋花叶病毒属马铃薯Y病毒科马铃薯Y病毒属。质粒线状，大小750nm×13nm。

传播途径和发病条件 病毒主要在发病母株球茎内存活越冬，通过分株繁殖传到下代芋，也可在田间其他天南星科植物如芋、马蹄莲等寄主上越冬。病毒借汁液和桃蚜、棉蚜、豆蚜等多种蚜虫作非持久性传毒。番茄斑萎病毒还可借蓟马传毒。在植株6～7叶前症状表现较为明显，高温期症状减轻乃至消失或隐症。该病毒由多种蚜虫传播，当地有翅蚜迁飞高峰期往往是该病传播扩展的盛期，发病重。

防治方法 ①因地制宜选育和换种抗病高产良种。②选无病母株繁殖种芋，并对病株做好标记，确保从无病株上选留种。③提倡采用防虫网防止蚜虫传毒。加强检查，于当地蚜虫迁飞高峰期及时杀蚜防病，同时挖除病株，以防扩大传染。④大田农事操作前，应用肥皂水洗手和刀具，以防汁液摩擦传染。⑤发病初期开始喷洒20%吗胍·乙酸铜可溶粉剂300～500倍液或0.5%香菇多糖水剂250倍液，隔10天左右1次，视病情连续防治2～3次。

6. 芋病害

芋 学名 *Colocasia esculenta*（L.）Schott，别名芋头、芋艿、毛芋，是天南星科芋属中能形成地下球茎的栽培种，是多年生草本植物，可作1年生栽培。

芋枯萎病

症状 芋枯萎病又称干腐病，是芋产区常见的重要病害之一。主要寄生在茎部，引致枯萎或腐烂。发病轻的症状不明显，先是生长慢，老叶黄化迅速。重病株表现为生长不良，变为黄绿色，秋季提早干枯或茎叶倒伏，剥开球茎，皮层变红，横剖可见红色小斑点，严重的大块变为红褐色，造成干腐或中空。

病原 *Fusarium solani*（Martius）App.et Wr.，称茄病镰孢，属真菌界子囊菌门镰刀菌属。

传播途径和发病条件 以厚垣孢子在土壤中被害的残体上存活或越冬。种球内越冬的病菌随翌年栽芋引起发病，球茎中母芋带菌率高，子芋次之，孙芋最低。该病不仅在田间侵染蔓延，储运期间也可扩展。气温28～30℃易发病。生产上种植病芋、连作地或地下害虫多易诱发此病。管理粗放、土壤过干或过湿发病重。

芋枯萎病病株

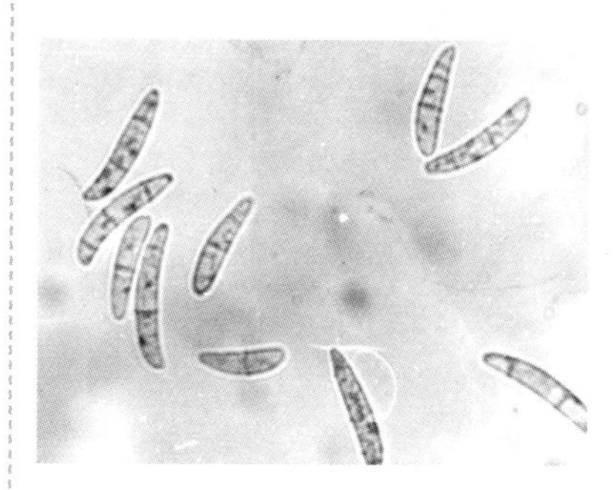
芋枯萎病病菌茄病镰孢的分生孢子

防治方法 ①从无病地或无病株上留种，选用无病种芋，最好用孙芋或子芋，尽量少用母芋。必要时种芋可用50%多菌灵可湿性粉剂500倍液浸种芋30min，晾干后直接播种。②实行3年以上轮作，收获后及时清除病残体，携出田外深埋或烧毁。③采用高畦或起垄栽培，南方畦面铺稻草或麦秸，以降低地温。④提倡施用酵素菌沤制的堆肥或腐熟有机肥，抑制有害病原菌，达到防病目的。⑤浇灌30%噁霉灵水剂800倍液或54.5%噁霉·福可湿性粉剂700倍液。

芋灰斑病

症状 主要为害叶片。叶上病斑圆形，直径1～4mm，病斑深灰色，四周褐色，病斑正、背面生出黑色霉层，即病原菌的分生孢子梗和分生孢子。

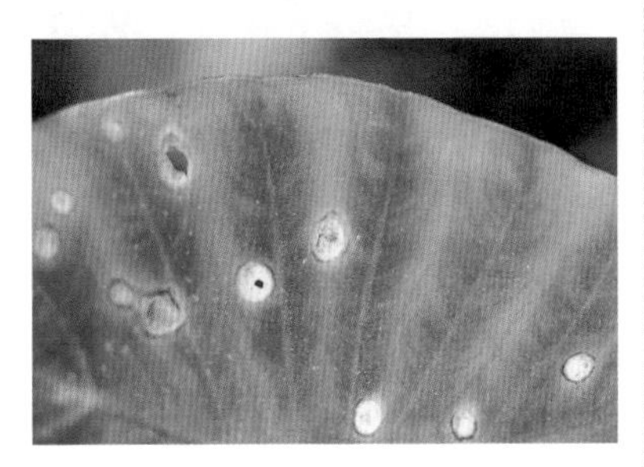

芋灰斑病病叶

病原 *Cercospora caladii* Cooke，称芋尾孢，属真菌界子囊菌门尾孢属。

传播途径和发病条件 病菌以菌丝体和分生孢子座在病残体上越冬。以分生孢子进行初侵染和再侵染，借气流或风雨传播蔓延。高温多雨的年份或季节易发病。连作地或植株过密通透性差的田块发病重。

防治方法 ①注意田间卫生，收获时或生长季节收集病残物深埋或烧掉。②重病地实行轮作。③合理密植，管好水肥。④结合防治芋污斑病喷药兼治本病。⑤发病重的地区或田块，可在发病初期喷洒50%多菌灵可湿性粉剂800倍液或50%乙霉·多菌灵可湿性粉剂700倍液、50%甲基硫菌灵悬浮剂800倍液，隔15天左右1次，防治1次或2次。

芋炭疽病

症状 主要为害叶片。下部老叶易发病，初在叶片上产生水渍状暗绿色病斑，后逐渐变为近圆形、褐色至暗褐色病斑，四周具湿润的变色圈；干燥条件下，病斑干缩成羊皮纸状，易破裂，上面轮生黑色小点，即病菌分生孢子盘。球茎染病，生圆形病斑，似漏斗状深入肉质根内部，去皮后病部呈黄褐色，无臭味。

芋炭疽病病叶

病原 *Colletotrichum capsici* (Syd.) Butler & Bisby，称辣椒炭疽菌，属真菌界子囊菌门炭疽菌属。

传播途径和发病条件 病菌以分生孢子附着在球茎表面或以菌丝体潜伏在球茎内越冬，也可以菌丝体和分生孢子盘及分生孢子随病残体在土壤中越冬。翌年条件适宜时，分生孢子借风、雨、昆虫传播，由伤口或从寄主表皮直接侵入进行初侵染和再侵染。气温 25 ～ 30℃易发病，高于 35℃发病少或不发病。此外，水分对该菌繁殖和传播有重要作用，在田间分生孢子需经雨水溅射才能分散开来，孢子在有水膜条件下萌发。生产上遇有连阴雨或多雾、重露的天气易发病。种植过密、灌水过度或排水不良发病重。

防治方法　①选用无病种芋，在无病田或无病株上采种，如种芋带菌可用 58 ～ 60℃温水浸 10min 或用 50% 多菌灵可湿性粉剂 100 倍液浸 8min。②选择地势平坦、排水良好的沙壤土种植，提倡施用酵素菌沤制的堆肥和腐熟有机肥，减少化肥施用量，发现病株应马上拔除，集中深埋或烧毁。③在发病前喷洒 32.5% 嘧菌酯悬浮剂 1500 倍液或 70% 代森联水分散粒剂 550 倍液、30% 戊唑 • 多菌灵悬浮剂 800 倍液、66% 二氰蒽醌水分散粒剂 1800 倍液，隔 7 ～ 10 天 1 次，防治 2 ～ 3 次。

芋疫病

症状　主要侵害叶片、叶柄及球茎。叶片初生黄褐色圆形斑点，后渐扩大融合成圆形或不规则形轮纹斑，斑边缘围有暗绿色水渍状环带。湿度大时，斑面现白色粉状薄层，并常伴随由坏死组织分泌的黄色至淡褐色的液滴状物。病斑多自中央腐败成裂孔，严重的

芋疫病发病初期病叶上生褐色轮纹斑

芋疫病叶柄上的病斑

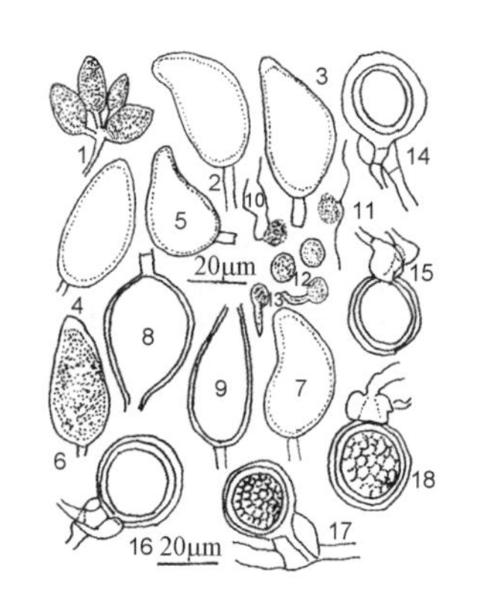

芋疫病病菌芋疫霉

1—孢子囊梗和孢子囊；2 ～ 7—孢子囊；8，9—空孢子囊；10，11—游动孢子；12，13—休止孢子及其萌发；14 ～ 18—藏卵器、雄器和卵孢子

仅残留叶脉呈破伞状。叶柄受害，上生大小不等的黑褐色不规则斑，周围组织褪黄，连片并绕柄扩展，终致叶柄腐烂倒折，叶片全萎。地下球茎受害，部分组织变褐乃至腐烂。雨水多的年份受害重。

病原 *Phytophthora colocasiae* Racib.，称芋疫霉，属假菌界卵菌门疫霉属。孢囊梗1至数枝，自叶片气孔伸出，短而直，无色，无隔膜，大小（15～24）μm×（2～4）μm，顶端着生孢子囊。孢子囊梨形或长椭圆形，单胞，无色，胞膜薄，顶端具乳头状突起，下端具一短柄，大小（45～145）μm×（15～21）μm，遇水湿条件萌发产生游动孢子，水湿不足则直接萌生芽管。游动孢子肾状，单胞，无色，无胞膜，为一团裸露的原生质，大小（17～18）μm×（10～12）μm，中部一侧具两根鞭毛，能在水中游动。

传播途径和发病条件 病菌主要以菌丝体在种芋球茎内或病残体上及水芋上越冬。有报道，病菌能产生厚壁孢子，随病残体在土壤中越冬。在我国，初侵染源主要是带菌种芋。种植带菌种芋，长出的芋株便成为中心病株。在南方，田间芋株终年存在，初侵染源主要来自遗落田间的零星病株，病菌借风雨辗转传播为害，无明显的越冬期。本病发生流行主要取决于当地的降雨量和雨日，广东3月上中旬至4月中下旬始发，6～8月进入发病高峰期，10月气温下降病情渐趋缓和。植地低洼积水、过度密植或偏施氮肥植株长势过旺发病重。陆芋较水芋感病。陆芋中红芽芋、白芽芋较香芋感病。

防治方法 ①种植抗病品种。②从无病或轻病地选留种芋。③实行轮作，最好水旱轮作1～2年。④及时铲除田间零星芋株，注意收集并烧毁病残物。⑤加强肥水管理、施足腐熟有机肥，增施磷钾肥，避免偏施、过施氮肥，做到高畦深沟，清沟排渍。⑥及早喷药预防，广东6月是喷药预防的关键期，药剂可选用60%锰锌•氟吗啉可湿性粉剂或66.8%丙森•缬霉威可湿性粉剂、60%丙森•霜脲氰可湿性粉剂、500g/L氟啶胺悬浮剂1500～2000倍液，250g/L双炔酰菌胺悬浮剂每667m^{2}用30～50ml，对水45～75kg灌根，隔10～15天再灌1次。

芋污斑病

症状 仅为害叶片。初呈淡黄色，后渐变为淡褐色至暗褐色。叶背病斑较叶面色泽浅，呈淡黄褐色。病斑近圆形或不整形，直径0.3～1cm，边缘界限不明晰，似污渍状，故名污斑。湿度大时，斑面生暗色隐约可见的薄霉层；严重时病斑密布全叶，致叶片变黄干枯。

病原 *Cladosporium colocasiae* Saw.，称芋枝孢，属真菌界子囊菌门枝孢属。在CMA培养基上25℃培养10天，菌落直径20mm，茸毛状，灰绿色，中心隆起，边缘有稀疏淡橄榄绿色。子实体生在叶背，菌丝体埋生或表生。分生孢子梗单生或3～6根簇生，粗大，直立或微弯曲，具3～7个节状膨大，淡褐色至褐色，孢痕明显，大小（68～108）μm×（4.2～5.4）μm，膨大处直径6～9.5μm。分生孢子单生或呈短链，圆锥形至长椭圆形，浅褐色至中度褐色，0～3个隔膜，偶有5个隔膜，分隔处稍缢缩，两端孢脐明显突起，大小（9.8～20.5）μm×（5.9～9.0）μm。

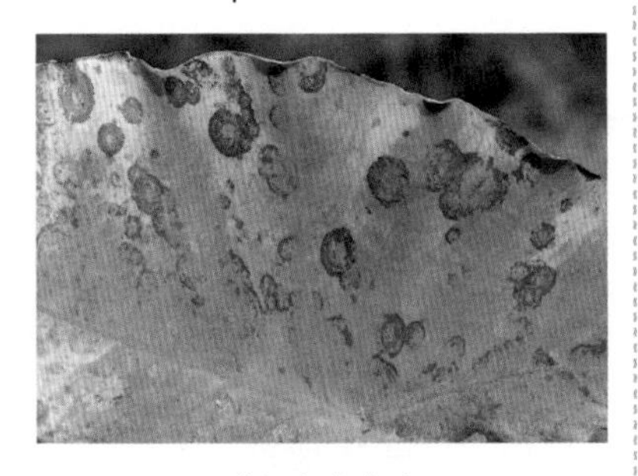

芋污斑病病叶

芋污斑病病菌分生孢子梗及分生孢子

传播途径和发病条件 以菌丝体和分生孢子在病残体上越冬。翌年环境条件适宜时，病菌以分生孢子进行初侵染，借气流或雨水溅射传播蔓延，病部不断产生分生孢子进行再侵染，使病害得以蔓延扩大。在南方，田间芋株周年存在，病菌可辗转传播为害，无明显越冬期。高温多湿的天气，或田间郁闭高湿，或偏施、过施氮肥芋株旺而不壮，或肥分不足致芋株衰弱，都易诱发本病。

防治方法 ①及时收集病残物深埋或烧毁以减少菌源。②加强肥水管理，合理施肥、清沟排渍，提高芋株抗病力。③在发病严重地区，于发病初期开始喷洒78%波·锰锌可湿性粉剂600倍液或75%百菌清可湿性粉剂600倍液、30%王铜悬浮剂700倍液，喷洒时雾滴要细，并加入0.2%洗衣粉或400倍27%高脂膜乳剂以增加展着力。

芋软腐病

症状 主要为害叶柄基部或地下球茎。叶柄基部染病，初生水浸状、暗绿色、无明显边缘的病斑，扩展后叶柄内部组织变褐腐烂或叶片变黄而折倒。球茎染病，逐渐腐烂。该病发生剧烈时病部迅速软化、腐败，终致全株枯萎、倒伏，病部散发出恶臭味。

病原 *Pectobacterium carotovorum* subsp. *carotovorum*（Jones）Bergey et al.，称胡萝卜果胶杆菌胡萝卜亚种，

属细菌界薄壁菌门。

芋软腐病基部纵横剖面腐烂状

传播途径和发病条件 病菌在种芋内或其他寄主植物病残体内越冬。翌春从伤口侵入，在田间辗转为害。该菌脱离寄主或单独进入土中则不能生存。长江流域栽培的芋或水芋，当叶柄基部或地下球茎伤口多时，遇有高温条件易发病。

防治方法 ①选用耐病品种，如红芽芋。②实行2～3年轮作。③加强田间管理，尤其要施用充分腐熟的有机肥。发现病株开始腐烂或水中出现发酵情况时，要及时排水晒田，然后喷洒10%苯醚甲环唑微乳剂1000倍液或1.5%噻霉酮水乳剂500～800倍液或72%农用高效链霉素可溶粉剂3000倍液或1：1：100倍式波尔多液，每667m^2施药液75～100L，隔10天左右1次，连续防治2～3次。

芋细菌性斑点病

症状 主要为害叶片。初生褐色圆形或近圆形小斑点，四周有黄色晕环，扩展后变为暗褐色，后期病斑中间变为灰白色，四周黑褐色，病部易穿孔。

芋细菌性斑点病病叶

病原 *Pseudomonas colocasiae* (Takimoto) Okabe et Goto，称芋假单胞菌，属细菌界薄壁菌门。菌体短杆状，两端钝圆，有单极生鞭毛1根。在PDA培养基上产生圆形菌落，发育温限4～37℃，适温为28℃。

传播途径和发病条件 病菌主要在种子上或土壤及病残体上越冬。在土壤中可存活1年以上，随时可侵染寄主植物。雨后易发生。

防治方法 ①发现少量病株及时拔除。②于发病初期喷洒20%噻菌铜悬浮剂500倍液或1.5%噻霉酮水乳剂500倍液、10%苯醚甲环唑水分散粒剂1500倍液。

芋病毒病

症状 病叶沿叶脉出现褪绿黄点，扩展后呈黄绿相间花叶，严重的植株矮化。新生叶除上述症状外，还常出现羽毛状黄绿色斑纹或叶片扭曲畸形。严重株有时维管束呈淡褐色，分蘖少，球茎退化变小。

芋病毒病沿脉现黄绿色羽状花纹

病原 主要是黄瓜花叶病毒（CMV）和芋花叶病毒（DMV）。上海地区鉴定主要是前者。

传播途径和发病条件 病毒可在芋球茎内或野生寄主及其他栽培植物体内越冬。翌春，播种带毒球茎，出芽后即出现病症。6 ～ 7 叶前叶部症状明显，进入高温期后症状隐蔽或消失。主要由蚜虫传播，长江以南 5 月中下旬至 6 月上中旬为发病高峰期。用带毒球茎作母种，病毒随之繁殖蔓延，造成种性退化。

防治方法 ①生产上使用的青梗芋、红梗芋中均有抗病品种，应注意选用。有条件的可脱毒后种植，也可采用防虫网隔离，灭蚜防病，还可单株选育无病毒原种。②成片或连片种植，发展芋的专业生产。③严防蚜虫。在有翅蚜迁飞期，及时喷药防蚜。④发病初期喷洒 20% 吗胍・乙酸铜可溶粉剂 300 ～ 500 倍液，隔 10 天左右 1 次，共喷 2 ～ 3 次。

7. 葛（粉葛）病害

葛 学名 *Pueraria thomsonii* Benth. 和 *P. thunbergiana*（Sieb. et Zucc.）Benth. 等，别名粉葛，是豆科葛属中形成块根的栽培种，是多年生缠绕藤本植物。栽培品种主要有大叶粉葛、细叶粉葛、苍梧粉葛、柴葛等。

葛（粉葛）炭疽病

症状 主要为害叶片。叶片发病多始于叶尖或叶缘，渐向内扩展。叶上病斑圆形至不规则形，褐色，中央色浅，致叶片呈褐色或灰褐色焦灼状。严重的大部或全叶干枯。潮湿时枯死病部可见朱红色黏液状物，即病原菌分生孢子盘和分生孢子。

葛（粉葛）炭疽病

病原 *Colletotrichum lindemuthianum*（Sacc. et Magn.）Br. et Cav.，称菜豆炭疽菌，属真菌界子囊菌门炭疽菌属。有性态为 *Glomerella lindemuthianum*（Sacc. et Magn.）Shear et Wood，称豆小丛壳，属子囊菌门真菌。在PDA培养基上菌丛褐色或近黑色，生长速度慢于胶孢炭疽菌。气生菌丝褐色，背面黑色，分生孢子团蜜黄色；分生孢子梗分枝或不分枝；产孢细胞瓶梗状；分生孢子单胞无色，圆筒形，两端钝，大小（8～10）μm×（3.5～4.5）μm。该菌在寄主上时有刚毛。

传播途径和发病条件 以菌丝体和分生孢子盘在病部或随病残体遗落土中越冬。以分生孢子进行初侵染和再侵染，借雨水溅射或小昆虫活动传播蔓延。天气温暖多湿或雾大露重有利于发病。偏施、过施氮肥或植地郁闭、通风透光不良会使病害加重。

防治方法 ①常发地或重病地避免连作，注意加强水肥管理，适当增施磷钾肥，避免偏施、过施氮肥，做到高畦深沟，清沟排渍，改善植地通透性。②发病初期开始喷洒25%咪鲜胺乳油1000倍液、40%多·福·溴菌可湿性粉剂600倍液、70%丙森锌可湿性粉剂500倍液、30%戊唑·多菌灵悬浮剂800倍液，隔10～15天1次，连续防治2～3次。

葛（粉葛）尾孢叶斑病

症状 主要为害叶片，叶上病

斑圆形至不规则形，边缘黑褐色，中央灰褐色，上生黑色霉层，即病原菌的子实体。

葛（粉葛）尾孢叶斑病病叶上的斑点

病原 *Cercospora puerario-thomsona* S.Q.Chen et P.K.Chi，称葛尾孢，属真菌界子囊菌门尾孢属。子实体生于叶两面，子座小，橄榄色，直径 20～27μm；分生孢子梗不分枝，6～15 根簇生，无膝状节，具隔膜 6～9 个，孢痕显著，顶端近截形，大小（180～250）μm×5μm；分生孢子淡橄榄色，鞭状，基部截形，顶端尖，具隔膜 7～10 个，大小（98～133）μm×3.3μm。

传播途径和发病条件 病菌以菌丝体和分生孢子丛在寄主病残体上越冬。翌年以分生孢子进行初侵染和再侵染。病菌借气流及雨水溅射进行传播和蔓延。温暖多湿的天气、田间栽植过密及郁闭的生态条件，易诱发本病。

防治方法 ①注意清除病残体，集中深埋或烧毁以减少菌源。②发病初期及时喷洒 50% 甲基硫菌灵悬浮剂 600～700 倍液或 40% 多·福·溴菌可湿性粉剂 500～700 倍液、50% 异菌脲可湿性粉剂 1000 倍液、20% 二氯异氰尿酸钠可溶粉剂 300～400 倍液、50% 乙霉·多菌灵可湿性粉剂 800 倍液。

葛（粉葛）锈病

症状 主要为害叶片。叶两面的主脉和侧脉上初现黄色至橙黄色突起的小疱斑，即夏孢子堆。后疱斑表皮破裂，散出黄色至黄褐色粉状物，即夏孢子。破裂的疱斑为火山口状。严重时疱斑遍布全叶，散布锈色粉状物，致叶面变形，生长受阻。本病还可为害豆薯、甘薯和大豆等。

葛（粉葛）锈病

病原 *Phakopsora pachyrhizi* Syd. = *P.vignae* Arth.，称豆薯多层锈菌，属真菌界担子菌门层锈菌属。夏孢子圆形或椭圆形，鲜黄色或淡黄褐色，厚壁，表面具刺突，大小（23～37）μm×（16～24）μm，后期在夏孢子堆附近散生或群生冬孢子堆。冬孢子 2～6 层，其形状变化大，棍棒形至长椭圆形，大小（14～

26)μm×(9～13)μm，黄色至褐色，顶壁较厚，色较深。

传播途径和发病条件 在温暖地区，病菌主要以夏孢子进行初侵染和再侵染。借气流传播蔓延，完成病害周年循环。在寒冷地区，冬孢子阶段虽然存在，但在病害循环中的作用尚未明确。夏孢子发芽温限8～28℃，发芽最适温度24℃，在适宜温湿条件下，可存活40～60天，8.5～18℃下，可存活30～40天。在适温条件下，降雨量是当年病害流行的决定因素。雨量的多少影响本病的发生程度，植地低洼易受涝或排水不良田间湿度大或植株长势差或因过施氮肥而长势过旺，都会使病情加重。品种间抗性有差异。

防治方法 ①因地制宜换种抗病良种。②高畦深沟，清沟排渍，降低田间地下水位和田间湿度。③适当增施磷钾肥和有机活性肥或生物有机复合肥，避免偏施、过施氮肥，适时喷施增产菌，每667m^{2}用50～70ml，促植株早生快发，减轻受害。④发病初期及时喷洒12.5%烯唑醇乳油2000倍液、50%硫黄悬浮剂300倍液、5%己唑醇乳油2000倍液、55%硅唑·多菌灵可湿性粉剂800～1000倍液。上述药剂可轮用或混用，隔7～10天1次，连续防治2～3次。

葛（粉葛）细菌性叶斑病

症状、病原、传播途径和发病条件参见豆薯细菌性叶斑病。

防治方法 ①选用细叶粉葛、大叶粉葛等耐涝品种。②其他方法见豆薯细菌性叶斑病。

葛（粉葛）细菌性叶斑病病叶

8. 豆薯（沙葛）病害

豆薯　学名 *Pachyrrhizus erosus*（L.）Urban，别名沙葛、凉薯、地瓜、新罗葛、土瓜等，是豆科豆薯属中能形成块根的一年生或多年生草质藤本蔬菜。

豆薯（沙葛）腐霉根腐病

症状　主要为害块根。初病斑圆形至椭圆形或不规则形，黑色略凹陷，严重时病菌深入薯肉，深约1mm，湿度大时，病斑上长出白色霉层，即病原菌的孢囊梗和孢子囊。

豆薯（沙葛）腐霉根腐病块根上症状

病原　*Pythium spinosum* Saw.、*P.ultimum* Trow，称刺腐霉和终极腐霉，属假菌界卵菌门腐霉属。

传播途径和发病条件　病菌以卵孢子在病残体上越冬。病残组织腐烂后，卵孢子散落在土中，条件适宜时萌发。此外，该菌也能以菌丝体在病残组织上营腐生生活并产生孢子，本菌能使块根产生局部病变或腐烂，但不能引致幼苗猝倒，孢子需经伤口才能侵入为害，人工接种，再分离均获成功。生产上7～11月遇低温多雨、地下害虫多易诱发此病。

防治方法　①选用早沙葛、顺德沙葛、迟沙葛等耐热品种。②避免栽植过密和植株受冻，选择高燥地块或起垄栽植，雨后及时排水。③注意防治地老虎、蛴夜蛾等地下害虫，以减少伤口。④利用抗生菌抑制该病，如施用5406抗生菌肥料或酵素菌沤制的堆肥，抑制病原菌，达到防病之目的。⑤发病初期喷淋或浇灌70%噁霉灵可湿性粉剂1500倍液或2.5%咯菌腈悬浮剂1000倍液。

豆薯（沙葛）镰孢根腐病

症状　豆薯幼苗根腐病俗称烂根，主要为害根部或根茎。初期病部现水渍状浅褐色至褐色斑，后软化腐烂，但不缢缩，纵剖病部维管束变褐，但不向上扩展，别于枯萎病。后期病部呈糟朽状，残留维管束。植株地上部现缺水状萎蔫或黄枯而死。

病原　*Fusarium oxysporum* Schlecht.，称尖孢镰孢，属真菌界子

囊菌门镰刀菌属。

传播途径和发病条件 病菌主要以菌丝体或厚垣孢子留在土壤中越冬或长期营腐生生活，借带菌粪肥和土壤、农具及灌溉水或雨水传播，由根部或根茎部伤口侵入，在寄主皮层细胞里繁殖为害，最后进入维管束。该菌对温度要求不严格，较喜低温、高湿，属低温域病害，土温15～17℃、相对湿度高于80%易发病。苗床连茬、低洼积水、施用未充分腐熟肥料、地下害虫为害重、伤口多发病重。

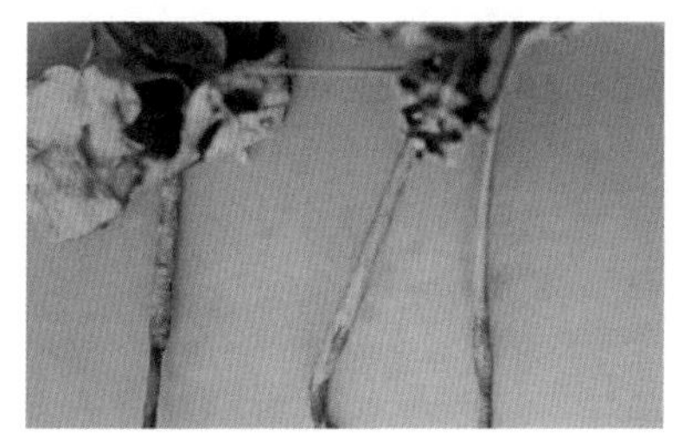

豆薯（沙葛）镰孢根腐病

防治方法 ①选用早沙葛、迟沙葛、顺德沙葛等优良品种。②选择高燥地块育苗或栽植，雨后及时排水，阴雨天适当控制浇水，勤松土，注意提高地温。③提倡施用酵素菌沤制的堆肥或有机复合肥。④及时防治地老虎、蛴螬等地下害虫，农事操作不要伤根。⑤发病初期喷洒50%甲基硫菌灵悬浮剂600倍液或50%乙霉·多菌灵可湿性粉剂800倍液、50%异菌脲可湿性粉剂1000倍液、30%戊唑·多菌灵可湿性粉剂800倍液。

豆薯（沙葛）细菌性叶斑病

症状 主要为害叶片，也可为害叶柄和茎。叶片染病，病斑初呈淡绿色水渍状，对光观察近半透明，后渐变淡褐色至褐色，病斑受叶脉限制呈多角形。单个病斑较细小，直径2～3mm，病斑互相融合成较大的斑块，致叶片局部干枯。湿度大时背面可见稀薄菌脓，带黏性；菌脓干燥后转为稍带光泽的胶膜状物，好像病斑涂上一层蛋白清。生产上这种情况常因菌脓受雨水冲刷而不明显。

豆薯（沙葛）细菌性叶斑病

病原 *Pseudomonas syringae* pv. *phaseolicola*（Burkh.）Young, Dye & Wilkie，称丁香假单胞杆菌菜豆致病变种，属细菌界薄壁菌门。

传播途径和发病条件 病原细菌在种子内外或随病残体遗落土中越冬，成为翌年初侵染源。病菌借风雨溅射作近距离传播，远距离传播则主要通过种子调运（尽管种子带菌率极低），病菌经由伤口或自然孔口侵入，在生长季节，病菌不断借雨水溅射进行重复侵染，蔓延扩大为害。在广东

5～8月高温多湿季节或植株偏施、过施氮肥，有利于病害发生为害。

防治方法 ①重病区注意换种抗病良种。如早沙葛、迟沙葛、顺德沙葛等。②播前种子消毒，可用72%硫酸链霉素500倍液浸种2～3h后催芽播种。③实行轮作。④及时开展预防性喷药保护，可于发病初期开始，喷施53.8%氢氧化铜水分散粒剂500倍液或20%叶枯唑可湿性粉剂600倍液、1.5%噻霉酮水乳剂500～800倍液、50%琥胶肥酸铜可湿粉500倍液。⑤增施磷钾肥，避免偏施、过施氮肥。

豆薯（沙葛）花叶病

症状 顶部嫩叶症状较明显。病株叶片变小、叶面现浓绿色与淡绿色相嵌斑驳状，有的老叶叶肉增厚皱缩或扭曲，病株生长受抑制。

病原 一种病毒。广西曾报道豆薯（*Pachyrhizus erosus*）又称沙葛、凉薯或地瓜，发生花叶病。

传播途径和发病条件 病毒在寄主活体内存活越冬。此病毒的寄主范围及能否借虫媒传毒尚未明确。田间初步观察表明，本病在叶色过分浓绿、生长茂密的植地较易发生，偏施、过施氮肥有利于发病。

豆薯（沙葛）花叶病病株

防治方法 尚无成熟的防治经验。但从预防该病发生的角度，建议清除侵染源、切断传染途径和筛选或培育抗病品种。①避免从病株选留繁殖插条。采收块根前宜对病株做好标记，应从无病株选取茎蔓作插条。②加强检查。发现插条上长出的新梢或叶片显症时，及时挖出病株。③在引蔓上架棚前刀具及手宜用肥皂水洗净，避免触摸病梢叶。④定植时施足基肥，增施磷钾肥，勿偏施、过施氮肥。⑤注意观察不同品种的抗病性，以利调种或选育抗耐病品种。⑥发病初期喷淋20%吗胍·乙酸铜可溶粉剂300～500倍液或1%香菇多糖水剂500倍液。

9. 菊芋病害

菊芋 学名 *Helianthus tuberosus* L.，别名洋姜、鬼子姜，是向日葵属中能形成地下块茎的栽培种。原产于北美洲，我国从北到南各地均有栽培。

菊芋锈病

症状 初在叶片背面出现褐色小疱，是病菌夏孢子堆，表面破裂后散出褐色粉末，即病原菌的夏孢子，后病部生出许多黑褐色的小疱，即病菌冬孢子堆，后散出黑色粉末，即冬孢子，发生严重的致叶片早期干枯，不仅叶片染病，有时萼片背面亦现孢子堆，是重要病害，影响产量。

病原 *Puccinia helianthi* Schw.，称向日葵柄锈菌，属真菌界担子菌门柄锈菌属。性子器生于叶两面，圆形，黄色群生；锈子器杯状，群生于叶背，大小（21 ～ 28）μm×（18 ～ 21）μm；夏孢子近球形，大小（23 ～ 30）μm×（15 ～ 28）μm，壁厚 1.5 ～ 2mm，黄褐色，具细刺，2 个芽孔，腰生。冬孢子椭圆形，大小（35 ～ 58）μm×（20 ～ 30）μm，孔帽明显苍白色，侧壁厚 2 ～ 3μm，顶壁厚 5 ～ 10μm，黄褐色至肉桂褐色，上细胞芽孔顶生，下细胞芽孔近隔膜，柄浅黄色，长 150μm。主要为害菊芋、向日葵、小花葵、狭叶葵、暗红葵等。

菊芋锈病的孢子堆

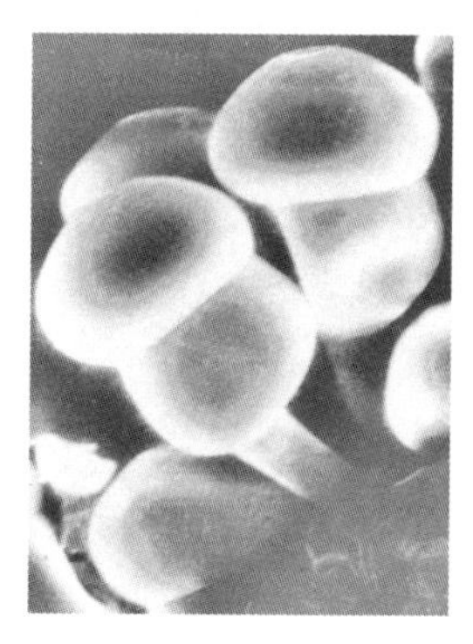

向日葵柄锈菌叶片上的锈子器剖面（康振生、黄丽丽摄）

传播途径和发病条件 病菌以冬孢子在病残体上越冬。翌年条件适宜时，冬孢子萌发产生担孢子侵入幼叶，形成性子器。后在病斑背面产生锈子器，器内锈孢子飞散传播，萌发后也从叶片侵入，形成夏孢子堆和夏孢子。夏孢子借气流传播，进行多次再侵染。菊芋接近收获时，在产生夏孢子堆的地方，形成冬孢子堆，又以冬孢子越冬。7 ～ 8 月雨季易发病。

防治方法　参见葛（粉葛）锈病。

菊芋斑枯病

症状　菊芋斑枯病主要为害叶片，病斑黑褐色圆形至近圆形，边缘较明显，四周没有晕环，直径 3 ～ 10mm，后期病部现出小黑点，即病原菌的分生孢子器。病斑融合，致大部叶或全叶干枯。

病原　*Septoria helianthi* Ellis.et Kellerman，称向日葵壳针孢，属真菌界子囊菌门壳针孢属。

菊芋斑枯病病叶

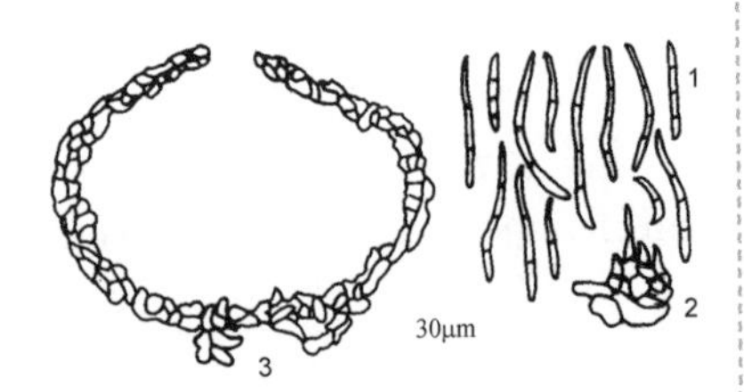

菊芋斑枯病病菌（李明远）

1—分生孢子；2—孢子梗；3—分生孢子器壁

传播途径和发病条件　病菌以分生孢子器或菌丝在被害叶上越冬。翌春温湿度条件适宜时，分生孢子从分生孢子器中逸出，借风雨传播蔓延，进行初侵染和再侵染，扩大为害。秋季发病较普遍。多雨年份、湿度大发病重。

防治方法　①秋季收获后及时清洁田园，扫除病残叶，集中烧毁或沤肥。②提倡施用酵素菌沤制的堆肥或腐熟有机肥。③发病初期摘除病叶，必要时喷洒 78% 波 • 锰锌可湿性粉剂 500 倍液或 1 ∶ 1 ∶ 160 倍式波尔多液、50% 甲基硫菌灵悬浮剂 800 倍液、40% 百菌清悬浮剂 500 倍液、50% 多菌灵可湿性粉剂 600 倍液，10 ～ 15 天 1 次，防治 1 次或 2 次。

菊芋白粉病

症状　主要为害叶片。在叶面上形成一层污白色的粉斑。后期病部长出许多黑色小粒点，即病原菌闭囊壳。发病重的，植株较矮。

菊芋白粉病病叶

病原　我国北方主要是 *Sphae-*

rotheca fuliginea (Schlecht.) Poll.，称苍耳单丝壳；国外普遍发生的是 *Erysiphe cichoracearum* DC.，称菊科白粉菌，均属真菌界子囊菌门。

传播途径和发病条件 病菌以闭囊壳在病残体上越冬。翌春5～6月放射出子囊孢子，借气流传播，进行初侵染。落到叶面上的子囊孢子遇有适宜条件，发芽产生侵染丝从表皮侵入，在表皮内长出吸胞吸取营养。叶面上匍匐着的菌丝体在寄主外表不断扩展，产生大量分生孢子进行重复侵染。分生孢子在10～30℃均可萌发，20～25℃最适。生产上遇有16～24℃、相对湿度高易发病。栽植过密、通风不良或氮肥偏多发病重。

防治方法 ①实行大面积轮作。收获后注意清除病残体减少侵染源。②特别严重地区可喷洒20%唑菌酯悬浮剂900倍液、12.5%腈菌唑乳油2000倍液。

菊芋尾孢叶斑病

症状 又称红斑病。主要发生在中下部叶片上，后向上扩展。病斑圆形至不规则形，大小不一，红褐色，四周具大而明显的黄色区。湿度大时，病斑正背两面长出浅灰黑色霉状物，即病原菌的分生孢子梗和分生孢子。发病严重的，病斑常融合成大片，致叶片提早枯黄或脱落。

病原 *Cercospora helianthicola* Chupp et Viégas.，称向日葵生尾孢，属真菌界子囊菌门尾孢属。

菊芋尾孢叶斑病病叶

传播途径和发病条件 病菌以菌丝体或分生孢子梗随病落叶在土壤中越冬。翌年条件适宜时，产生分生孢子，借风雨传播，进行初侵染和多次再侵染，潜育期7～10天。该菌在7～35℃均可发育，最适温度为24～25℃，相对湿度高于85%对分生孢子萌发有利。每次连续降大雨后该病扩展迅速。

防治方法 ①发病重地区提倡与非菊科植物进行2年以上轮作。②施足腐熟有机肥，适当灌水，雨后及时排水，防止湿气滞留。③发病初期喷洒20%噻菌铜悬浮剂500倍液或50%多菌灵可湿性粉剂600倍液、70%代森联水分散粒剂550倍液，防治1次或2次。

菊芋疫病

症状 该病主要发生在大暴雨之后，菊芋叶片呈暗绿色水渍状，叶片下垂，2～3天后干枯。

病原 *Phytophthora* sp.，称一种疫霉，属假菌界卵菌门疫霉属。

菊芋疫病

菊芋疫病病株

传播途径和发病条件、防治方法参见芋疫病。

10. 薯芋类蔬菜害虫

芋蝗

学名 *Gesonula punctifrons* (Stal)，属直翅目蝗科。

分布 江苏、浙江、江西、福建、广东、广西、台湾、四川、云南等地。

寄主 芋类、莲藕、野生水仙、水稻、甘蔗、玉米等植物。

为害特点 以成虫、若虫啃食叶片成缺刻或食叶肉留下表皮，被害叶呈紫色小横斑，影响光合作用，阻碍植株生长。

芋蝗成虫（摄于西双版纳）

生活习性 年发生1代，在广东可发生3代。以成虫在枯枝落叶下越冬。翌年3月下旬至4月上旬开始活动，5月、6月产卵，产卵于叶柄中下部，蛀孔分泌出黄褐色胶液，每雌产卵8～10块，每块有卵6～18粒，卵期20～32天，若虫6龄，历期30多天，到10月至11月陆续进入越冬。成虫白天活动，中午天气炎热时，多在叶面上飞跳，很少取食。在田间每年以7月至9月上旬发生数量较多。

防治方法 ①芋蝗产卵盛期在产卵孔处刮杀未孵化的虫卵，当卵孔已光滑，流出锈褐色汁液时，卵已孵化或近孵化。只要刮杀的时间掌握准确，可减轻为害。②在成虫、若虫盛期喷洒24%氰氟虫腙悬浮剂900倍液或20%氯虫苯甲酰胺悬浮剂4000倍液。

甘薯叶甲

学名 *Colasposoma dauricum* Mannerheim，属鞘翅目叶甲科。甘薯叶甲有两个地理亚种：麦颈叶甲 *C.dauricum dauricum* Mannerheim，亦称甘薯叶甲指名亚种，主要分布在北方各省和四川一带；甘薯叶甲 *C.dauricum auripenne* Motschulsky，称甘薯叶甲丽鞘亚种，主要分布在我国南方各省。别名甘薯金花虫、甘薯华叶虫、番薯鸠、红苕蛀虫、剥皮虫、牛屎虫等。

寄主 甘薯、蕹菜、打碗花、小麦等。

甘薯叶甲成虫

为害特点 成虫为害甘薯、蕹菜幼苗顶端嫩叶、嫩茎，致幼苗顶端折断，幼苗枯死。幼虫为害土中薯块，把薯表吃成弯曲伤痕，影响其生长发育。

生活习性 江西、福建、浙江、四川年发生1代。以幼虫在土下15～25cm处越冬，四川、福建有的在甘薯内越冬，浙江尚见当年羽化成虫在石缝及枯枝落叶里越冬。浙江幼虫在翌年5月下旬始蛹，6月中旬进入盛期，6月下旬成虫盛发，大量为害。7月上中旬交尾产卵，成虫羽化后先在土室里生活几天，后出土为害，尤以雨后2～3天出土最多，10时和16～18时为害最烈，中午隐蔽在土缝或枝叶下。每雌平均产卵118粒，多的600粒。成虫飞翔力差，有假死性，耐饥力强，成虫寿命雌34天，雄53.5天，产卵前期10天，产卵期21天，卵期9天。初孵幼虫孵化后潜入土中啃食薯块的表皮。相对湿度低于50%，幼虫停止活动，土温低于20℃，幼虫钻入土层深处造室越冬。幼虫期约10个月，蛹期15天左右。

防治方法 ①震落捕杀成虫。利用该虫假死性，于早、晚在叶上栖息不大活动时，震落于塑料袋内，集中消灭。②在甘薯栽秧前用50%杀螟硫磷乳油500倍液浸苗后晾干，然后栽种，可防治苗期受害。③必要时喷洒0.5%楝素杀虫乳油800倍液或24%氰氟虫腙悬浮剂1000倍液、50g/L氯氰菊酯乳油550倍液、30%氯虫·噻虫嗪悬浮剂（$6.6g/667m^2$）。

蓝翅负泥虫

学名 *Lema*（*petauristes*）*honorata* Baly，属鞘翅目负泥虫科。别名薯蓣叶甲。

分布 北京、河北、山东、浙江、江西、福建、台湾、广西、云南等地。

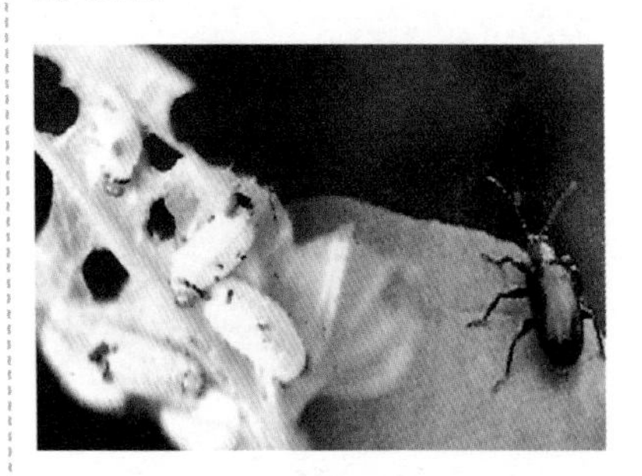

蓝翅负泥虫幼虫（左）和成虫

寄主 薯蓣属植物。

为害特点 成、幼虫食叶、嫩芽成缺刻或孔洞。

生活习性 年发生1代，以成虫在枯枝落叶下越冬。翌年4月下旬越冬成虫交尾产卵，把卵产在新芽嫩叶间，幼虫孵出后分散为害，幼虫期20～30天，6～7月发育成成虫，食害叶片。

防治方法 参见甘薯叶甲。

甘薯小象虫

学名 *Cylas formicarius*（Fabricius），属鞘翅目锥象科。别名甘薯小象、甘薯小象甲。

分布 江苏、浙江、江西、福建、台湾、湖南、广东、广西、贵州、云南。

寄主 成虫寄主有甘薯、砂藤、蕹菜、五爪金龙、三裂叶藤、牵牛花、小旋花、月光花等，幼虫寄主主要是甘薯、砂藤的粗茎和块根。

为害特点 成虫在田间或薯窖中嗜食薯块，在受害薯内潜道中残存成虫、幼虫和蛹及排泄物，散出臭味，无法食用，损失率30%～70%。

甘薯小象虫放大

生活习性 浙江年发生3～5代，广西、福建4～6代，广东南部、台湾6～8代，广州和广西南宁无越冬现象。世代重叠。多以成、幼虫、蛹越冬，成虫多在薯块、薯梗、枯叶、杂草、土缝、瓦砾下越冬，幼虫、蛹则在薯块、藤蔓中越冬。成虫昼夜均可活动或取食，白天喜藏在叶背面为害叶脉、叶梗、茎蔓，也有的藏在地裂缝处为害薯梗，晚上在地面上爬行。卵喜产在露出土面的薯块上，先把薯块咬一小孔，把卵产在孔中，一孔一粒，每雌产卵80～253粒。初孵幼虫蛀食薯块或藤头，有时一个薯块内幼虫多达数十只，少的几只，通常每条薯道仅居幼虫1只；浙江7～9月，广州7～10月，福建晋江、同安一带4～6月及7月下旬～9月受害重；广西柳州1、2代主要为害薯苗，3代为害早薯，4、5代为害晚薯。气候干燥炎热、土壤龟裂、薯块裸露对成虫取食、产卵有利，易酿成猖獗为害。

防治方法 ①严格检疫、防止扩散。②甘薯收获后，清除有虫薯块、茎蔓、薯拐等，集中深埋或烧毁。③实行轮作，有条件地区尽量实行水旱轮作。④及时培土，防止薯块裸露，注意选用受害轻的品种和地块。⑤化学防治。a.药液浸苗。用40%辛硫磷乳油500倍液浸湿薯苗1min，稍晾即可栽秧。b.毒饵诱杀。在早春或南方初冬，用小鲜薯或鲜薯块、新鲜茎蔓置入50%杀螟硫磷乳油500倍药液中浸14～23h，取出晾干，埋入事先挖好的小坑内，上面盖草，每667m^2 50～60个，隔5天换1次。

白薯绮夜蛾

学名 *Emmelia trabealis*（Scopoli），属鳞翅目夜蛾科，异名 *Erastria trabealis*（Scopoli）。别名谐夜蛾、甘薯绮夜蛾。

分布 黑龙江、河北、河南、新疆、江苏、广东等地。

寄主 甘薯、田旋花。

为害特点 低龄幼虫啃食叶肉成小孔洞，3 龄后沿叶缘食成缺刻。

白薯绮夜蛾成虫

生活习性 年发生 2 代，以蛹在土室中越冬。翌年 7 月中旬羽化为成虫，产卵于寄主嫩梢的叶背面，卵单产；初孵幼虫黑色，3 龄后花纹逐渐明显，幼虫十分活跃。

防治方法 参见甘薯叶甲③。

马铃薯甲虫

学名 *Leptinotarsa decemlineata*（Say），属鞘翅目叶甲科，是世界有名的毁灭性检疫害虫。原产在美国，后传入法国、荷兰、瑞士、德国、西班牙、葡萄牙、意大利、东欧、美洲一些国家，是我国外检对象。

马铃薯甲虫幼虫和成虫

马铃薯甲虫幼虫正在危害马铃薯

寄主 主要是茄科植物，大部分是茄属，其中栽培的马铃薯是最适寄主，此外还可为害番茄、茄子、辣椒、烟草等。

为害特点 种群一旦失控，成、幼虫为害马铃薯叶片和嫩尖，可把马铃薯叶片吃光，尤其是马铃薯始花期至薯块形成期受害，对产量影响最大，严重的造成绝收。

形态特征 雌成虫体长 9 ～ 11mm，椭圆形，背面隆起，雄虫小于雌虫，背面稍平，体黄色至橙黄色，头部、前胸、腹部具黑斑点，鞘翅上各有 5 条黑纹，头宽于长，具 3 个斑点。眼肾形黑色。触角细长 11

节，长达前胸后角，第1节粗且长，第2节较3节短，1～6节为黄色，7～11节黑色。前胸背板有斑点10多个，中间2个大，两侧各生大小不等的斑点4～5个，腹部每节有斑点4个。卵长约2mm，椭圆形，黄色，多个排成块。幼虫体暗红色，腹部膨胀高隆，头两侧各具瘤状小眼6个和具3节的短触角1个，触角稍可伸缩。

生活习性 美国年发生2代，欧洲1～3代，以成虫在土深7.6～12.7cm处越冬。翌春土温15℃时，成虫出土活动，发育适温为25～33℃。在马铃薯田飞翔经补充营养开始交尾把卵块产在叶背，每卵块有20～60粒卵，产卵期2个月，每雌产卵400粒，卵期5～7天，初孵幼虫取食叶片，幼虫期约15～35天，4龄幼虫食量占77%，老熟后入土化蛹，蛹期7～10天，羽化后出土继续为害，多雨年份发生轻。该虫适应能力强。

防治方法 ①加强检疫，严防人为传入，一旦传入要及早铲除。②采用非寄主作物轮作，种植早熟品种，对控制该虫密度具明显作用。③生物防治。目前应用较多的是喷洒苏云金杆菌（*B.t. tenebrionis* 亚种）制剂600倍液。④发生初期喷洒70%吡虫啉水分散粒剂8000倍液或20%抑食肼悬浮剂或可湿性粉剂800倍液或25%噻虫嗪水分散粒剂1800倍液。该虫对杀虫剂容易产生抗性，应注意轮换和交替使用。⑤用真空吸虫器和丙烷火焰器等进行物理与机械防治，丙烷火焰器用来防治苗期越冬代成虫效果可达80%以上。⑥提倡用70%噻虫嗪种子处理可分散剂拌种，每100kg种薯拌有效成分18g，对出苗后60天防效较高。大面积防治时用24%氰氟虫腙悬浮剂600倍液或5%丁烯氟虫腈乳油每667m^{2}用20～30ml对水喷雾。

姜弄蝶

学名 *Udaspes folus* Cramer，鳞翅目弄蝶科。别名银斑姜蝶。

分布 淮河以南，南至台湾、海南、广东、广西、云南。

寄主 生姜、姜花、艳山姜等姜属植物。

为害特点 幼虫吐丝黏叶成苞，隐匿其中取食，受害叶呈缺刻或在1/3处断落，严重时仅留叶柄。

姜弄蝶成虫

生活习性 在广东年发生3～4代，以蛹在草丛或枯叶内越冬。翌春4月上旬羽化，产卵。幼虫5月中旬开始为害，以7～8月为害最烈。雌蝶将卵散产于叶背，每雌可产卵20～34粒。幼虫孵化后爬至叶缘，吐丝缀叶，3龄后可将叶片卷成筒状叶苞，并于早晚转株为害。老熟幼虫在叶背化蛹。卵期4～11天；幼虫期14～20天，共5龄；蛹期6～12天；成虫寿命10～15天。

防治方法 ①生姜收获后，及时清理假茎和叶片，烧毁或沤制肥料，以减少虫源。②人工摘除虫苞。③幼虫期喷洒苏云金杆菌6号悬浮剂900倍液或20%氰戊菊酯乳油1200倍液，效果较好。

甘薯天蛾

学名 *Herse convolvuli*（Linnaeus），鳞翅目天蛾科。别名旋花天蛾、白薯天蛾、甘薯叶天蛾。

分布 全国各地。

寄主 蕹菜、扁豆、赤豆、长寿菜、甘薯、黄芪、丹参、牵牛等。

为害特点 幼虫食叶，影响作物生长发育。该虫近年在华北、华东等地区为害日趋严重，时有大面积成灾之报道。

生活习性 在北京年发生1代或2代，在华南年发生3代，以老熟幼虫在土中5～10cm深处作室化蛹越冬。在北京成虫于5月或10月上旬出现，有趋光性，卵散产于叶背。在华南于5月底见幼虫为害，以9～10月发生数量较多，幼虫取食蕹菜叶片和嫩茎，高龄幼虫食量大，严重时可把叶食光，仅留老茎。在华南的发育，卵期5～6天，幼虫期7～11天，蛹期14天。

甘薯天蛾成虫

甘薯天蛾幼虫绿色型

防治方法 ①随田间管理人工除灭。②发生严重地区，百叶有幼虫2头时，于3龄前喷洒苏云金杆菌6号悬浮剂900倍液或15%茚虫威悬浮剂3000倍液或240g/L氰氟虫腙悬浮剂700倍液。也可喷撒2.5%敌百虫粉，每667m^{2}用2kg有效。使用敌百虫的，采收前7天停止用药。

甘薯麦蛾

学名 *Brachmia macroscopa* Meyrick，鳞翅目麦蛾科。

甘薯麦蛾成虫（左）及幼虫

分布 东北、华北、华中、华东、华南、西南，南方各地发生重。

寄主 甘薯、山药、长寿菜、蕹菜和其他旋花科植物。

为害特点 幼虫卷叶为害，将叶片吃成孔洞。

形态特征 成虫体长5～7mm，黑褐色，头顶与颜面紧贴深褐色鳞片。唇须镰刀形，侧扁，第2节宽，第3节细，末端尖，超过头顶。前翅黑褐色，在中室中部和端部各有一个淡黄色环状斑纹，外缘有7个横列的小黑点。后翅暗灰白色。卵椭圆形，长约0.6mm，初产乳白色，渐变黄褐色。幼虫体长18～20mm，头稍扁平，虫体前半部黑褐色，后半部淡绿色，体背有2条黑纵线，两侧各有4条斜线。蛹长7～9mm，头钝尾尖。

生活习性 在华北年发生3～4代，湖北、浙江4～5代，以蛹在残叶中越冬。成虫羽化后当晚交配，次晚产卵。成虫有趋光性，卵散产于嫩叶背中脉或叶脉间，也产于新芽、嫩茎上。每雌产卵40粒左右，卵期3～7天。幼虫共4龄，很活泼，一触即跳跃落地。老熟时在卷叶中化蛹。

防治方法 ①农业防治。秋冬清洁田园，烧毁枯枝落叶，消灭越冬虫源。②应用甘薯麦蛾性诱剂诱杀成虫。③在幼虫尚未卷叶时，进行药剂防治。如20%氰戊菊酯乳油1500倍液、10%虫螨腈悬浮剂700倍液等，下午4～5时喷洒，效果最佳。提倡使用20%氯虫苯甲酰胺悬浮剂每667m^{2}用10ml对水30kg喷雾，防治麦蛾持效25天，防效好。

芋单线天蛾

学名 *Theretra pinastrina pinastrina*（Martyn），鳞翅目天蛾科。别名芋黄褐天蛾、芋叶黄褐天蛾。异名 *Theretra silhetensis*（Walker）、*Sphinx pinastrina* Martyn、*Chaerocampa bisecta* Moore。

分布 华南。

寄主 芋类。

为害特点 幼虫食叶，严重时仅剩叶脉。

生活习性 广东年发生6～7代，以蛹在杂草丛中越冬。翌春4月成虫羽化。全年以7～8月发生较多。成虫有趋光性、趋化性，飞翔力强。卵散产于叶背。幼虫3龄后可将叶片吃成缺刻或穿孔。老熟幼虫吐丝卷叶化蛹或入土造土室化蛹。卵期3～5天。幼虫共5龄，历期8～15天。蛹期7～9天。

芋单线天蛾成虫

芋单线天蛾幼虫

防治方法 此虫零星发生，可在田间管理时人工除灭。或灯诱或糖浆诱杀成虫。也可在田间幼虫低龄时，喷洒1.8%阿维菌素乳油1500倍液或5%氯虫苯甲酰胺悬浮剂1500倍液、24%氰氟虫腙悬浮剂900倍液或25g/L多杀霉素悬浮剂1000倍液。

芋双线天蛾

学名 *Theretra oldenlandiae*（Fabricius），属鳞翅目天蛾科。别名凤仙花天蛾、芋叶灰褐天蛾等。

寄主 芋、甘薯、黄麻、半夏、魔芋、葡萄属、山核桃属。

为害特点 以幼虫食害茎和叶，把叶片食成孔洞或缺刻。严重时，把叶片吃光，仅残留叶脉。

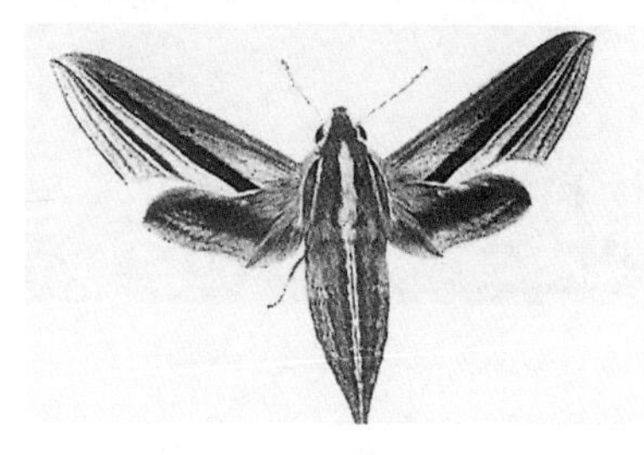

芋双线天蛾成虫

芋双线天蛾幼虫

生活习性 年发生2代，以蛹在土中、枯叶内吐丝结茧越冬。成虫常把卵产在心叶上，单产。成虫有趋光性。

防治方法 参见芋单线天蛾。

山药叶蜂

学名 *Senoclidea decorus* Konow，膜翅目叶蜂科。

分布 华北、华东等地。

寄主 主要为害山药、月季、玫瑰等。

为害特点 幼虫食叶，发生严重时把植株叶片吃光。

山药叶蜂

生活习性 华北、华东年发生2代，以幼虫在土中作茧越冬。翌年4月化蛹，5～6月羽化为成虫。成虫在晴好的白天活动，多飞到有花蜜和有蚜虫处取食花蜜，常在新梢上刺成纵向裂口并产卵。初孵幼虫在叶片上群集为害，食害叶片，严重时把叶片吃光，仅留叶脉或叶柄。第1代成虫7～8月羽化产卵，8月中下旬进入第2代幼虫为害高峰期，10月陆续入土越冬。

防治方法 ①秋冬季进行耕翻，消灭部分越冬幼虫。②幼虫低龄期喷洒25%除虫脲可湿性粉剂600～800倍液、10%虫螨腈悬浮剂1000～1500倍液。

姜跳虫

学名 *Hypogastrura commubis* Folsom，称紫跳虫；*Onychiurus* sp.，称棘跳虫；*Isoloma monochaeta*，称节跳虫。

寄主 姜。

为害特点 跳虫为害姜时，主要群集在生姜腋芽、变质柔软处为害，造成生姜芽眼减少，姜块出现大小不一的凹痕，受害重的部位只剩下姜块纤维，造成生姜烂头。储期短缩。

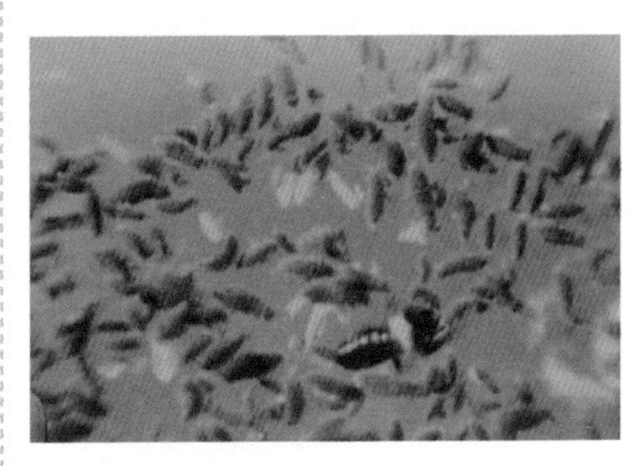

姜跳虫（紫跳虫）成虫

形态特征 体短粗，紫色至灰紫色。

生活习性 跳虫在姜窖内常年发生为害，每年有两个为害高峰，第1高峰在5月中旬～6月中旬，第2高峰在8月下旬～9月下旬。山东6月下旬～9月上旬是汛期，此间受害更易引发烂窖。

防治方法 ①为害重的姜田要及时进行秋翻，可减少虫源。②发现为害时喷洒90%敌百虫可溶粉剂700倍液或80%敌敌畏乳油800倍液、10%虫螨腈悬浮剂1500倍液。

甘薯跳盲蝽

学名 *Halticus minutus* Reuter，半翅目盲蝽科。又叫小黑跳盲蝽、花生跳盲蝽。

寄主 豇豆、菜豆、大豆、花生、蕹菜、白菜、萝卜、丝瓜、黄瓜、茄子、甘薯等。

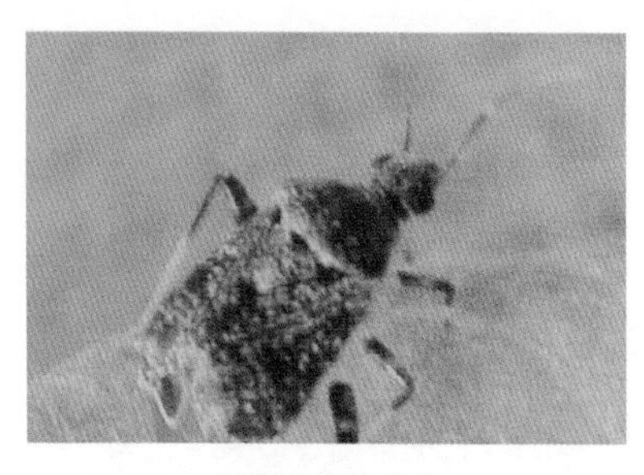

甘薯跳盲蝽成虫

为害特点 以成虫和若虫吸食叶片中的汁液，受害处留下灰绿色小点。

生活习性 湖南年发生5代。以卵在寄主植物组织中越冬。在湿度大的菜地为害。夏季25天完成一个世代。

防治方法 参见姜跳虫。

附录 农药的稀释计算

1. 药剂浓度表示法

目前，我国在生产上常用的药剂浓度表示法有倍数法、百分比浓度（%）和百万分浓度法。

倍数法是指药液（药粉）中稀释剂（水或填料）的用量为原药剂用量的多少倍，或者是药剂稀释多少倍的表示法。生产上往往忽略农药和水的密度差异，即把农药的密度看作1。通常有内比法和外比法两种配法。用于稀释100（含100倍）以下时用内比法，即稀释时要扣除原药剂所占的1份。如稀释10倍液，即用原药剂1份加水9份。用于稀释100倍以上时用外比法，计算稀释量时不扣除原药剂所占的1份。如稀释1000倍液，即可用原药剂1份加水1000份。

百分比浓度（%）是指100份药剂中含有多少份药剂的有效成分。百分比浓度又分为重量百分比浓度和容量百分比浓度。固体与固体之间或固体与液体之间，常用重量百分比浓度；液体与液体之间常用容量百分比浓度。

2. 农药的稀释计算

（1）按有效成分的计算法

原药剂浓度 × 原药剂重量＝稀释药剂浓度 × 稀释药剂重量

① 求稀释药剂重量

计算100倍以下时：

稀释药剂重量＝原药剂重量 ×（原药剂浓度－稀释药剂浓度）/ 稀释药剂浓度

例：用40% 嘧霉胺可湿性粉剂10kg，配成2% 稀释液，需加水多少？

10kg×（40%－2%）/2% ＝ 190 kg

计算100倍以上时：

稀释药剂重量＝原药剂重量 × 原药剂浓度 / 稀释药剂浓度

例：用100ml 80% 敌敌畏乳油稀释成0.05% 浓度，需加水多少？

100ml×80%/0.05% ＝ 160L

② 求用药量

原药剂重量＝稀释药剂重量 × 稀释药剂浓度 / 原药剂浓度

例：要配制0.5% 香菇多糖水剂1000ml，求40% 乳油用量。

1000ml×0.5%/40% ＝ 12.5ml

（2）根据稀释倍数的计算法

此法不考虑药剂的有效成分含量。

① 计算100倍以下时

稀释药剂重量＝原药剂重量 × 稀释倍数－原药剂重量

例：用40% 氰戊菊酯乳油10ml加水稀释成50倍药液，求稀释液用量。

10ml×50–10 ＝ 490ml

② 计算100倍以上时

稀释药剂量＝原药剂重量 × 稀释倍数

例：用80% 敌敌畏乳油10ml加水稀释成1500倍药液，求稀释液用量。

10ml×1500 ＝ 15×10^3ml

参考文献

[1] 中国农业科学院植物保护研究所，中国植物保护学会．中国农作物病虫害［M］．第3版．北京：中国农业出版社，2015.
[2] 吕佩珂，苏慧兰，高振江，等．中国现代蔬菜病虫原色图鉴［M］．呼和浩特：远方出版社，2008.
[3] 吕佩珂，苏慧兰，高振江．现代蔬菜病虫害防治丛书［M］．第2版．北京：化学工业出版社，2017.
[4] 李宝聚．蔬菜病害诊断手记［M］．北京：中国农业出版社，2014.